Horst Röpke · Jürgen Riemann

Analogcomputer in Chemie und Biologie

Eine Einführung

Mit 198 Abbildungen

Springer-Verlag Berlin · Heidelberg · New York 1969

Dr.-Ing. HORST RÖPKE

Schering AG, Berlin
Leiter der Abt. Verfahrensentwicklung
Hauptlaboratorium

Dr.-Ing. JÜRGEN RIEMANN

Schering AG, Berlin
Abt. Verfahrensentwicklung
Hauptlaboratorium

Das Buch enthält 198 Abbildungen

ISBN-13: 978-3-642-85575-7   e-ISBN-13: 978-3-642-85574-0
DOI: 10.1007/978-3-642-85574-0

Herrn Dr. Heinz Gibian gewidmet

Vorwort

Die vorliegende Einführung wendet sich vornehmlich an diejenigen Leser, die sich zwar für die kinetischen Probleme ihrer Wissenschaftsgebiete interessieren, aber bislang noch nicht über praktische Erfahrungen mit dem Analogcomputer verfügen. Demzufolge werden nicht nur die Studenten der Chemie und Biologie einschließlich der Grenzgebiete angesprochen, sondern auch die praktizierenden Chemiker, Biologen, Pharmakologen und forschenden Mediziner, die sich entweder mit der Stoffumwandlung oder dem Stofftransport in Abhängigkeit von der Zeit oder mit sonstigen mathematisch formulierbaren Vorgängen beschäftigen.

Darüber hinaus dürfte es für den Praktiker nützlich sein, sich anhand der Sammlung verschiedener Grundtypen von Reaktionsmodellen schnell orientieren zu können, so daß die immer wiederkehrenden Vorbereitungsarbeiten bei Modellbetrachtungen sowohl für den Programmieraufwand als auch für die Adaptation der experimentellen Ergebnisse an bestimmte Modelle auf ein Minimum reduziert werden.

Die Ausführungen beschränken sich in der Hauptsache auf Anwendungsprobleme. Es wird gezeigt, welche Probleme aus Chemie, Medizin und Biologie man mit dem Analogcomputer lösen kann und wie man dabei vorgeht. Mathematische Ableitungen und apparative Erklärungen werden dagegen nur insoweit gegeben, als sie für das Verständnis unerläßlich sind. Alle angeschnittenen Fragen sind auf elementarer Basis behandelt worden. Die Abhandlungen wollen einführen oder erinnern und erheben deshalb auch keinen Anspruch auf Vollständigkeit. Sie stecken den großen Rahmen ab, der mit Hilfe des ausgewählten Literaturverzeichnisses ausgefüllt werden kann.

Für die Erlaubnis, dieses Buch aus der industriellen Praxis heraus schreiben zu dürfen, danken wir dem Vorstand der Schering AG.

Herrn Prof. Dr. E. R. GARRETT (University of Florida, Gainesville) möchten wir an dieser Stelle sehr herzlich dafür danken, daß er uns für diese neue Arbeitstechnik begeistert hat.

Unseren Kollegen, Herrn Dr. HARTMANN, Herrn Dr. HIRSCH, Herrn Dr. KOLB und Herrn Dr. SCHÖTTLE, gebührt Dank für die kritische Durchsicht des Manuskriptes.

Besonderer Dank gilt unserem Mitarbeiter, Herrn D. KRÜGER, für seine stets einsatzfreudige und umsichtige Mitarbeit am Analogcomputer.

Berlin, im Oktober 1968

H. Röpke   J. Riemann

Inhaltsverzeichnis

1. Einleitung 1

2. Unterschiede von Analog- und Digitalcomputer 2

Aufbau 2. — Programmierung 3. — Hybridcomputer 4. — Anwendung 4.

3. Spezielle Anwendungsgebiete des Analogcomputers 5

Chemie 5

Reaktionskinetik 6. — Prozeßsimulierung 9. — Sonstige Anwendungsgebiete 12.

Biologie 13

Pharmakokinetik 13. — Simulierung biologischer Funktionen 16. — Sonstige biologische Anwendungsgebiete 20.

4. Grundgesetze der Reaktionskinetik 21

Definition der Reaktionsgeschwindigkeit 22.

Reaktionsordnung 22

Reaktionen erster Ordnung 23. — Reaktionen zweiter Ordnung 24. — Reaktionen höherer Ordnung 26. — Pseudoordnung einer Reaktion 26. — Reaktionen nullter Ordnung 26. — Bestimmung der Reaktionsordnung 27.

Reaktionsgeschwindigkeitskonstante 28

Dimensionen 28. — Experimentelle Bestimmung 28. — Temperaturabhängigkeit 28.

Halbwertszeit 29

5. Reaktionstypen 32

Umkehrbare Reaktionen 33. — Parallelreaktionen 34. — Folgereaktionen 36. — Sonderfälle bei Folgereaktionen 37.

6. Wichtigste Elemente des Analogcomputers 38

Rechenverstärker 38. — Umkehrverstärker oder Summierer 39. — Potentiometer 40. — Integrierer 40. — Multiplizierer 41. — Diodenfunktionsgenerator 42. — Komparator 43. — Ein- und Ausgabevorrichtungen von analogen Werten 43.

7. Programmierung des Analogcomputers zur Simulierung von chemischen und biologischen Prozessen 45

Programmierung eines Vorgangs nach einem Zeitgesetz erster Ordnung 45

Recheneinheiten 47. — Normierung der zeitabhängigen Variablen 47. — Normierung der Zeit 48. — Einstellung der Koeffizienten 49.

Programmierung eines Vorgangs nach einem Zeitgesetz zweiter Ordnung 51

Mathematische Beschreibung 51. — Normierungen 51.

Programmierung eines Vorgangs nach einem Zeitgesetz nullter Ordnung 53
Mathematische Beschreibung 53. — Normierungen 53.

Programmierung eines zusammengesetzten Vorgangs 53
Mathematische Beschreibung 56. — Normierungen 56.

Individuelle Normierung der Problemvariablen 58
Programmierung einer Schwingungsgleichung...................... 59
Zeitgleichung 59. — Normierungen 59.

Die Zeitfunktion für den Zweikoordinatenschreiber................ 60
Zwischenzeitliche Eingabe von Rechengrößen..................... 60
Schaltungen für spezielle Zwecke 61
Divisionsschaltungen 61. — Ventilschaltung 62. — Begrenzung 62. —
Signumfunktion 62. — Tote Zone 63.

8. Modellbeispiele.. 64
Allgemeine Modellbeispiele 68
Einzelne Reaktionsschritte 68. — Einfache Reaktionstypen 71. — Zu-
sammengesetzte Reaktionen 74. — Katalytische Reaktionen 102.

Spezielle Modellbeispiele 105
Enzymatische Reaktionen 105. — Pharmakokinetische Modelle 113. —
Berechnung der Eliminationskonstanten k_e aus den Geschwindigkeitskonstanten 117. — Modelle mit Rückkopplungseffekten 137. — Mehrdeutigkeit eines Kurvenverlaufs 144.

9. Praktische Anwendungsbeispiele...................................... 146
Übersicht 147. — Verseifung eines Diamids 148. — Exotherme Reaktion
152. — Mikrobiologische Reaktion 158. — Pharmakokinetik eines
Steroids 162. — Pharmakokinetik und Metabolisierung eines Sulfon-
amids 168.

10. Literaturverzeichnis 175
Grundsätzliche Arbeiten 175
Kinetik 175. — Analogcomputer 176.

Anwendungen des Analogcomputers............................. 177
Chemie und Biologie 177. — Technische Chemie und Prozeßkontrolle
177. — Pharmakokinetik 179. — Medizin und Biologie 180. — Sonsti-
ges 182.

Sachverzeichnis 183

1. Einleitung

Bei der klassischen Auswertung reaktionskinetischer Untersuchungen muß man sich normalerweise auf wenige Rekationsschritte beschränken, obwohl sich die meisten chemischen und biologischen Prozesse aus sehr vielen Einzelreaktionen zusammensetzen und somit häufig sehr komplex sind. Das hat zwei Gründe: Einmal ist es äußerst schwierig, die Reaktionsprodukte sämtlicher Folge- und Parallelreaktionen in Abhängigkeit der Zeit zu bestimmen, und zum anderen ist es auch beim Vorliegen der nötigen Werte oft unmöglich, die vielen Ansätze der miteinander verflochtenen Differentialgleichungen explizite zu lösen.

Die zweite Einschränkung hat sich seit der Existenz der Analogcomputer grundlegend verringert, denn mit ihrer Hilfe ist es leicht möglich, auch sehr komplexe Systeme in kurzer Zeit mathematisch zu behandeln. Ein großer Vorzug des Analogcomputers ist seine schnelle Programmierbarkeit. Sie erlaubt das schnelle Ausrechnen vieler theoretischer Möglichkeiten, so daß es relativ leicht ist, sich durch Veränderungen der Modellvorstellungen an das vorliegende experimentelle Material zu adaptieren („trial and error method"). Da die Arbeitstechnik leicht erlernbar ist und keine mathematischen Spezialkenntnisse zur Bearbeitung erforderlich sind, findet diese Methode allmählich Eingang in alle Laboratorien, die sich mit der Kinetik im weitesten Sinne befassen. Die einzige Voraussetzung hierfür ist das Denken in Modellen, das dem Chemiker aber von jeher geläufig ist und in Biologie und Medizin ebenfalls angewandt wird.

Allerdings darf auch nicht verschwiegen werden, daß die Leichtigkeit, mit der man die verschiedensten kinetischen Modelle jetzt simulieren kann, die Gefahr in sich birgt, die gefundene Übereinstimmung von Experiment und Modellvorstellung voreilig als Beweis für die eigene Hypothese anzusehen. Aber so, wie man mit statistischen Methoden nichts beweisen, sondern nur Hypothesen widerlegen kann, ist auch bei der Modellsimulation nur eine negative Beweisführung möglich. Der Analogcomputer ist also vorzüglich geeignet, bestehende qualitative Vorstellungen kritisch zu überprüfen und darüber hinaus das einfachste Modell zu ermitteln, mit dem ein bestimmter Prozeß beschrieben werden kann. Weiterhin sind auf diese Weise alle Reaktionsgeschwindigkeitskonstanten des Modells schnell bestimmbar. In dieser Einführung soll nicht nur gezeigt werden, wie man zweckmäßigerweise vorgeht, um den Analogcomputer für chemische und biologische Vorgänge einzusetzen, sondern auch versucht werden, die Grenzen dieser Technik aufzudecken und die möglichen Fehlinterpretationen warnend herauszustellen.

Sofern man sich dieser Grenzen immer bewußt bleibt, hat man in dem Analogcomputer ein Hilfsmittel, das wie kaum ein anderes entscheidend dazu beiträgt, den Wirkungsgrad der experimentellen naturwissenschaftlichen Forschung zu erhöhen, indem mit ihm anhand der zuvor erarbeiteten Modellvorstellung alle interessierenden Bedingungen und Situationen schon im voraus simuliert werden können. Neben beträchtlichen Kostenersparnissen lassen sich im chemischen und biologischen Bereich mitunter sogar Katastropheneffekte aufdecken, die sich nach dieser Klarstellung leicht vermeiden lassen.

2. Unterschiede von Analog- und Digitalcomputer

Wenn von einem Computer die Rede ist, so meint man damit meist einen Digitalcomputer. Will man dagegen einen Analogcomputer bezeichnen, so muß man schon die präzise Bezeichnung wählen, um allgemein verstanden zu werden. Der Grund für diese Tatsache liegt nicht etwa darin, daß Digitalcomputer weiterverbreitet, größer oder effektvoller als Analogcomputer sind, sondern vielmehr darin, daß nur die Arbeitsweise des Digitalcomputers dem gewöhnlichen Rechen- bzw. Zählprozeß entspricht. Ein Analogcomputer führt keine klassischen Rechenoperationen aus, sondern ermöglicht Modellsimulationen, die meist im Bereich der höheren Mathematik liegen. Diese unterschiedliche Arbeitsweise ist durch einen völlig verschiedenen Computeraufbau bedingt. Auch die Einsatzgebiete der beiden Computertypen sind sehr verschiedenartig. Dies ist in der Tab. 1 veranschaulicht, wobei die besonderen Vorzüge von Analog- und Digitalcomputer drucktechnisch besonders gekennzeichnet wurden.

Aufbau. Ein Digitalcomputer setzt sich aus Datenein- und -ausgabegeräten und einer sogenannten Zentraleinheit zusammen, die aus positiv und negativ magnetisierbaren Magnetkernen besteht. Mit einem Magnetkern kann man jeweils 1 bit (binary digit) speichern. Mehrere Magnetkerne (meist acht) sind zu einem byte zusammengefaßt, welches direkt adressierbar ist. Durch diesen Aufbau ist man in der Lage, Zahlen oder codierte Zeichen zu speichern, sie von einer Adresse zu einer anderen zu transportieren und mit ihnen mathematisch zu operieren. Dies geschieht mit größter Präzision und hoher Geschwindigkeit. Die Datenein- und -ausgabe kann unter Zuhilfenahme von externen Datenspeichern vorgenommen werden (Lochkarten, Magnetplatten und -bänder usw.), so daß man einen extrem großen, theoretisch sogar unbegrenzten Datenbestand verarbeiten kann. Hierin liegt der besondere Vorzug eines Digitalcomputers, der eine große Datenmenge in sehr kurzer Zeit nach mehreren Gesichtspunkten exakt zu ordnen, zu selektieren, zu speichern, zu berechnen, zu korrelieren und wiederzugeben gestattet.

Im Gegensatz hierzu ist ein Analogcomputer nur aus elektrischen bzw. elektronischen Bauelementen aufgebaut (s. S. 38). Mit ihnen können mathematisch formulierbare Vorgänge simuliert werden, indem analoge Daten als elektrische Spannungen eingegeben und aufgrund der elektrodynamischen Gesetzmäßigkeiten analog der Problemstellung verändert werden. Die Dateneingabe kann zwar schnell und stufenlos korrigiert und auch digital vorgenommen werden, doch ist die Verarbeitung dieser Eingabewerte mit einem Fehler behaftet, der mit der Anzahl der benötigten Bauelemente steigt und somit im Gegensatz zum Digitalcomputer problemabhängig ist.

Da ein Digitalcomputer sequentiell arbeitet, ist die Rechenzeit von der Anzahl der Operationen abhängig. Im Analogcomputer laufen dagegen alle Operationen parallel ab, so daß man mit ihm einfache und komplexe Vorgänge in der gleichen Zeit simulieren kann. Der Zeitfaktor hängt allein von der gewählten bzw. apparativ begrenzten Zeitachse und nicht von der Problemstellung ab.

Programmierung. Trotz der prinzipiellen Unterschiede sind die beiden Computertypen allerdings in einer Beziehung völlig identisch. Es handelt sich in beiden Fällen um Automaten, die ohne ein entsprechendes Arbeitsbzw. Befehlsprogramm zu keiner mathematischen Aktion befähigt sind. Der hierdurch notwendige Programmieraufwand (soft ware) wird vielfach unterbewertet.

Allerdings unterscheiden sich die beiden Computertypen sowohl in der Programmiertechnik als auch in dem Programmieraufwand wiederum beträchtlich voneinander.

Wegen der sequentiellen Arbeitsweise des Digitalcomputers muß jeder Schritt für ihn als Einzelbefehl vorgezeichnet werden. Trotz der Existenz von mannigfaltigen Unterprogrammen und der modernen maschinen- und problemorientierten Programmiersprachen, in denen ganze „Befehlspakete" direkt angesprochen werden können, ist der personelle Arbeitsaufwand in der Regel sehr groß und teilweise sogar eine schöpferische Leistung. Ebenso sind Programmänderungen (Umprogrammierungen) im Vergleich zum Analogcomputer sehr aufwendig.

Die Entwicklung eines Analogcomputerprogramms ist dagegen verhältnismäßig einfach. Infolge der parallelen Arbeitsweise des Analogcomputers lassen sich Rückkopplungseffekte in komplexen, sich gegenseitig beeinflussenden Systemen leicht nachbilden und werden durch die elektrodynamischen Gesetzmäßigkeiten sofort wirksam. Ebenso lassen sich Programmänderungen in kürzester Zeit vornehmen (s. S. 45).

Die Analogcomputerprogrammierung ist außerdem schnell erlernbar und setzt keine Spezialkenntnisse voraus, wogegen das für die Digitalcomputerprogrammierung unumgänglich ist. Das eigentliche Sachproblem oder der Naturvorgang, der mit dem Analogcomputer simuliert werden soll, ist auch nach dem Programmieren durchaus noch erkennbar. Dadurch bleibt die Verbindung vom Problem zum Computer und zurück

1*

unmittelbar bestehen. Infolge der flexiblen Programmierbarkeit kann man mit dem Analogcomputer wie mit jedem anderen physikalischen Meßgerät experimentieren, ohne wie beim Digitalcomputer die Konsequenzen des Zeit- und Kostenaufwandes fürchten zu müssen.

Hybridcomputer. Es liegt durchaus nahe, die Vorteile von Analog- und Digitalcomputer zu vereinigen. Dies Prinzip ist bei einem Hybridcomputer verwirklicht. Sowohl die zusätzliche digitale Ein- und Ausgabeeinheit beim Analogcomputer als auch die Simulierung der Arbeitsweise des Analogcomputers auf einem Digitalcomputer[1] können die jeweiligen Nachteile nicht voll ausschalten. In einem Hybridcomputer werden demgegenüber die „analogen" und „digitalen" Teile so kombiniert, daß eine optimale Arbeitsweise erreicht wird. Für ein Experimentieren, d. h. die allmähliche Adaptation an die beste Modellvorstellung, dürfte allerdings auch diese Methode im allgemeinen zu aufwendig sein.

Anwendung. Die beschriebenen Computertypen haben auch innerhalb der Naturwissenschaften völlig verschiedene Anwendungsgebiete.

Für den Digitalcomputer sind es vor allem die umfangreichen und vielseitigen Dokumentationsprobleme (storage and retrievel) und die

Tabelle 1. *Prinzipielle Unterschiede zwischen Analog- und Digitalcomputer*

Charakteristikum	Computertype	
	Analog	Digital
Bauelemente	Widerstände, Röhren, Transistoren, Kondensatoren usw.	Magnetkerne Elektronische Logik-Elemente
Arbeitsweise	*parallel*	sequentiell
Rechenzeit	*nicht problemabhängig*	problemabhängig
Genauigkeit	begrenzt	*absolut*
Speicherfähigkeit	äußerst gering	intern: *sehr groß* extern: *unbegrenzt*
Programmierung	*sehr einfach und flexibel*	kompliziert und aufwendig
Dateneingabe	Gleichspannungen	Lochkarten und -streifen; Magnetplatte und -band; Drucker; Schreibmaschine (direkt oder als tele processing)
Datenausgabe	Zeitkurven (Schreiber); (Oszillograph)	
Anwendungsgebiete	Simulierung von mathematisch formulierbaren Vorgängen und Modellen (z. B. Reaktions- und Pharmakokinetik usw.)	Komplizierte Rechenoperationen; Dokumentationsprobleme; Netzwerkaufgaben; logische Probleme

---

[1] z. B. Pactolus-Programm für die IBM 1620 und CSMP für die IBM 360/50.

Durchführung langwieriger, genauer Rechnungen wie z. B. bei den Problemen der Quantenchemie, bei der Meßdatenauswertung mit Hilfe der analytischen Statistik, bei den vielfältigen Optimierungsaufgaben und bei der Aufstellung von Netz- und Terminplänen.

Den Analogcomputer wird man vorzugsweise dann einsetzen, wenn für zeitabhängige Vorgänge mathematisch formulierbare Modelle existieren und eine große Variabilität erforderlich ist. Wegen der großen Anzahl von Integratoren, die im Analogcomputer als relativ einfache Grundelemente verfügbar sind, wird er zu einem wertvollen Werkzeug zur Behandlung von Differentialgleichungen. Da die Verwendung von Differentialgleichungen zur Beschreibung von Vorgängen in Chemie, Pharmakokinetik und Biologie ansteigt, kommt dem Analogcomputer hier wachsende Bedeutung zu.

Den Hybridcomputer setzt man bei kombinierten (digital-analogen) Problemstellungen ein und mitunter auch bei typischen, aber sehr umfangreichen Analogcomputerproblemstellungen, deren mathematische Ansätze bekannt sind und bei denen besonders präzise Ergebnisse verlangt werden.

3. Spezielle Anwendungsgebiete des Analogcomputers

Die experimentelle Naturwissenschaft kommt ohne Modellvorstellungen nicht aus. Das anschauliche Denken in Modellen ist ganz besonders in der Chemie vertreten und hat sie von jeher beeinflußt und befruchtet. Man denke nur an die chemische Symbolsprache in Form der Strukturformeln, an die historische Entwicklung der Atomtheorie oder an die Vorstellungen des Kristallwachstums und der Reaktionskinetik. Ähnliche Verhältnisse liegen heute in der Biologie vor, die sich bei ihrer Entwicklung von der beschreibenden zur exakten Naturwissenschaft immer mehr und mit gutem Erfolg der Modellvorstellungen bedient. Sofern diese Modelle mathematisch formulierbar sind, lassen sie sich mit dem Analogcomputer simulieren. Das ist vor allem bei zeitabhängigen Prozessen der Fall, unabhängig davon, ob es sich um reine Stoffumwandlungen (Chemie), Stofftransportvorgänge (Physik) oder entsprechend gemischte Vorgänge (Biologie) handelt. Aber auch andere Zusammenhänge können in dieser Weise behandelt werden, sofern man diese Funktionen analog umformen kann.

Chemie

Das wichtigste und umfangreichste Anwendungsgebiet einer Analogcomputersimulation innerhalb der Chemie ist die Reaktionskinetik, die deshalb auch eingehender behandelt werden soll. Weitere interessante Gebiete sind z. B. Prozeßsimulation, Diffusions- und Transportvorgänge sowie Auflösungs- und Wachstumsprozesse.

Reaktionskinetik. Die chemische Kinetik hat nicht nur verschiedene theoretische Aspekte, sondern auch ein sehr konkretes, praxisbezogenes Interesse. So sind z. B. kinetische Untersuchungen und Betrachtungen bei der Reaktionsoptimierung unerläßlich. Gerade hierbei kommt es ja darauf an, die konkurrierenden Reaktionen und die Folgereaktionen zugunsten der gewünschten Umsetzung zu unterbinden oder wenigstens zu minimieren, also die Relation von Haupt- und Nebenprodukten optimal zu gestalten. Dieses Ziel ist dann erreicht, wenn es gelingt, Reaktionsbedingungen zu finden, bei denen das Verhältnis der Reaktionsgeschwindigkeiten von der gewünschten zu allen unerwünschten Reaktionen entsprechend groß ist. Ignoriert man dagegen die kinetischen Aspekte oder widmet man ihnen nicht genügend Aufmerksamkeit, so wird es nie gelingen, das wahre Optimum zu finden, so viele „systematische" Experimente man auch durchführen mag. Eine Bagatellisierung der Kinetik trifft man zuweilen auch heute noch in präparativen Laboratorien an. Dies soll an einem einfachen, aber sehr typischen Beispiel veranschaulicht werden:

Es ist das Bestreben eines Chemikers, eine chemische Reaktion so zu lenken, daß eine optimale Stoffausbeute des gewünschten Produktes resultiert. Dieses Ziel soll nach Möglichkeit mit relativ wenigen Versuchen erreicht werden, doch ist dies in der Mehrzahl aller Fälle praktisch nicht möglich. Die größte Schwierigkeit dürfte z. B. darin liegen, zuverlässige und eindeutige analytische Bestimmungsmethoden zu erarbeiten. Der moderne präparative Chemiker bedient sich aber dennoch stets verschiedener analytischer Schnellmethoden wie z. B. der Dünnschichtchromatographie, um als vernünftige Kompromißlösung die relativ besten Versuchsbedingungen schnell herauszufinden. Hierbei werden selbstverständlich nicht nur verschiedene Reaktionsmilieus, sondern auch verschiedene Reaktionszeiten geprüft, um das zeitliche Optimum zu ermitteln. Da man nun insbesondere mit der labortechnisch sehr bequemen Dünnschichtchromatographie analytisch in einem Rohprodukt viel leichter zwischen 1 und 3% als zwischen 70 und 90% einer Substanz unterscheiden kann, ist es üblich, bei einer Zeitreihe die Abnahme der Ausgangssubstanz und nicht die optimale Bildung des Endproduktes als Kriterium für die Reaktion zu benutzen. Das ist zwar völlig korrekt, wenn wir es mit einer Reaktion $A \longrightarrow B$ zu tun haben, denn für einen derartigen Prozeß sind die Zeitkurven für A und B spiegelbildlich (Abb. 1; vgl. auch S. 68).

Nun gibt es aber in praxi eine solche idealisierte Reaktion überhaupt nicht, die nur in einer Richtung und ohne Parallel- oder/und Folgereaktionen abläuft, und man gibt sich notgedrungen damit zufrieden, wenn man eine Ausbeute zwischen 65 und 95% der Theorie erreicht hat. Das bedeutet nun aber, daß im einfachsten Falle mindestens eine Parallelreaktion stattfinden muß. Aber auch für diesen Fall ($C \longleftarrow A \longrightarrow B$) ist die noch vorhandene Menge von A eine gute Indikation für die Hauptreaktion und damit für das optimale Vorliegen von B (s. Abb. 2; vgl. auch S. 74).

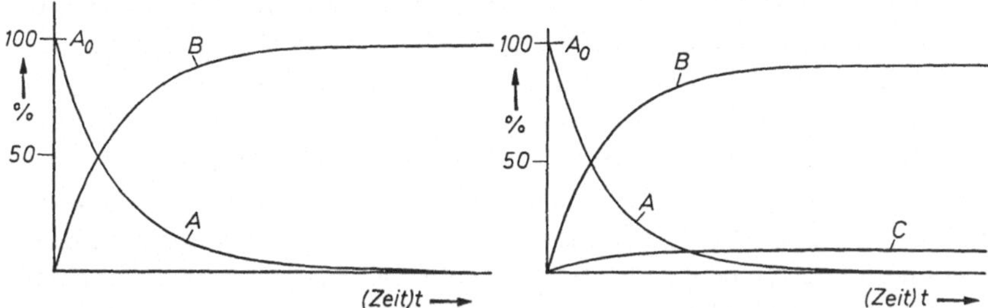

Abb. 1. Konzentrationsänderungen als Funktion der Zeit bei der Reaktion erster Ordnung.

Abb. 2. Konzentrationsänderungen als Funktion der Zeit bei Parallelreaktionen erster Ordnung.

Tritt zusätzlich eine Folgereaktion auf, so muß man obige Reaktion als

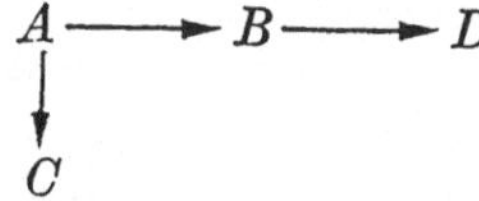

formulieren (vgl. auch S. 78).

Der zeitliche Verlauf der vier Stoffe A, B, C und D ist in Abb. 3 dargestellt, aus der man klar ersieht, daß die Abnahme von A nicht mehr ein direktes Maß für das Vorhandensein der gewünschten Substanz B ist. Um die optimale Menge von B zu erhalten, müßte man die Reaktion schon abbrechen, wenn noch ein klar nachweisbarer Anteil von A vorhanden ist. In der Regel wird dies jedoch nicht getan, und wir haben es hierbei gewissermaßen mit dem geradezu klassischen Fehler des präparativen Chemikers zu tun.

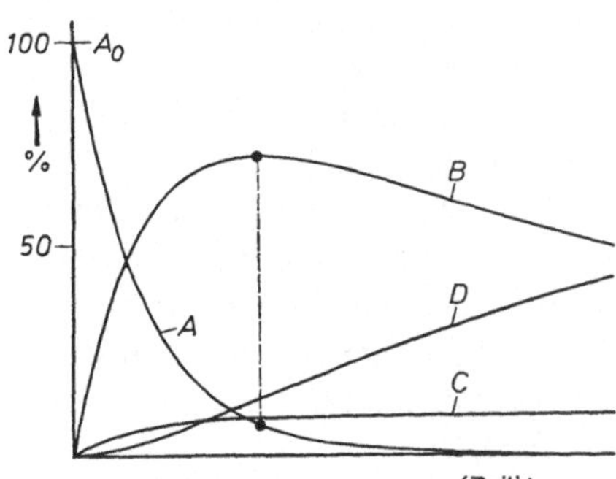

Abb. 3. Konzentrationsänderungen als Funktion der Zeit bei gleichzeitiger Parallel- und Folgereaktion erster Ordnung.

Da man normalerweise nicht alle Reaktionsnebenprodukte kennt und somit auch nicht weiß, wo deren R_F-Werte liegen, muß man grundsätzlich damit rechnen, daß sie im Dünnschichtchromatogramm mit der

Hauptsubstanz B zusammenfallen können. Diese sehr naheliegende Möglichkeit erschwert in der Tat eine exakte Untersuchung. Wollte man ihr echt begegnen, so müßte man für jedes einzelne Problem einen sehr großen Aufwand für eine spezifische Analytik in Kauf nehmen. Das ist jedoch meist nicht vertretbar oder nicht praktikabel. Allerdings wäre es gerade deshalb immer ratsam, die Beständigkeit der Substanz B im Reaktionsmilieu über die gesamte Reaktionszeit zu überprüfen. Zeigt sich hierbei schon eine Abnahme von B, so ist ein grundsätzliches Studium der Reaktionskinetik für die betreffende chemische Umsetzung vonnöten. Im anderen Falle hat man allerdings auch noch keine Garantie dafür, daß keine Folgereaktion eintritt, die ja schließlich durch mögliche Zwischen- oder Nebenprodukte der Reaktion katalysiert oder überhaupt erst ermöglicht werden könnte. Über die Parallelreaktionen ($A \longrightarrow C$) gibt eine solche Beständigkeitsprüfung natürlich sowieso keine Auskunft, so daß für die Beantwortung derartiger Fragen kinetische Untersuchungen immer unerläßlich sind.

In der Mehrzahl der Fälle entsprechen die in Abb. 3 dargestellten Verhältnisse nicht der Wirklichkeit, in der wir es nicht nur mit *einer* Parallel- und *einer* Folgereaktion zu tun haben, sondern meist mit einer Vielzahl von Nebenreaktionen. Somit ist auch erklärlich, daß in einem Rohprodukt sehr viele verschiedene und meist unbekannte Substanzen enthalten sind. Diese Tatsache verursacht auch die großen analytischen Schwierigkeiten, die sich der grundsätzlichen kinetischen Untersuchung einer derartigen chemischen Umsetzung entgegenstellen. Andererseits liegt darin wieder eine besondere Chance für die Analogcomputeranwendung, denn man kann ja ohne weiteres die einzelnen vermuteten oder angedeuteten Möglichkeiten für den Ablauf einer verwickelten chemischen Reaktion mit dem Analogcomputer simulieren, um sich auf diese Weise besser an das Optimum heranzuarbeiten. Es steht auch außer Zweifel, daß hierdurch viele Experimente überflüssig werden, da man sich durch diese Vorarbeiten auf gezielte Versuche beschränken kann.

Deshalb sei nochmals festgestellt, daß viele literaturbekannte Herstellungsverfahren nicht optimal sind, weil entweder noch nicht alle Einflußgrößen auf die Reaktion bekannt bzw. optimiert worden sind oder weil die zeitlichen Konzentrationsoptima unbekannt sind. Erfahrungsgemäß sind die in der Literatur angegebenen Reaktionszeiten meist viel zu lang, d. h., die gewünschte Substanz B weist schon ein Optimum auf, wenn noch klar nachweisbare Mengen des Ausgangsmaterials vorhanden sind (s. Abb. 3).

Ein klassisches Anwendungsgebiet der Kinetik ist die Katalyse, also die Beeinflussung der Reaktionsgeschwindigkeit einer bestimmten Reaktion durch Stoffe, die sich summarisch gesehen nicht an der chemischen Umsetzung beteiligen. Die Untersuchung von verschiedenen Katalysatoren und Inhibitoren unter wechselnden Arbeitsbedingungen kann außerordentlich langwierig sein. Um so mehr lohnt sich auch hier der Analogcomputereinsatz, denn es kommt ja meist nicht darauf an, alle Konstanten aus erkenntnistheoretischen Gründen zu ermitteln, sondern man ist in der Regel doch nur daran interessiert, die Bedingungen oder Stoffe zu finden, welche die erwünschten Reaktionen schneller ablaufen lassen als die unerwünschten Nebenreaktionen. Dazu genügt es dann meist auch, ausgewählte Experimente durchzuführen und die Ergebnisse anhand des chemischen Reaktionsmodells zu simulieren. Hierbei erhält man einen konkreten und verläßlichen Hinweis darauf, welche Parameter in welcher Richtung zu verändern sind, damit ein optimales Verhältnis zwischen den Geschwindigkeitskonstanten von Haupt- und Nebenreaktionen resultiert. Da diese Disproportionierung normalerweise auch angestrebt wird, ist es bei der Untersuchung von Katalysatoren gefährlich, nur die Hauptreaktion zu betrachten. Statt dessen ist es immer besser, auch die Nebenreaktionen mit in das Modell einzubeziehen, auch wenn man sie nicht genau kennt oder wenn sie modellmäßig stark vereinfacht werden müßten. Für die Analogcomputersimulierung hat dies außerdem noch den Vorteil, daß man erkennen kann, unter welchen Parameterbedingungen z. B. ein Wechsel in der Reaktionsordnung eintritt oder sich der gesamte Reaktionsmechanismus verändert hat. Unter Umständen gewinnt man auf diese Weise Erkenntnisse, die für das Verständnis des ganzen Prozesses von Bedeutung sind.

Für manche Zweige der chemischen Industrie ist eine weitreichende Lagerbeständigkeit ihrer Produkte entscheidend (z. B. Lebensmittel, Arzneimittel usw.). Außerdem werden bereits vom Gesetzgeber vielfach Stabilitätsprüfungen unter verschiedenen Bedingungen gefordert. Um sich schon vorab ein Bild von der Größenordnung der Zersetzungsreaktionen machen zu könenn, nutzt man im allgemeinen den Temperaturgradienten der Reaktionsgeschwindigkeiten aus, d. h., man führt die Untersuchungen bei wesentlich erhöhten Temperaturen durch. Diese Ergebnisse lassen sich leicht mit dem Analogcomputer simulieren, so daß man relativ schnell zu den erforderlichen Reaktionsgeschwindigkeitskonstanten gelangen kann. Nach Umrechnung dieser Konstanten auf Normaltemperaturen lassen sich dann für die erforderlichen Bedingungen Zeitschätzungen für die Lagerbeständigkeit vornehmen (s. S. 151).

Prozeßsimulierung. Der Simulierung chemischer Reaktionen sind grundsätzlich keine Grenzen gesetzt. Dies gilt sowohl für Reaktionsprinzipien wie Oxydationen, Reduktionen, Substitutionen usw. als auch für spezielle Umsetzungen unter definierten Bedingungen. Während man bei der chemischen Reaktionskinetik nur die Geschwindigkeiten der Reaktionen betrachtet, bezieht man bei der Prozeßsimulation auch noch die Fließvorgänge, die kalorischen Verhältnisse und die sonstigen physikochemischen und apparativen Gegebenheiten direkt in das Modell mit ein, sofern sie für den Prozeßablauf von Bedeutung sind. Da Phasenwechsel und Wärmeentwicklung den gesamten Reaktionsmechanismus beeinflussen können, ist die Einbeziehung dieser Größen in die Prozeßsimulation besonders aufschlußreich. Grundsätzlich ist es ohne Belang, ob es sich um kontinuierliche oder absatzweise Prozesse, um anorganische oder organische, um homogene oder heterogene, um exotherme oder endotherme, um gasförmige oder elektrochemische Reaktionen handelt; entscheidend ist lediglich die mathematische Formulierbarkeit des Prozesses.

Die Probleme bei der Übernahme einer im Labormaßstab durchgearbeiteten Reaktion in den Produktionsbetrieb werden oft in dem Begriff „Übertragungsschwierigkeiten" zusammengefaßt. Hierunter versteht man alle bislang noch ungeklärten, plötzlich auftretenden Probleme, d. h. also, die Prozeßvariablen, welche im Labor nur deshalb noch nicht erkannt und untersucht wurden, weil sie beim Laborexperiment relativ unbedeutend erschienen. Eine der häufigsten Ursachen für die unliebsamen Überraschungen ist z. B. die unterschiedliche Wärmeführung im Reaktionskolben und im Betriebsreaktor. Viel zu oft wird nämlich außer acht gelassen, daß die Volumenvergrößerung mit der dritten, das Flächenwachstum aber nur mit der zweiten Potenz vor sich gehen. Das führt dann mitunter zu Temperatursteigerungen, die sich ungünstig auf die Hauptreaktion auswirken. Man geht in der Praxis deshalb meist so vor, daß man die Übertragung von Laborvorschriften in den Betrieb nicht unmittelbar, sondern schrittweise in sogenannten "pilot plants" vornimmt. Doch selbst das kann bei teuren Substanzen recht kostspielig sein. Die vernünftige Alternative besteht in der Analogcomputersimulierung des gesamten Prozesses, deren Durcharbeitung man deshalb aber schon im Labormaßstab auf diese Parameter ausgedehnt haben muß. Wird das Modell richtig gewählt, so ergeben sich die besten Arbeitsbedingungen als Endergebnis der Prozeßsimulation. Man erhält differenzierte Aussagen über die einzelnen Freiheitsgrade, über die Empfindlichkeit und die Grenzbedingungen aller Parameter und über die praktikablen Möglichkeiten, den Prozeß überhaupt in der gewünschten Weise ablaufen zu lassen. Erst nach diesen Vorklärungen ist es sinnvoll, gezielte Versuche in "pilot plants" als Bestätigung für die Modellsimulierungen durchzuführen.

Diese Art der Prozeßbearbeitung spart gegenüber der „klassischen" Methode nicht nur Arbeitszeit und Betriebskosten, sondern sie erhöht auch die Sicherheit, indem Risiken besser erkannt und somit vermieden werden können. Darüber hinaus ist man in der Lage, Prozeßalternativen zu erarbeiten, von denen man unter bestimmten Voraussetzungen Gebrauch machen kann.

Von besonderem Wert sind die Ermittlungen der sogenannten Grenzwertbedingungen vor allem dort, wo bestimmte Reaktionen außer Kontrolle geraten und zu unheilvollen Katastrophen führen können (z. B. Zerbersten von Reaktoren durch Überdruck oder Explosionen). Hierbei kann unter gewissen Umständen durch Simulation aller vorkommenden Bedingungen auf dem Analogcomputer der Verlust von teuren Geräten, Apparaturen, Katalysatoren, Rohstoffen oder sogar von Menschenleben vermieden werden!

Es ist naheliegend, nicht nur optimale Reaktionsbedingungen zu erarbeiten, sondern auch die beste Auslegung von Betriebsapparaturen zu ermitteln. Die Bedeutung derartiger Arbeiten zeigt sich besonders bei der Planung neuer Produktionsanlagen, denn vielfach ist es auch heute noch üblich, bei der Errichtung von Betriebsanlagen die Belange der chemischen Umsetzung nicht in allen Punkten voll zu berücksichtigen. Deshalb steht der Betriebschemiker dann vor der Aufgabe, den chemischen Prozeß an die vorgegebenen apparativen Verhältnisse anzupassen, doch ist dies nicht immer und auch nur in bestimmten Grenzen möglich.

Bei einem bestimmten technischen Aufwand kann die Verwendung des Analogcomputers auch zur Entwicklung neuer Kontrolltechniken führen oder sogar zur Prozeßsteuerung selbst verwendet werden. Mit der sogenannten "feed back technique" erzielt man eine Approximation an einen zuvor festgelegten Prozeßverlauf, so daß innerhalb bestimmter Fehlergrenzen das Endergebnis garantiert ist.

Die möglichen Einsatzbereiche dieser Arbeitsweise sind theoretisch unbegrenzt. Sie alle aufzuzählen, würde deshalb gewiß zu weit führen. Dennoch sei auf einige besonders wichtige Probleme wenigstens kurz hingewiesen:

Thermodynamische Gleichgewichtsbedingungen; Fließgleichgewichte; Temperaturverläufe bei komplexen Prozessen; Wärmeleitung; Wärmeübergänge; Kühlflächenbedarf; Wärme-Stoff-Bilanzen; Druck-Temperaturverläufe; Strömungsvorgänge; Rücklaufverhältnisse; Mehrphasenprobleme usw.

Die apparativen Anwendbarkeiten erstrecken sich auf:

Reaktoren; Röhrenreaktoren; Rektifikationskolonnen; Wärmeaustauscher; Kondensatoren; Kompressoren; Verdampfer; Kaskadenanordnungen; Autoklaven usw.

Auch für diese Probleme müssen zuvor Modelle entworfen und dann nach den bekannten naturwissenschaftlichen Gesetzen mathematisch formuliert werden. Hierbei gelangt man mitunter zu recht komplexen partiellen Differentialgleichungen, die sich aber ebenfalls mit dem Analogcomputer lösen lassen. Ein gewisses Umdenken erfordert dabei allerdings der etwas ungewohnte Vorzug dieser Arbeitsweise, der darin besteht, daß man die physikalischen Vorgänge nicht getrennt von den chemischen Stoffumwandlungen, sondern vollständig als Einheit betrachtet — d. h. also, genauso handhabt wie diese Prozesse als Naturphänomen in Erscheinung treten.

Sonstige Anwendungsgebiete. In fast allen anderen Bereichen der Chemie ist der Einsatz des Analogcomputers ebenfalls möglich und nützlich. Voraussetzung dafür sind eigentlich nur eine klare Zielsetzung und die mathematische Formulierbarkeit der Probleme. Sinnvoll ist eine Analogcomputersimulation allerdings nur dann, wenn nicht nur eine einzige Rechnung durchgeführt, sondern wenn Funktionen in Abhängigkeit von mehreren Parametern dargestellt werden sollen. Ein weites Anwendungsgebiet ist die physikalische Chemie, aus der folgende Arbeitsrichtungen besonders hervorgehoben seien:

Stofftrennungen unter verschiedenen Bedingungen wie z. B. Gegenstromverteilungen; Verteilung von Stoffen zwischen zwei Phasen bei unterschiedlichen Temperaturen, Flüssigkeitsmengen und Stufen; Elutionskurven bei der Gradientenchromatographie mit mehreren Mischungsverhältnissen und Geschwindigkeiten; selektive Adsorptionen; Elektrochemische Probleme wie z. B. galvanische Ketten oder Redoxpotentiale in Abhängigkeit von Temperatur, Konzentration und p_H-Werten; Diffusions- und Membranpotentialkurven; Dissoziationsgrad- und Titrationskurven; Simulierung von verschiedenen Puffersystemen und komplexen Elektrodenvorgängen usw.

In der Thermodynamik kann man z. B. die Temperaturabhängigkeit der Reaktionswärme und des Dampfdruckes sowie die Phasenumwandlungen gemäß des Gibbsschen Gesetzes, das physikalische Verhalten chemischer Substanzen und Lösungs- und Mischungswärmen unter verschiedenen Bedingungen simulieren.

In der Rheologie gibt es ebenfalls entsprechende Probleme wie z. B. die Strukturviskosität oder die Relaxation; entsprechende Anwendungen gibt es in der Flotation, bei dem radioaktiven Zerfall, bei photochemischen Reaktionen oder in der Spektralphotometrie, bei der man z. B. für Mehrkomponentensysteme die Extinktionskurven in Abhängigkeit der einzelnen Substanz-Konzentrationen für alle interessierenden Wellenlängen darstellen kann (s. S. 144).

Schließlich seien auch die vielen Stofftransportvorgänge erwähnt, die z. B. bei der Diffusion, der Konvektion, der Dialyse und der Osmose auftreten. Ein weiteres recht interessantes Gebiet ist auch die Lösungsgeschwindigkeit in Abhängigkeit von Teilchengröße, Lösungsmittelzusammensetzung, Temperatur, Sättigungskonzentration und sonstigen Parametern. Umgekehrt könnten auch das Kristallwachstum bei verschieden starkem Überschreiten des Löslichkeitsproduktes und die Sedimentation kolloider Lösungen interessante Anwendungen der Analogcomputersimulierung sein.

Die aufgeführten Beispiele lassen sich zwar noch nicht alle mit Literaturzitaten belegen, doch dürfte die Anwendung der Analogcomputersimulierung auf diese Gebiete zweifellos nützlich und sinnvoll sein. Darüber hinaus wird es sicherlich noch viele andere Probleme geben, die sich in ähnlicher Weise mit Erfolg bearbeiten lassen.

Biologie

Da die Übergänge von Chemie und Biologie fließend sind, ist eine Übertragung eines chemischen Modells auf einen biochemischen Vorgang vielfach ohne weiteres möglich. Aber auch rein formal gibt es viele Parallelen zwischen diesen beiden Naturwissenschaften. So läßt sich z. B. die chemische Reaktionskinetik mit der Pharmakokinetik vergleichen, und die Simulierung eines chemischen Prozesses hat viel Ähnlichkeit mit der Simulierung von manchen Organfunktionen.

Pharmakokinetik. Die Verteilung eines Pharmakons im Organismus folgt bekannten biochemischen und physikochemischen Gesetzmäßigkeiten. Dennoch ist es außerordentlich schwierig, die Pharmakokinetik mathematisch zu behandeln, weil im lebenden Organismus stets eine Vielzahl von Gleichgewichten und Regelkreisen ineinandergreifen. Demzufolge haben wir es mit sehr komplexen Systemen zu tun, die sich nach herkömmlichen Methoden praktisch kaum explizite lösen lassen. Mit Hilfe eines Analogcomputers ist dies aber durchaus möglich, so daß die Pharmakokinetik ein wichtiges Anwendungsgebiet der Simulationstechnik geworden ist.

Im einfachsten Fall handelt es sich bei der Pharmakokinetik um passive Transportvorgänge, welche sich in erster Näherung als Diffusionsphänomene darstellen lassen. Allerdings können auch hierbei schon recht komplizierte Verhältnisse auftreten, sobald nämlich die Absorption relativ langsam ist und die Elimination des Pharmakons auf zwei Wegen erfolgt. Es finden dann nämlich bereits mehrere Vorgänge gleichzeitig und in gegenseitiger Abhängigkeit statt. Sofern noch spezifische Adsorptionen in bestimmten Organ- oder Gewebe-Compartments auftreten, ist ein solcher Prozeß ohne Analogcomputer nicht mehr quantitativ überschaubar. Mit Hilfe der Simulation von Modellvorstellungen gelingt dies jedoch in den meisten Fällen. Die Vorteile dieser Arbeitsweise wurden insbesondere von E. R. GARRETT dargelegt (s. Lit. 94).

Man begegnet gelegentlich dem Einwand, daß eine modellmäßige Behandlung der Pharmakokinetik die Gefahr in sich birgt, die sehr verwickelten Vorgänge unzulässig stark zu vereinfachen. Dieser Einwand ist berechtigt, wenn bestimmte Einzelheiten des Vorganges interessieren, die mit einem groben Modell nicht erfaßt werden konnten. Das Problemmodell muß der entsprechenden Fragestellung äquivalent sein. Selbstverständlich kann man durch kinetische Betrachtungen keinen Mechanismus beweisen, zumal man ja ohnehin nur die langsamen, also geschwindigkeitsbestimmenden Reaktionen berücksichtigt, während alle schnell ablaufenden Vorgänge vernachlässigt werden. Ein pharmakokinetisches Modell stellt demnach bestenfalls eine starke Vereinfachung der Wirklichkeit dar, mit welcher der zeitliche Ablauf der biologischen Vorgänge veranschaulicht und quantisiert werden soll. Hierzu gibt es praktisch keine Alternative. Das läßt sich sehr eindrucksvoll an einem Beispiel zeigen: Wenn eine Substanz in bestimmten Zeitabständen hintereinander verabreicht wird, so sind die Folgen nicht ohne weiteres übersehbar. Besteht aber ein gültiges Modell der Pharmakokinetik dieser Substanz, so kann man leicht zeigen (s. Abb. 4), daß unter Umständen unerwartet eine sukzessive Anreicherung des Pharmakons im Körper erfolgt und daß nach dem Absetzen noch eine relativ lange Zeit verstreichen muß, ehe eine vollständige Elimination stattgefunden hat.

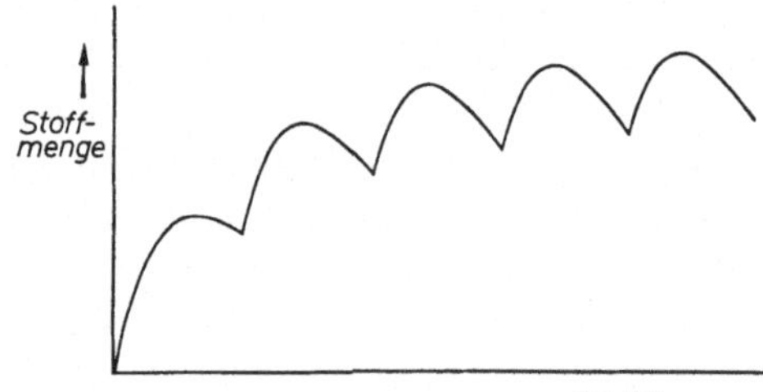

Abb. 4. Kumulation eines Pharmakons im Körper bei wiederholter Applikation.

Einen derartigen Schluß könnte man aus den experimentellen Daten der Harn-, Stuhl- und Blutanalyse allein niemals ziehen. Doch nicht nur für diese speziellen Fragestellungen und zur Ermittlung der Eliminationskonstanten des "deep compartments" ist die Simulation der Pharmakokinetik auf dem Analogcomputer von Wichtigkeit, sondern für ihre quantitative Behandlung überhaupt.

Anhand des Simulationsmodells können die biologischen Vorstellungen über die Verteilung eines Pharmakons im Organismus überprüft werden, denn nur bei Übereinstimmung ist ja die Möglichkeit gegeben, daß diese Annahmen wirklich zutreffen können. Im anderen Falle müssen die Modellvorstellungen solange variiert werden, bis eine Übereinstimmung mit den experimentellen Daten erreicht ist. Die auf diese Weise ermittelten Geschwindigkeitskonstanten für die einzelnen Transport- bzw. Diffusionsvorgänge gestatten eine Differenzierung des ganzen Prozesses in einzelne Schritte. Da ein pharmakokinetischer Prozeß ohne den Analogcomputer nur summarisch in Form der Eliminationswerte dargestellt werden könnte, ist der Fortschritt dieser Arbeitsweise offensichtlich.

Die Ursachen für die unterschiedliche Ausscheidung über Niere und Leber können sowohl für die einzelnen Pharmaka, als auch für die einzelnen Individuen sehr vielfältig sein. Hat man jedoch ein brauchbares Modell für die Pharmakokinetik des betreffenden Pharmakons gefunden, so kann man leicht nachweisen, welche speziellen Einzelvorgänge für eventuelle Differenzen bei der unterschiedlichen Elimination verantwortlich zu machen sind. Damit besteht auch durchaus die Möglichkeit, für bestimmte Vorgänge Standardwerte zu erarbeiten und die Abweichungen in den Geschwindigkeitskonstanten mit bestimmten Krankheitsbildern oder Funktionsstörungen zu korrelieren. Somit werden dann auch starke Differenzen in den resultierenden Meßwerten wie z. B. in den Konzentrationsverlaufskurven im Blut vernünftig interpretierbar und brauchen nicht mehr einfach als „biologische Streuungen" hingenommen zu werden.

Ein weiterer wichtiger Vorteil der Analogcomputersimulierung besteht darin, daß man aufgrund des wahrscheinlich gemachten Modells alle interessierenden Bedingungen simulieren kann, ohne die hierzu notwendigen Versuche zuvor durchführen zu müssen. Dadurch werden kritische Situationen offenkundig, so daß man sie dann leicht vermeiden kann. Weiterhin können die besten Applikationskombinationen, -arten und -frequenzen und die optimalen Dosierungsverhältnisse ermittelt werden. Man kann also schon am Analogcomputermodell zeigen, was kinetisch gesehen im Organismus passieren müßte, wenn man ein Pharmakon in willkürlich gewählter Menge und Form appliziert. Natürlich sollte man die wichtigsten positiven Ergebnisse durch gezielte biologische Versuche zu erhärten trachten, ehe man sie als Fakten akzeptiert. Mitunter können auch kinetische Untersuchungen großer Dosisbereiche eines Pharmakons einen Wechsel im Mechanismus der Verteilung, in der Absorptionsrate bei oraler Verabreichung oder in der Reaktionsordnung aufdecken.

Unter Umständen besteht nach diesen Experimenten die Notwendigkeit, das Reaktionsmodell zu korrigieren. Das bedeutet gleichzeitig auch eine Vertiefung des biologischen Wissens. Die Untersuchung der einzelnen Parameterbedingungen mit dem Analogcomputer ist also gleichbedeutend mit der Optimierung der pharmakologischen und klinischen Versuche, da die Zahl der notwendigen Experimente wesentlich verringert wird. Die große Geschwindigkeit der Analogcomputersimulation erhöht den Wirkungsgrad dieser Arbeitsweise noch beträchtlich.

In der Mehrzahl aller Fälle werden die applizierten Pharmaka im Körper wenigstens teilweise in irgendeiner Form metabolisiert (verseift; oxydiert; reduziert oder abgebaut), so daß neben reinen Transportvorgängen auch noch chemische oder enzymatische Reaktionen vorliegen, deren Reaktionsprodukte den Körper ebenfalls wieder auf verschiedenen Wegen verlassen. Es ist leicht einzusehen, daß sich dadurch ein äußerst komplexer Gesamtprozeß ergibt, der selbst bei Vorliegen aller notwendigen experimentellen Daten auf „klassische" Weise nicht mehr beherrschbar ist. Mit einem Analogcomputer ist dies jedoch möglich, weil infolge seiner parallelen Arbeitsweise keine größeren Schwierigkeiten als beim relativ einfachen Problem bestehen. Voraussetzung hierfür ist jedoch, daß genügend differenzierte Meßdaten vorliegen, so daß die Vorteile der Analogcomputersimulation voll zur Geltung kommen können. Selbstverständlich läßt sich ein kompliziertes Modell für die Simulierung eines Vorganges verwenden, dessen Struktur nicht in allen Einzelheiten durch Meßdaten belegt ist. Jedoch lassen die vielen Freiheitsgrade, über die ein solches Modell verfügt, dann oft mehrere Lösungen zu. Es ist also immer besser, ein stark vereinfachtes Modell zu benutzen, um dieser Gefahr vorzubeugen. Solange man sich dessen bewußt bleibt, daß diese Vereinfachungen nur Mittel zum Zweck und kein Abbild der Wirklichkeit sind, besteht auch keine Gefahr, die Ergebnisse dieser Simulation zu mißdeuten. Da jede experimentell ermittelte kinetische Funktion formal gesehen außerordentlich vieldeutig ist, sollte das Ziel der pharmakokinetischen Simulationstechnik darin bestehen, das einfachste Modell zu erarbeiten, mit dem sich ein hochkomplizierter Prozeß über einen großen Dosis- und Zeitbereich angenähert darstellen läßt.

Simulierung biologischer Funktionen. Das biologische Geschehen wird von vielen Wachstumsprozessen, konkurrierenden biochemischen Vorgängen und sinnvoll koordinierten Regelkreisen bestimmt. Wenige dieser Mechanismen können als geklärt betrachtet werden, die meisten sind in ihren Einzelheiten noch unbekannt. Es werden deshalb auch große Anstrengungen unternommen, um tiefere Einblicke in die biologischen Prozesse zu erlangen. Dies ist aber gerade wegen der Komplexität der Lebensvorgänge schwierig, zumal sich viele Experimente — zumindest in der Humanmedizin — naturgemäß verbieten. Deshalb ist die Modellsimulation eine vorzügliche Methode, unsere Vorstellungen zu überprüfen, die Störeinflüsse auf normale biologische Abläufe darzustellen und die Grenzen der Beeinflussungsmöglichkeiten herauszuarbeiten. Ein typisches Beispiel hierfür ist die Blutzuckerregulation im Hinblick auf die Diabetesforschung, bei der es viele Unbekannte gibt. Dennoch kann man ein relativ einfaches Modell aufstellen, in dem alle wesentlichen Erkenntnisse enthalten sind, wie zum Beispiel Insulinbildung, Freisetzung des Insulins aus den β-Zellen, Glucagonbildung, Glucosebildung aus Glycogen in der Leber und Bremswirkungen auf diese und andere Vorgänge durch überhöhte Insulin- bzw. Glucosekonzentrationen im Blut. Ein derartiges Modell ist im Vergleich mit dem wirklichen Mechanismus erheblich vereinfacht, doch es erlaubt die Darstellung der Zeitkurven unter den verschiedenen Bedingungen oder Belastungssituationen. Man kann das Modell beliebig erweitern oder verändern, d. h., den ständig fortschreitenden Erkenntnissen Rechnung tragen.

Da sich alle Lebensvorgänge auf Zeitfunktionen chemischer oder physikalischer Prozesse zurückführen lassen, kann man sie normalerweise auch durch mathematische Prinzipansätze darstellen, wenn auch meist nur in stark vereinfachter Form. So lassen sich z. B. Wachstumsprozesse unter Berücksichtigung der vielfältigen Einflüsse und der Faktoren der Wachstumshemmung relativ leicht simulieren, wobei es gleichgültig ist, worum es sich im speziellen Falle handelt: um das Wachstum des Gesamtorganismus oder der Organe; um die Bildung und das Absterben der Erythrozyten, Lymphozyten oder Epithelzellen; um das entartete Zellwachstum der Krebszellen; um die Vermehrung der Algen, Bakterien, Pilzmycele oder Viren oder gar um die schon stark von wirtschaftlichen, politischen und religiösen Faktoren abhängige Zunahme der Erdbevölkerung — überall lassen sich ähnliche Prinzipien erkennen, obwohl natürlich die Variablen und Parameter dieser Vorgänge qualitativ und quantitativ sehr unterschiedlich sind. So werden z. B. das reine Zellteilungswachstum der tierischen Zellen hauptsächlich von der Beatmung, Durchblutung, Ernährung sowie von den allgemeinen physiologischen Bedingungen und den pathologischen Faktoren beeinflußt, während das Teilungs- und Streckungswachstum der pflanzlichen Zellen von den klimatischen Verhältnissen wie Licht, Temperatur, Feuchtigkeit usw., dem Bodenzustand wie p_H-Wert, Anwesenheit der wichtigen Nähr- und Wuchsstoffe, Pflanzengifte, Bodenbakterien usw. sowie vom Schädlingsbefall der Pflanzen abhängen wird. Natürlich läßt sich in jedem Modell auch berücksichtigen, daß die Wachstumsregulation auf verschiedenen Wegen erreicht werden kann (Äquifinalität). Die Modellsimulation ist in der Biologie im Gegensatz zu den exakten Naturwissenschaften nur bedingt durch entsprechende Experimente kontrollierbar, obwohl man sich in vielen Fällen mit gutem Erfolg der Radioisotopentechnik bedienen kann, wie z. B. in der Pflanzenphysiologie und in der experimentellen Pharmakologie. Dies ist insofern recht bedeutsam, als ja der Wahrscheinlichkeitsgrad für die Richtigkeit der biologischen Vorstellungen in den einzelnen Fällen sehr unterschiedlich ist. So hat man für viele Wachstumsprozesse bereits klar bewiesene Mechanismen als Basis für die Quantisierung dieser Prozesse, während in anderen Fällen nur pauschale Hypothesen existieren (z. B. für die Entstehung der Krebszellen: Störungen der genetischen Informationskette bei der Eiweißsynthese).

Grundsätzlich kann man eine Simulierung schon dann beginnen, wenn relativ wenig über einen komplexen Vorgang bekannt ist. So genügt für das einfache ökologische System eines Wirt-Parasit-Modells schon die Kenntnis folgender Gesetzmäßigkeiten: Die Wachstumsgeschwindigkeit

der Wirtzellen sowie ihre Absterberate in Abhängigkeit von der Parasiten-
menge und die Wachstumsgeschwindigkeit der Parasiten in Abhängigkeit
von der Menge der Wirtzellen sowie ihre Zerfallsrate. Diese gegenseitige
Beeinflussung kann noch durch verschiedene Parameter erweitert werden
(wie z. B. Umwelteinflüsse usw.). Dieser sich hieraus ergebende Regelkreis kann entweder einem Gleichgewicht zwischen Wirt und Parasit zustreben (A) oder aber es können in den zeitlichen Populationskurven
Schwingungen mit recht unterschiedlichem Amplitudencharakter auftreten (B). (Siehe Abb. 5; vgl. auch S. 140.) In beiden Fällen gestatten
diese Simulationen entsprechende wichtige Vorhersagen in Abhängigkeit
zu den Ausgangsbedingungen.

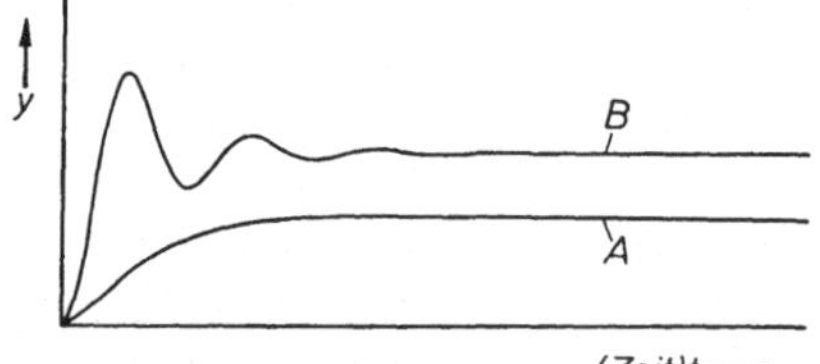

Abb. 5. Verhalten von Regelkreisen als
Funktion der Zeit; Gleichgewichtsein-
stellung (A);   Schwingungscharakter
(B).

Eine kaum ausschöpfbare Fülle von Anwendungsmöglichkeiten des
Analogcomputers ergeben sich durch Simulationen von Organfunktionen
im Zusammenwirken der physiologischen und biochemischen Vorgänge.
Bei der Darstellung der Hämodynamik hat man z. B. die Blutzirkulation
des kleinen und des großen Kreislaufes, die Gefäßerweiterungen und -ver-
engungen, die Druck-, Hub- und Saugarbeit des Herzens, die entsprechenden Kontroll- und Regulationsmechanismen, die Nervensteuerung,
die Wirkung der zentralanregenden und blutdruckregulierenden Hormone,
die unterschiedliche Blutverteilung auf die einzelnen Organe (Gehirn,
Magen, Darm, Leber, Milz) bei wechselndem Bedarf infolge der speziellen
Arbeitsleistungen zu berücksichtigen, um ein weitgehendes Abbild der
Hämodynamik zu erhalten. Eine derartige Perfektion wäre, sofern sie
überhaupt gelingt, nicht nur unübersichtlich, sondern auch viel zu aufwendig. Doch schon bei Beschränkung auf wesentliche Fakten gelingt es
durchaus, z. B. Herzklappenfehler, Stenosen und Erkrankungen des
Herzmuskels mit den wesentlichen Auswirkungen zu verdeutlichen
(Lit. 121). Ähnlich verhält es sich z. B. beim Zusammenwirken von
Nervenreizen, Muskeltätigkeiten und reversiblen Umwandlungen von
chemischer in mechanische Energie. Die physiologischen Vorgänge im
Auge lassen sich genauso simulieren wie diejenigen beim Hörprozeß,
bei der Stimmbildung, bei den Nervenfunktionen oder bei der konti-
nuierlichen Gleichgewichtseinstellung während des Vorwärtsbewegens.
Es läßt sich z. B. zeigen, daß es zu einem Starrkrampf der quer-
gestreiften Muskulatur führen muß, wenn die Natriumleitfähigkeit im

Ruhezustand durch Calciummangel erhöht wird (Lit. 121). Ebenso kann man die verschiedenartigen Störungen darstellen, wenn irgendwelche hormonalen Steuerungen infolge Unter- oder Überproduktion von inner-sekretorischen Drüsen nicht zufriedenstellend funktionieren oder z. B. die enzymatischen Voraussetzungen für die Entgiftungsreaktionen oder die natürlichen Biosynthesen in der Leber fehlen.

Bei der Kompliziertheit des Ablaufes von summarisch recht einfach erscheinenden biologischen Prozessen gibt es natürlich sehr viele Möglich-keiten, irgendwelche Insuffizienzen zu erklären. Deshalb ist der Analog-computer ein wertvolles Hilfsmittel zur quantitativen Überprüfung dieser Vermutungen. Das Aufwerfen der entsprechenden Probleme und die Formulierung der Fragen können selbstverständlich nur durch den Fachspezialisten erfolgen. Es ist aussichtslos, alle simulierbaren Prozesse auch nur aufzuzählen, weil eine grundsätzliche theoretische Beschränkung auf bestimmte Modellvorstellungen ja nicht gegeben ist. Ob es sich nun um die pharmakologischen Vorgänge bei der reversiblen oder irreversiblen Cholesterinesterasehemmung, um den sequentiellen oder parallelen Ab-lauf von physikalischen und chemischen Prozessen bei der Regulierung der Körpertemperatur, des Mineralstoff- und des Wasserhaushaltes, um die Reizadaption auf bestimmte Alarmreaktionen durch funktionale An-passung, um die Atmungskette, um den aktiven Transport, um die Ultra-filtration in der Niere, um den Menstruationszyklus oder um irgendwelche Stoffwechselreaktionen handelt, alle diese Vorgänge lassen sich — mehr oder weniger stark vereinfacht — mit dem Analogcomputer simulieren. Hierbei kann man entweder von experimentellen Daten oder von hypo-thetischen Annahmen ausgehen; man kann sich entweder auf Konzen-trations- oder Mengenveränderungen beschränken oder auch noch p_H- und Temperaturverläufe, Membran- und Redoxpotentiale, Permeabili-täten, Viskositäten, Elastizitäten, Aktivierungsenergien und vieles andere mehr berücksichtigen und man kann entweder einen ganzen Regelkreis oder auch nur spezielle Teilprozesse betrachten. Da man es in der Biologie praktisch immer mit offenen Systemen zu tun hat, die sich im Fließgleich-gewicht (steady state) befinden oder ihm zustreben, kann alles unter ver-schiedenen Ausgangszuständen oder Parameterbedingungen durchgear-beitet werden. Somit erhält man klare Vorstellungen davon, welche Ar-beitshypothesen aus welchen Gründen verworfen werden müssen. Wesentlich leichter wird diese Arbeitsweise immer dort sein, wo man auf analoge „in vitro"-Modellreaktionen zurückgreifen kann, so daß die Computersimulierungen auch experimentell überprüft werden können. (Herz-Lungenmaschine, Magen-Darm-Modelle, künstliche Niere, Leber-perfusion usw.) Je mehr man bereits über den zu simulierenden Prozeß weiß, um so einfacher läßt er sich handhaben. Im anderen Falle hat man sehr viele Freiheitsgrade, so daß sich unter Umständen viel zu viele

2*

Möglichkeiten für die Modellinterpretationen finden lassen. Trotzdem ist die Modellsimulation auch in diesen Fällen noch sinnvoll, weil sich durchaus auch Rückkopplungseffekte zeigen, d. h., es gehen Impulse auf die Planung der noch durchzuführenden Versuche aus. Da mit fortschreitender Erkenntnis immer mehr Elementarprozesse und Mechanismen geklärt werden (z. B. Photosynthese, hormonale Steuerungen), entfallen auch immer mehr Freiheitsgrade, so daß der Aussagewert der Simulation wächst. Gerade die große Flexibilität des Analogcomputers ermöglicht es, alle aktuellen Fragen in das Modell mit einzubeziehen.

Sonstige biologische Anwendungsgebiete. Außer den bisher besprochenen Anwendungsgebieten gibt es in der Biologie noch einige andere, bei denen sich die Analogcomputersimulation nicht ohne weiteres aufdrängt. Dies gilt z. B. für die medizinische Diagnostik, in der ein Analogcomputer ebenfalls Verwendung findet. Da man unter anderem auch kontinuierliche elektrische Meßdaten eingeben und die Elemente des Analogcomputers so schalten kann, daß sie als Resonanzfilter wirken, dient er zur spektralen Analyse von Gehirnströmen (Elektroencephalographie, EEG), zur Herztonanalyse und zur Berechnung der Vektorcardiographie. Bei der EEG-Analyse werden z. B. nur die Amplituden der diagnostisch wichtigsten Frequenzen aufgezeichnet, deren Veränderungen in der Neurophysiologie und Psychatrie bedeutungsvolle Indikationen für bestimmte Krankheitszustände sein können (Lit. 149).

Sofern man über geeignete Meßmethoden verfügt, läßt sich auch eine Therapiekontrolle durch Simulierung des Krankheitsverlaufes vornehmen. So können z. B. aus den Meßdaten der Harn- und Blutanalyse (Proteine, Zucker, Farbstoffe, Eiweißquotient, Leukozytenzahl usw.) experimentelle Zeitkurven gewonnen werden, deren Simulierung bedingte Schlüsse auf den weiteren Krankheitsverlauf und damit auf die noch erforderlichen Therapiemaßnahmen zulassen. Dies ist sowohl bei bakteriellen Infektionen möglich, als auch bei Blutbildveränderungen (Lymphozytenproduktion), bei speziellen Formen der Strahlentherapie, der Ödemausschwemmung, bei anabolen und katabolen Effekten, bei Virusinfektionen usw. Auch der Narkoseverlauf und bestimmte Verlaufsformen während der Rekonvaleszens lassen sich simulieren. Das Ziel derartiger Untersuchungen ist das Auffinden von Normalkonstanten, um eventuelle Anomalien besser interpretieren zu können.

Bei der Entwicklung von Testmethoden für die experimentelle Pharmakologie läßt sich der Analogcomputer ebenfalls als wirksames Hilfsmittel verwenden. So könnte man bei speziellen Problemstellungen wie z. B. bei der Entzündungshemmung relativ einfache Modelle aufstellen, deren Simulierungen zu Geschwindigkeitskonstanten führen. Sie sind gegebenenfalls viel bessere Zielgrößen für jene Tests als die Gewichte oder Abmessungen der betreffenden Organe oder Körperteile. Zwar sind hierfür noch keine Literaturbeispiele bekannt, doch dürften sich auch in dieser Richtung noch interessante Anwendungen ergeben.

Schließlich sei noch auf Gesichtspunkte hingewiesen, die eng mit der Biologie zusammenhängen. So kann man z. B. die optimale Dosierung, Beschaffenheit (wie z. B. Teilchengröße), pharmazeutisch-galenische Formulierung und Applikationsfrequenz von pharmazeutischen Präparaten im Hinblick auf ihre Absorption ermitteln.

Auch für gewisse wirtschaftliche Aspekte von industriellen Anwendungen der Biologie eröffnen sich interessante neue Möglichkeiten. So kann man durch Simulierung der betreffenden ökologischen Systeme günstige Bedingungen für den Fischfang und die Wildhaltung herausfinden und eine sinnvolle Erntestrategie erarbeiten. Weiterhin könnte der wirtschaftlichste Zeitpunkt für den Einsatz von Herbiziden und Insektiziden ermittelt werden, so daß der zu erwartende Schaden möglichst gering gehalten wird. Es ist auch naheliegend, allgemeine oder sehr spezielle Marktmodelle zu ersinnen, in denen die bekannten oder mutmaßlichen Einflußgrößen für den Absatz bestimmter Artikel (Lebensmittel, Pharmaka, Pflanzenschutzmittel usw.) funktionell berücksichtigt werden können. Diese Methode der Trendvoraussage hat gegenüber den üblichen Extrapolationsverfahren den großen Vorteil, den sich abzeichnenden Veränderungen sofort Rechnung tragen zu können.

Diese vielen nur angedeuteten Einsatzmöglichkeiten des Analogcomputers mögen genügen, um die Vielfältigkeit dieser Methode zu zeigen. Ganz allgemein soll nochmals festgestellt werden, daß sich nicht nur alle mathematisch formulierbaren, sondern auch diejenigen Vorgänge simulieren lassen, deren ursächlichen Zusammenhänge grundsätzlich bekannt sind, da sich durch bestimmte Elemente des Analogcomputers auch empirische, nicht exakt charakterisierbare Funktionen und logische Alternativen als Veränderliche in ein Modell mit einbeziehen lassen.

4. Grundgesetze der Reaktionskinetik

Bei den meisten Anwendungsgebieten des Analogcomputers geht es um die Behandlung zeitabhängiger Systeme, d. h. um die Berechnung der zeitlichen Veränderungen von Werten dieser Systeme. Zum überwiegenden Teil unterliegen diese Vorgänge den Gesetzen der Reaktionskinetik. Die Kenntnis der einfachsten kinetischen Gesetze ist deshalb unerläßlich für die Programmierung und für das Arbeiten mit dem Analogcomputer. Mit Hilfe eines derartigen Grundwissens ist man dann allerdings in der Lage, selbst komplexe kinetische Probleme zu bearbeiten und dort mit Leichtigkeit zu Lösungen zu kommen, wo man ohne Analogcomputer weitgehende mathematische Spezialkenntnisse braucht.

Als Grundlage der Kinetik soll hier die chemische Kinetik dienen, die sich mit den Geschwindigkeiten chemischer Reaktionen befaßt. Mit dieser

Kinetik lassen sich in gewissen Fällen auch Stofftransportvorgänge (besonders bei der Pharmakokinetik) beschreiben. Dabei können z. B. für den Übergang einer Substanz A in die Substanz X die gleichen zeitlichen Gesetzmäßigkeiten gelten wie für den Transport einer unverändert bleibenden Substanz von dem Körperteil A (z. B. Blut) in den Körperteil X (z. B. Harn).

Definition der Reaktionsgeschwindigkeit. Für den einfachen Fall $A \longrightarrow X$ ist die Reaktionsgeschwindigkeit als zeitliche Änderung der Konzentration eines Reaktionspartners definiert, also die Abnahme der Konzentration von A bzw. die Zunahme der Konzentration von X. Diese Reaktionsgeschwindigkeit wird mathematisch durch einen Differentialquotienten beschrieben:

$$- \frac{\mathrm{d}a}{\mathrm{d}t} = \frac{\mathrm{d}x}{\mathrm{d}t} \, .$$

$a =$ Konzentration des Stoffes A;
$x =$ Konzentration des Stoffes X;
$t =$ Zeit.

Der Differentialquotient $\mathrm{d}x/\mathrm{d}t$ ist ein Ausdruck für die Konzentrationsänderung von X, also $\mathrm{d}x$, im unendlich kleinen Zeitintervall $\mathrm{d}t$. Hierbei besitzt der Differentialquotient bei zeitlicher Konzentrationszunahme ein positives, bei Konzentrationsabnahme ein negatives Vorzeichen. Das Zustandekommen der Vorzeichen wird bei Betrachtung der Vorgänge innerhalb eines endlichen Zeitintervalls $t_2 - t_1 = \Delta t$ erklärlich. Betrachten wir die Konzentrationen a_1 und x_1 zu einem Zeitpunkt t_1 und die Konzentrationen a_2 und x_2 zu dem späteren Zeitpunkt t_2, dann gilt:

$$t_2 > t_1; \quad a_2 < a_1; \quad x_2 > x_1$$

und für die dazu gehörenden Differenzenquotienten:

$$\frac{x_2 - x_1}{t_2 - t_1} = \frac{\Delta x}{\Delta t} \text{ (beide Differenzen positiv)};$$

$$\frac{a_2 - a_1}{t_2 - t_1} = - \frac{\Delta a}{\Delta t} \text{ (Differenz im Zähler ist negativ)}.$$

Beim Übergang zu den Differentialquotienten bleiben die Vorzeichen erhalten.

Reaktionsordnung

Die Reaktionsordnung ergibt sich aus dem Abhängigkeitsgrad der Reaktionsgeschwindigkeit von den Konzentrationen der Ausgangsstoffe. Im allgemeinen ist der zeitliche Verlauf eines einzelnen Vorgangs durch die Ordnung seines Zeitgesetzes und durch die Größe der Konstanten k bestimmt.

Reaktionen erster Ordnung. Ist die Reaktionsgeschwindigkeit proportional der ersten Potenz der Ausgangsstoffkonzentration, so verläuft die Reaktion nach einem Zeitgesetz erster Ordnung:

$$-\frac{\mathrm{d}a}{\mathrm{d}t} = {}^{1}k\,a. \tag{1}$$

Hierbei ist a die zeitlich veränderliche Konzentration des Stoffes A und der Proportionalitätsfaktor ${}^{1}k$ die Reaktionsgeschwindigkeitskonstante. Der hochgestellte Index 1 symbolisiert die Geschwindigkeitskonstante erster Ordnung.

Das obige Zeitgesetz bildet in der differentiellen Form zwar den einfachsten und verständlichsten Ausdruck, ist jedoch für die praktische Verwendung ungeeignet. Durch Integration gehen die Zeitgesetze in eine brauchbare Form über. Um die jeweiligen Integrationskonstanten zu eliminieren, müssen die Integralgrenzen bzw. die Anfangsbedingungen bekannt sein. Nach Umformung des obigen Gesetzes erhält man:

$$-\int_{a_0}^{a} \frac{\mathrm{d}a}{a} = {}^{1}k \int_{0}^{t} \mathrm{d}t;$$

$a_0 =$ Anfangskonzentration des Stoffes A zur Zeit $t = 0$;

$$\ln a_0 - \ln a = {}^{1}kt; \tag{2}$$

$$\ln \frac{a}{a_0} = -{}^{1}k; \qquad a = a_0 \mathrm{e}^{-{}^{1}kt}. \tag{3}$$

Für den entstehenden Stoff X gilt: $x = a_0 - a$, eingesetzt in Gl. (3):

$$a_0 - x = a_0\,\mathrm{e}^{-{}^{1}kt};$$
$$x = a_0(1 - \mathrm{e}^{-{}^{1}kt}). \tag{4}$$

Trägt man gemäß Gl. (3) die Konzentration a gegen die Zeit t auf, so erhält man eine abfallende Kurve, die bei $t = \infty$ die Konzentration

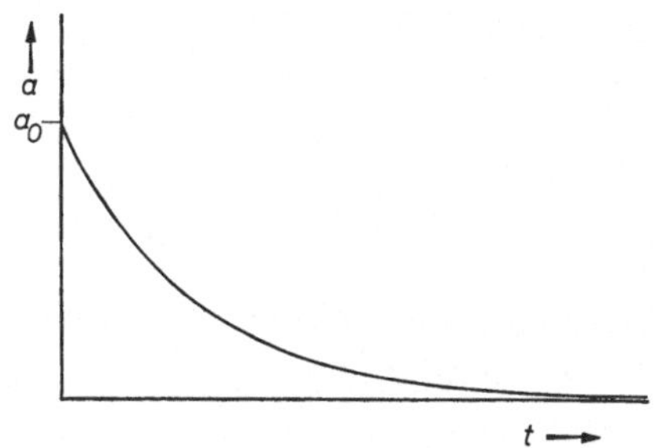

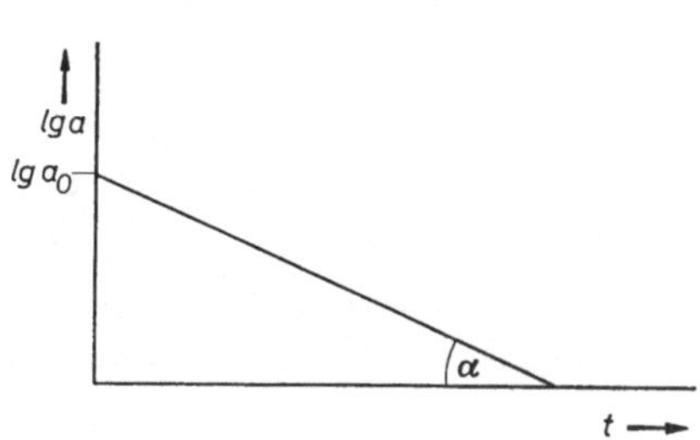

Abb. 6. Zeitlicher Konzentrationsverlauf bei einer Reaktion erster Ordnung. Die Steigungen der Tangenten der Kurve entsprechen den jeweiligen Reaktionsgeschwindigkeiten.   Abb. 7. Reaktion erster Ordnung; Darstellung als Gerade.

$a = 0$ erreicht. Die Reaktionsgeschwindigkeit $\mathrm{d}x/\mathrm{d}t$, die mathematisch die Steigung der Tangenten der Kurve darstellt, wird also mit fortschreitender Zeit immer kleiner (Abb. 6).

Das integrierte Zeitgesetz erster Ordnung läßt sich aber auch graphisch als Gerade darstellen.

Nach Gl. (2) ist: $\ln a = -{}^1kt + \ln a_0$

oder: $$\lg a = -\frac{{}^1k}{2{,}303}\, t + \lg a_0. \tag{5}$$

Trägt man als Ordinate den Logarithmus der Konzentration des zerfallenden oder verschwindenden Stoffes $\lg a$ gegen die Zeit t auf, so erhält man eine Gerade mit der Steigung $\tan\alpha = -{}^1k/2{,}303$ und dem Ordinatenabschnitt $\lg a_0$ (Abb. 7).

Typische Beispiele für Vorgänge nach einem Zeitgesetz erster Ordnung sind der radioaktive Zerfall, der monomolekulare Zerfall vom Di-t-butylperoxyd in Aceton, der thermische Zerfall vieler organischer Substanzen in der Gasphase und die Ausscheidung eines Pharmakons durch die Niere.

Reaktionen zweiter Ordnung. Sofern die Reaktionsgeschwindigkeit der zweiten Potenz der Konzentration eines einzelnen Ausgangsstoffes oder dem Produkt der Konzentrationen zweier verschiedener Reaktionspartner proportional ist, so liegt eine Reaktion zweiter Ordnung vor.

Im ersten Falle handelt es sich dabei um Reaktionen, bei denen entweder zwei gleiche Partner miteinander reagieren oder die Anfangskonzentrationen der beiden miteinander reagierenden Stoffe gleich groß sind:

$$A + A \longrightarrow X \quad \text{oder} \quad A + B \longrightarrow X \quad (a_0 = b_0).$$

Das Zeitgesetz zweiter Ordnung lautet demzufolge:

$$-\frac{\mathrm{d}a}{\mathrm{d}t} = {}^2k a^2. \tag{6}$$

a = zeitlich veränderliche Konzentration des Ausgangsstoffes A;
${}^2k$ = Reaktionsgeschwindigkeitskonstante zweiter Ordnung.

Im zweiten Fall handelt es sich um Reaktionen zweier verschiedener Partner mit unterschiedlichen Anfangskonzentrationen.

$$A + B \longrightarrow X \quad (a_0 \neq b_0).$$

Das Zeitgesetz zweiter Ordnung hat dann die Form:

$$-\frac{\mathrm{d}a}{\mathrm{d}t} = {}^2k a b. \tag{7}$$

Die Ausdrücke der Gln. (6) und (7) müssen nach verschiedenen Methoden integriert werden. Die Integration von Gl. (6) ergibt:

$$-\int_{a_0}^{a} \frac{\mathrm{d}a}{a^2} = {}^2k \int_{0}^{t} \mathrm{d}t;$$

$$\frac{1}{a} - \frac{1}{a_0} = {}^2kt \quad \text{oder} \quad \frac{1}{a} = {}^2kt + \frac{1}{a_0}. \tag{8}$$

Auch Gl. (8) ist als Gerade darstellbar, indem die reziproke Konzentration des Stoffes A, also $1/a$, gegen die Zeit t aufgetragen wird. Die Steigung $\tan\alpha$ ist gleich der Reaktionsgeschwindigkeitskonstanten ^2k und der Ordinatenabschnitt gleich der reziproken Anfangskonzentration (Abb. 8).

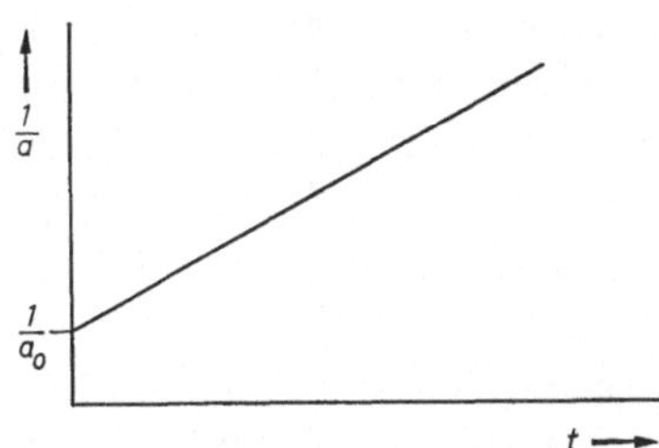

Abb. 8. Reaktion zweiter Ordnung mit äquivalenter Ausgangskonzentration $a_0 = b_0$; Darstellung als Gerade.

Sind dagegen die Anfangskonzentrationen der Stoffe A und B unterschiedlich, so muß bei der Integration von Gl. (7) ausgegangen werden. Sie muß allerdings zuvor noch umgeformt werden, so daß anstatt der zwei Variablen a und b nur die Variable x auftritt.

Da: $a = a_0 - x$; $\mathrm{d}a = -\mathrm{d}x$ und $b = b_0 - x$, gilt nach Gl. (7):

$$\frac{\mathrm{d}x}{\mathrm{d}t} = {}^2k\,(a_0 - x)\,(b_0 - x)\,. \tag{9}$$

Der Integralansatz lautet:

$$\int\limits_0^x \frac{\mathrm{d}x}{(a_0 - x)\,(b_0 - x)} = {}^2k \int\limits_0^t \mathrm{d}t\,.$$

Nach Partialbruchzerlegung ergibt die Integration:

$$\ln \frac{a_0 - x}{b_0 - x} = {}^2k\,(a_0 - b_0)\,t + \ln \frac{a_0}{b_0} \tag{10}$$

oder

$$\lg \frac{a_0 - x}{b_0 - x} = \frac{{}^2k\,(a_0 - b_0)}{2{,}303}\,t + \lg \frac{a_0}{b_0}\,. \tag{11}$$

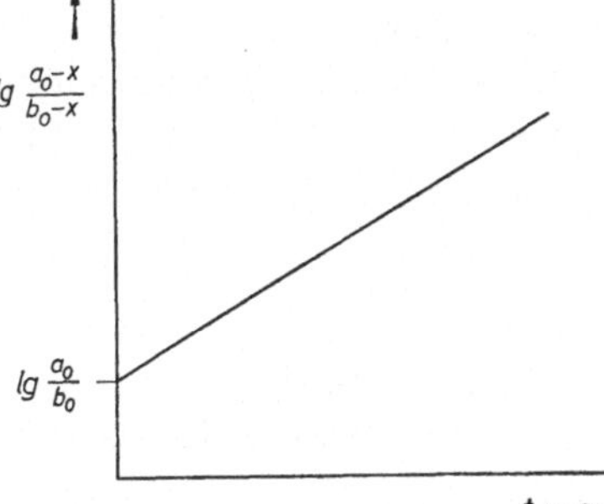

Abb. 9. Reaktion zweiter Ordnung mit ungleichen Ausgangskonzentrationen $(a_0 \neq b_0)$; Darstellung als Gerade.

Trägt man die Werte $\lg\,[(a_0 - x)/(b_0 - x)]$ gegen die Zeit t auf, so erhält man eine Gerade mit der Steigung

$$\tan\alpha = \frac{{}^2k\,(a_0 - b_0)}{2{,}303} \quad \text{(s. Abb. 9)}\,.$$

Beispiele für Vorgänge nach einem Zeitgesetz zweiter Ordnung sind der Zerfall des Jodwasserstoffes ($2\,HJ \longrightarrow H_2 + J_2$), die Dimerisierung des Cyclopentadiens, die Diels-Alder-Reaktion von Cyclopentadien mit Maleinsäureanhydrid zu 3,6-Endomethylen-Δ^4-tetra-hydrophthalsäureanhydrid, die Eliminierung bzw. Desaktivierung von Antitoxinen aus dem Serum nach aktiver Immunisierung (Hyperbolische Elimination).

Reaktionen höherer Ordnung. Reaktionen höherer Ordnung treten relativ selten auf, so daß auf die äußerst komplizierte mathematische Behandlung verzichtet wird.

Eine Reaktion dritter Ordnung ist z. B. die Gasreaktion zwischen Stickstoffmonoxyd und Sauerstoff, deren Mechanismus jedoch sehr kompliziert ist:

$$2\,NO + O_2 \longrightarrow 2\,NO_2$$

Pseudoordnung einer Reaktion. Wird während einer Reaktion die Konzentration eines Reaktionspartners konstant gehalten, so erniedrigt sich die Ordnung der Reaktion um eins. Das gleiche geschieht, wenn ein Reaktionspartner gegenüber dem anderen in einem so großen Überschuß vorliegt, daß seine Konzentration als konstant angesehen werden kann. Ein typisches Beispiel ist die saure Verseifung eines Esters in Wasser als Lösungsmittel bei konstant gehaltenem p_H-Wert. Die Reaktion ist an sich dritter Ordnung, d. h. abhängig von den Konzentrationen des Esters, des Wassers und der H-Ionen (p_H-Wert). Da aber Wasser als Lösungsmittel in extrem großem Überschuß auftritt und die H-Ionenkonzentration konstant bleibt, verläuft diese Reaktion nach pseudoerster Ordnung.

Die Reaktionsordnung ist eine rein empirische Größe und sagt nichts über die Molekularität oder gar über den Mechanismus einer Reaktion aus. Bei komplizierten Reaktionen, die nicht in mehrere Einzelreaktionen aufgeschlüsselt werden, ergibt sich oft eine gebrochene Ordnung für die Gesamtreaktion.

Reaktionen nullter Ordnung. Bei Reaktionen nullter Ordnung ist die Geschwindigkeit über die Zeit konstant und unabhängig von der Konzentration aller Reaktionspartner. Das Zeitgesetz lautet:

$$- \frac{da}{dt} = {}^0k. \tag{12}$$

$a =$ zeitlich veränderliche Konzentration des Ausgangsstoffes A;
${}^0k =$ Geschwindigkeitskonstante nullter Ordnung.

Die Integration von Gl. (12) ergibt:

$$a_0 - a = {}^0kt; \qquad a = -{}^0kt + a_0. \tag{13}$$

Das Konzentrations-Zeit-Diagramm ergibt eine Gerade, aus der sich ${}^0k$ und a_0 direkt ermitteln lassen (Abb. 10).

Die einfachste Reaktion nullter Ordnung ist das Überführen eines Stoffes mit konstanter Geschwindigkeit von einem Behältnis in ein

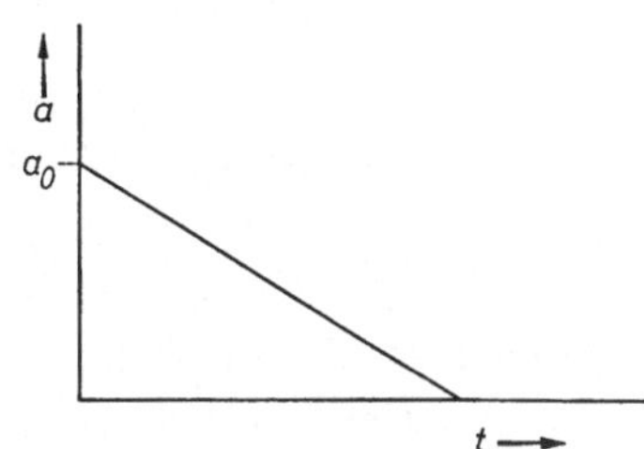

Abb. 10. Reaktion nullter Ordnung.

anderes wie z. B. die Förderung von Stoffen durch Pumpen, Gebläse, Förderbänder usw. und in der Medizin z. B. die permanente Infusion in die Blutbahn.

Viele katalytische und enzymatische Reaktionen verlaufen ebenfalls nach dem Zeitgesetz nullter Ordnung. Die Voraussssetzungen hierfür sind konstante Katalysatormengen und ein hoher Überschuß der Reaktanten gegenüber den Katalysatoren (Hydrierungen; Gasreaktionen an Metalloberflächen; Elimination des Blutalkohols usw.).

Bestimmung der Reaktionsordnung. Zur Ermittlung der Reaktionsordnung kann man verschiedene Methoden anwenden. Die einfachste besteht darin, daß man eine Reaktionsordnung im voraus annimmt und für jeden gemessenen Wert die entsprechende Geschwindigkeitskonstante ausrechnet (s. Tab. 2). Bleiben die k-Werte über die Zeit konstant, so stimmt die Ordnung mit der angenommenen überein. Ergibt sich dagegen eine systematische Abweichung der k-Werte, so muß eine andere Ordnung vorliegen. Demzufolge muß die Ausrechnung mit einer anderen Annahme wiederholt werden.

Bei der graphischen Methode zum „Herantasten" an die Reaktionsordnung trägt man die Konzentrationsfunktionen a, $\lg a$, $1/a$ oder $\lg[(a_0 - x)/(b_0 - x)]$ gegen die Zeit t auf (vgl. Tab. 2), um zu sehen, welche Funktion sich am besten einer Geraden annähert.

Schließlich kann man zur Bestimmung der Reaktionsordnung auch die Halbwertszeit (s. S. 29) heranziehen.

Logarithmiert man den Ausdruck:

$$t_{1/2} = \frac{f(n, k)}{a_0^{n-1}},$$

so ergibt sich:

$$\lg t_{1/2} = \lg f(n, k) - (n - 1) \lg a_0. \tag{14}$$

Werden nun zwei Versuche mit den unterschiedlichen Anfangskonzentrationen a_0 und a_0' durchgeführt und die dazugehörigen Halbwertszeiten $t_{1/2}$ und $t_{1/2}'$ gemessen, so erhält man durch Einsetzen dieser Werte in

Gl. (14) zwei Gleichungen mit den beiden Unbekannten lg $f(n, k)$ und n. Nach Elimination von lg $f(n, k)$ ergibt sich für die Reaktionsordnung:

$$n = 1 + \frac{\lg t'_{1/2} - \lg t_{1/2}}{\lg a_0 - \lg a'_0}. \tag{15}$$

Reaktionsgeschwindigkeitskonstante

Die Reaktionsgeschwindigkeitskonstante k ist eine für jede Reaktion charakteristische Konstante. Sie ist stark von der Temperatur abhängig und hat je nach Reaktionsordnung eine unterschiedliche Dimension.

Dimensionen. Die Dimension des k-Wertes ist abhängig von der Ordnung n des Zeitgesetzes. Für ein Zeitgesetz n-ter Ordnung gilt allgemein, daß der $^n k$-Wert die Dimension $[t^{-1} \cdot c^{1-n}]$ hat.

$^n k$ = Reaktionsgeschwindigkeitskonstante n-ter Ordnung;
t = Zeitdimension;
c = Konzentrationsdimension.

Hieraus ergibt sich, daß nur die Reaktionsgeschwindigkeitskonstante nullter Ordnung ($n = 0$) die Dimension einer Reaktionsgeschwindigkeit hat $[c/t]$. Bei allen anderen Ordnungen charakterisiert die Konstante nur den schnelleren bzw. langsameren Verlauf einer Reaktion mit fortschreitender Zeit. Ein Vergleich zwischen Geschwindigkeitskonstanten verschiedener Ordnung ist infolge der Dimensionsunterschiede nicht möglich.

Experimentelle Bestimmung. Die Reaktionsgeschwindigkeitskonstante kann bestimmt werden, indem man in die für k explizite entwikkelte integrierte Gleichung (s. Tab. 2) die Anfangskonzentration a_0, die gemessene Konzentration a zur Zeit t und die Zeit t einsetzt. Liegen mehrere Meßpunkte vor, dann erhält man genauere Werte, wenn man den Konzentrationsverlauf als Gerade darstellt und den k-Wert aus der Steigung der Geraden bestimmt. Bei einer Reaktion erster Ordnung werden z. B. die Werte lg a gegen t aufgetragen. Die Steigung der sich ergebenden Geraden ist dann tan $\alpha = - {}^1 k / 2{,}303$.

Temperaturabhängigkeit. Für die Temperaturabhängigkeit der k-Werte besteht eine empirische Beziehung von ARRHENIUS:

$$\lg k = A - \frac{B}{T}. \tag{16}$$

A und B sind Konstanten; T = absolute Temperatur.

Die Temperaturabhängigkeit kann auch theoretisch unter Einbeziehung der Aktivierungsenergie E_A abgeleitet werden, wobei folgende Gleichung erhalten wird:

$$\lg k = \lg k_{\max} - \frac{E_A}{4{,}573\, T}. \tag{17}$$

Gl. (16) und Gl. (17) sind identisch, wenn man lg $k_{\max} = A$ und $E_A/4{,}573 = B$ setzt. $k_{\max}$, die maximale Geschwindigkeitskonstante, wird als

Frequenzfaktor bezeichnet und ist mit der Stoßzahl aus der kinetischen Gastheorie identisch.

Trägt man die bei unterschiedlichen Temperaturen gefundenen k-Werte als lg k gegen die reziproke absolute Temperatur auf, so erhält man eine Gerade mit der Steigung $\tan\alpha = -E_A/4{,}573$, aus der sich die Aktivierungsenergie E_A in der Dimension [cal/mol] errechnen läßt. Aus dem Ordinatenabschnitt ergibt sich der Frequenzfaktor k_{max} (s. Abb. 11).

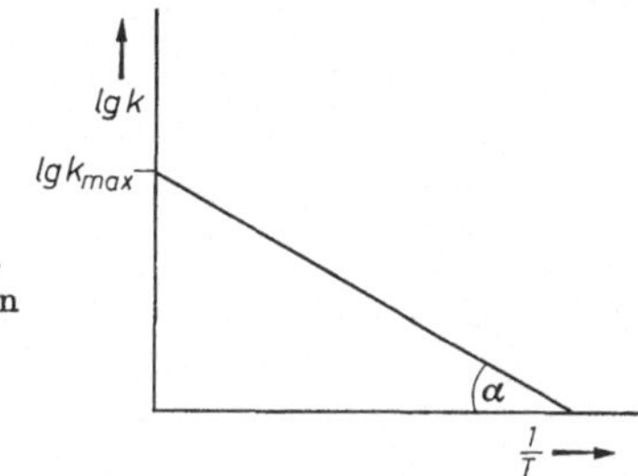

Abb. 11. Darstellung der Temperaturabhängigkeit der Geschwindigkeitskonstanten als Gerade.

Sofern sich der Mechanismus der betreffenden Reaktion mit der Temperatur nicht ändert, gestattet die Gerade Extrapolationen der k-Werte auf andere Temperaturen. Hiervon macht man besonders bei sehr langsamen Reaktionen Gebrauch (z. B. Stabilitätsuntersuchungen), so daß auf diese Weise sehr viel Zeit gespart werden kann (s. S. 151).

Halbwertszeit

Die Halbwertszeit $t_{1/2}$ gibt die Zeitspanne an, in der die Ausgangskonzentration auf die Hälfte ihres Wertes abgesunken ist. Für das Zeitgesetz erster Ordnung ist $t_{1/2}$ unabhängig von derAusgangskonzentration und läßt sich allein aus der Geschwindigkeitskonstanten ^1k berechnen. Durch Einsetzen von $a = a_0/2$ in Gl. (2) erhält man:

$$t_{1/2} = \frac{\ln 2}{^1k} = \frac{0{,}6932}{^1k}.$$

Ist die Reaktionsordnung n dagegen von 1 verschieden, so ist $t_{1/2}$ von der Ausgangskonzentration abhängig. Allgemein gilt für $n \neq 1$:

$$t_{1/2} = \frac{2^{n-1} - 1}{^nk \, (n - 1) \, a_0^{n-1}}.$$

Es sei aber ausdrücklich darauf hingewiesen, daß die Angabe der Halbwertszeit nur bei einfachen Reaktionen sinnvoll ist. Der Aussagewert ist stark eingeschränkt, wenn man bei zusammengesetzten Reaktionen nur die „erste", „zweite", „dritte" usw. Halbwertszeit angibt, wie es speziell in der Pharmakokinetik häufig geschieht. Eine Alternative hierzu ist auch nicht durch die aus dem k_e-Wert (s. S. 117) errechenbare Eliminationshalbwertszeit gegeben, da sie ja nur unter der Voraussetzung eines vollständig

Tabelle 2. *Vergleich der Gesetzmäßigkeiten von*

Vorgang	$A \xrightarrow{{}^0k} X$	$A \xrightarrow{{}^1k} X$
Ordnung	0. Ordnung	1. Ordnung
Konzentrationsverlauf	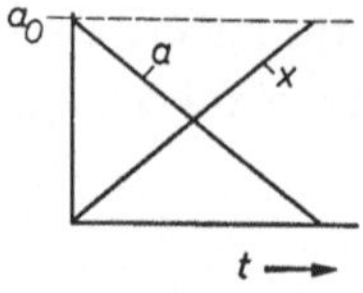	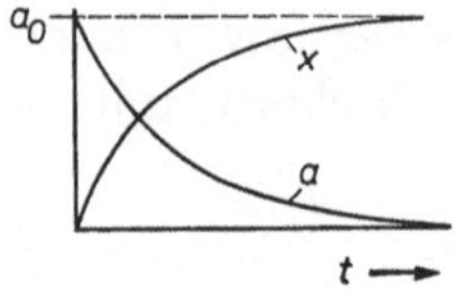
Zeitgesetz differenziert	$-\dfrac{da}{dt} = {}^0k$	$-\dfrac{da}{dt} = {}^1ka$
Zeitgesetz integriert	$a_0 - a = {}^0kt$	$\ln a_0 - \ln a = {}^1kt$
Explizite für a	$a = a_0 - {}^0kt$	$a = a_0 e^{-{}^1kt}$
Beziehung zwischen a und x	$a = a_0 - x$	$a = a_0 - x$
Explizite für x	$x = {}^0kt$	$x = a_0(1 - e^{-{}^1kt})$
Explizite für k	${}^0k = \dfrac{1}{t}(a_0 - a)$	${}^1k = \dfrac{1}{t}(\ln a_0 - \ln a)$
Dimension von k (c = Konz. oder Menge)	$[c \cdot t^{-1}]$	$[t^{-1}]$
Darstellung als Gerade	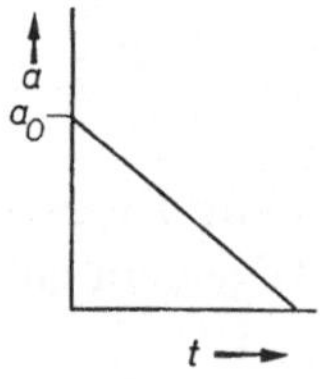	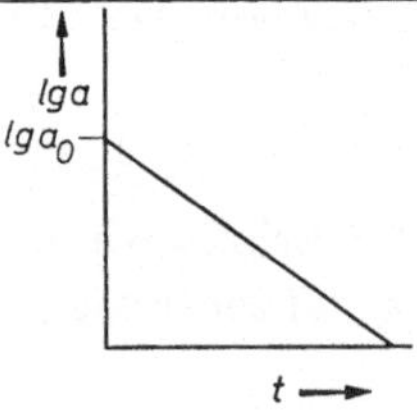

Reaktionen nullter, erster und zweiter Ordnung

		$A + A \xrightarrow{\,^2k\,} X$	$A + B \xrightarrow{\,^2k\,} X$
Vorgang			
Ordnung		2. Ordnung	2. Ordnung
Konzentrations-verlauf			
Zeit-gesetz	differen-ziert	$-\dfrac{da}{dt} = {}^2ka^2$	$-\dfrac{da}{dt} = {}^2kab$
	inte-griert	$\dfrac{1}{a} - \dfrac{1}{a_0} = {}^2kt$	$\dfrac{1}{a_0 - b_0} \ln \dfrac{b_0(a_0 - x)}{a_0(b_0 - x)} = {}^2kt$
Explizite für a		$a = \dfrac{a_0}{1 + a_0 \cdot {}^2kt}$	
Beziehung zwischen a und x		$a = a_0 - 2x$	$a = a_0 - x;\ b = b_0 - x$
Explizite für x		$x = \dfrac{a_0}{2}\left(1 - \dfrac{1}{1 + a_0 \cdot {}^2kt}\right)$	$x = \dfrac{a_0[e^{(a_0 - b_0)\cdot {}^2kt} - 1]}{\dfrac{a_0}{b_0}\,e^{(a_0 - b_0)\cdot {}^2kt} - 1}$
Explizite für k		${}^2k = \dfrac{1}{t}\left(\dfrac{1}{a} - \dfrac{1}{a_0}\right)$	${}^2k = \dfrac{1}{t\,(a_0 - b_0)} \ln \dfrac{b_0(a_0 - x)}{a_0(b_0 - x)}$
Dimension von k ($c = $ Konz. oder Menge)		$[c^{-1}\cdot t^{-1}]$	$[c^{-1}\cdot t^{-1}]$
Darstellung als Gerade			

eingestellten Fließ- oder Verteilungsgleichgewichtes gilt. Wenn sich derartige Gleichgewichte eingestellt haben, ist vielfach der Hauptteil der Substanz bereits eliminiert. Deshalb sollte man zur Charakterisierung der Pharmakokinetik die k-Werte für alle Einzelschritte heranziehen, aus denen man ja für jede Zeit die eliminierte Menge errechnen kann.

5. Reaktionstypen

Fast alle physikalischen und chemischen Prozesse setzen sich aus mehreren Einzelvorgängen zusammen. Wäre dies nicht so, dann käme man bei kinetischen Untersuchungen mit einem relativ geringen mathematischen Aufwand aus, und die Bestimmung der Reaktionsgeschwindigkeitskonstanten könnte bereits mit Hilfe von Logarithmenpapier vorgenommen werden. Die Vorgänge im Reaktionskolben, in der Betriebsapparatur und in der Natur sind jedoch meist sehr komplex, so daß ihre mathematischen Behandlungen häufig sehr schwierig werden und als praktisch unlösbar gelten.

Außer den Reaktionsparametern, die durch die Anfangsbedingungen gegeben sind, können die Reaktionen noch durch Reaktionsprodukte und Reaktionswärmen katalytisch oder inhibitorisch beeinflußt werden. Sie können reversibel sein und einem Gleichgewicht zustreben, das sich entweder in einer bestimmten Zeit eingestellt hat oder aber — wie in offenen Systemen häufig der Fall — nie erreicht werden wird. Weiterhin treten praktisch immer konkurrierende Reaktionen auf, für die wiederum die gleichen Gesichtspunkte gelten. Da viele dieser Reaktionsprodukte im betreffenden Reaktionsmilieu instabil sind, also irgendwie weiterreagieren, haben wir es bei „einem" chemischen Prozeß demzufolge fast immer mit einer Vielzahl von Hin-, Rück-, Parallel- und Folgereaktionen zu tun, deren Geschwindigkeiten nicht nur von den äußeren Bedingungen, sondern auch von den Konzentrationsverhältnissen der entstehenden Substanzen abhängen. Schon diese qualitative Feststellung läßt ahnen, daß es eine kaum übersehbare Anzahl von Reaktionstypen gibt, die sich auch noch durch die verschiedene Reaktionsordnung der Einzelschritte beträchtlich vergrößert. Deshalb erscheint es uns auch nicht vorteilhaft zu sein, die vielen möglichen Reaktionstypen nach Anzahl und Ordnung der Hin-, Rück-, Parallel- und Folgereaktionen durch ein spezielles Nummernsystem zu schematisieren, obwohl sich dies zunächst einmal zur groben Charakterisierung von zusammengesetzten Prozessen anbietet.

Mit steigender Komplexität eines Prozesses sinkt natürlich die Möglichkeit, ihn mathematisch explizite zu beherrschen, wogegen der Analogcomputereinsatz in jedem Falle klare Lösungen erlaubt. Wie kompliziert die mathematischen Verhältnisse bei den kombinierten Reaktionstypen werden, zeigt sich bereits bei der Betrachtung der einfachsten Fälle, denen wir uns im folgenden deshalb kurz zuwenden wollen.

Umkehrbare Reaktionen. Ist die Bildung einer Substanz X aus einer Substanz A an die Rückbildung der Ausgangssubstanz aus X gebunden, so liegt eine umkehrbare Reaktion vor.

$$A \underset{{}^1k_2}{\overset{{}^1k_1}{\rightleftharpoons}} X$$

Sind beide Reaktionen erster Ordnung, dann ist die Geschwindigkeitsänderung von A infolge der Hinreaktion durch $\mathrm{d}a/\mathrm{d}t = -{}^1k_1 a$ und infolge der Rückreaktion durch $\mathrm{d}a/\mathrm{d}t = {}^1k_2 x$ gegeben. Als Kombination beider Vorgänge resultiert:

$$\frac{\mathrm{d}a}{\mathrm{d}t} = -{}^1k_1 a + {}^1k_2 x, \tag{18}$$

bzw.

$$\frac{\mathrm{d}x}{\mathrm{d}t} = {}^1k_1 a - {}^1k_2 x.$$

Die umkehrbare Reaktion führt zu einem Gleichgewicht von a und x. Das ist zu dem Zeitpunkt erreicht, an dem die Gesamtreaktionsgeschwindigkeit $\mathrm{d}a/\mathrm{d}t = \mathrm{d}x/\mathrm{d}t = 0$ geworden ist, also keine zeitliche Änderung der Konzentrationen mehr auftritt. Nach obiger Gleichung gilt dann:

$$^1k_1 a_\mathrm{G} = {}^1k_2 x_\mathrm{G}; \quad \frac{x_\mathrm{G}}{a_\mathrm{G}} = \frac{{}^1k_1}{{}^1k_2} = K. \tag{19}$$

a_G und x_G = Gleichgewichtskonzentrationen der Stoffe A und X;
K = Gleichgewichtskonstante.

Das Verhältnis der Gleichgewichtskonzentrationen ist gleich dem Verhältnis der Geschwindigkeitskonstanten von Hin- und Rückreaktion.

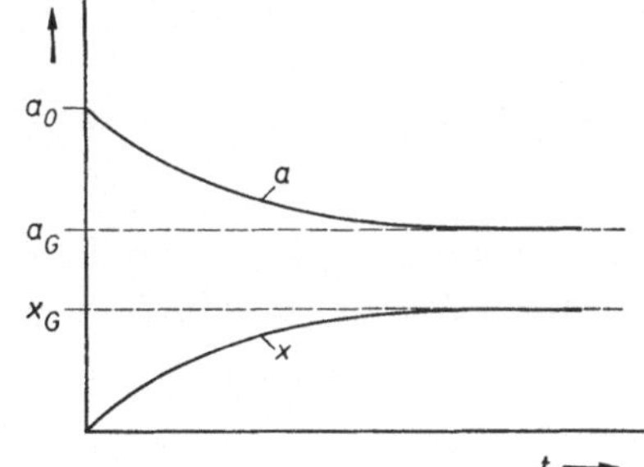

Abb. 12. Zeitliche Konzentrationsänderungen einer umkehrbaren Reaktion erster Ordnung.

Setzt man die Beziehung $x_\mathrm{G} = a_0 - a_\mathrm{G}$ in Gl. (19) ein, so erhält man einen Ausdruck zur Berechnung von a_G aus der Gleichgewichtskonstanten K und der Anfangskonzentration a_0.

$$a_\mathrm{G} = \frac{a_0}{1 + K}. \tag{20}$$

Bei einer umkehrbaren Reaktion ist stets zu bedenken, daß die Einstellung des Gleichgewichtes ein zeitabhängiger Vorgang ist und seine Geschwindigkeit durch die absolute Größe der Geschwindigkeitskonstanten $^1k_1$ und $^1k_2$ bestimmt wird. Nur wenn $^1k_1$ und $^1k_2$ sehr große Werte aufweisen, darf man bei der Betrachtung komplizierter Vorgänge näherungsweise von einer bereits erfolgten Gleichgewichtseinstellung sprechen, während in allen anderen Fällen zunächst noch nichts über diesen Zeitpunkt ausgesagt werden kann.

Die Integration von Gl. (18) liefert für die zeitabhängige Konzentration von A:

$$a = \frac{a_0}{^1k_1 + {}^1k_2}\,({}^1k_2 + {}^1k_1 e^{-({}^1k_1 + {}^1k_2)t}). \tag{21}$$

Typische Beispiele für umkehrbare Reaktionen erster Ordnung sind:

1. Der Übergang eines gelösten Stoffes zwischen zwei nicht mischbaren flüssigen Lösungsmitteln (Diffusion). Es stellt sich ein Gleichgewicht ein, bei dem das Verhältnis der Konzentration in beiden Flüssigkeiten c_1 und c_2 gleich dem Verhältnis der entsprechenden Löslichkeiten L_1 und L_2 ist:

$$\frac{c_1}{c_2} = \frac{L_1}{L_2} \text{ (Nernstsches Verteilungsgesetz)}.$$

Natürlich sagt auch das Verteilungsgesetz nichts über die Geschwindigkeit der Gleichgewichtseinstellung aus.

2. Die Verteilung eines Pharmakons zwischen zwei Compartments, z. B. zwischen Blut und Liquor (Diffusion).

Umkehrbare Reaktionen sind natürlich auch jene chemischen Umsetzungen, bei denen eine oder beide Einzelreaktionen nicht erster Ordnung sind, wie z. B.:

$$A \underset{^2k_2}{\overset{^1k_2}{\rightleftharpoons}} B + X; \quad A + B \underset{^1k_2}{\overset{^2k_1}{\rightleftharpoons}} X; \quad A + B \underset{^2k_2}{\overset{^2k_1}{\rightleftharpoons}} C + X$$

Parallelreaktionen. Zwei Parallelreaktionen erster Ordnung mit einem gemeinsamen Ausgangsprodukt verlaufen nach folgendem Schema:

$$A \begin{array}{c} \nearrow^{^1k_1} B \\ \searrow_{^1k_2} X \end{array}$$

Ihre Zeitgleichungen lauten:

$$-\frac{da}{dt} = {}^1k_1 a + {}^1k_2 a; \quad \frac{db}{dt} = {}^1k_1 a; \quad \frac{dx}{dt} = {}^1k_2 a.$$

Die Integration der ersten Gleichung ergibt:

$$a = a_0 \mathrm{e}^{-(^1k_1 + {}^1k_2)t}.$$

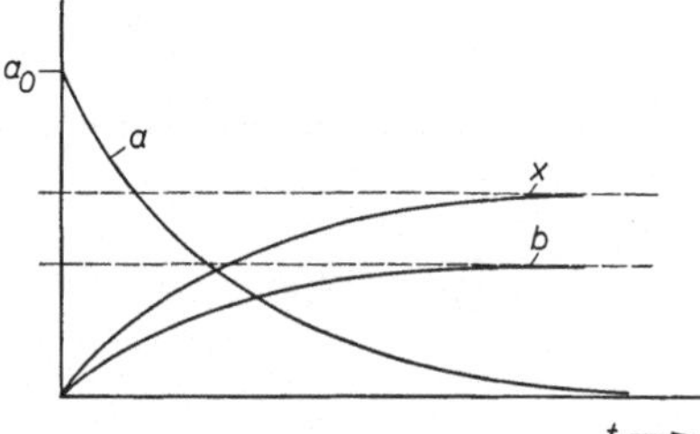

Abb. 13. Konzentrationsverlauf von zwei Parallelreaktionen erster Ordnung.

Bei Parallelreaktionen erster Ordnung ist das Konzentrationsverhältnis der beiden entstehenden Stoffe zu jeder Zeit gleich dem Verhältnis der entsprechenden Geschwindigkeitskonstanten:

$$\frac{b}{x} = \frac{{}^1k_1}{{}^1k_2}.$$

Ein Beispiel für Parallelvorgänge erster Ordnung ist die gleichzeitige Ausscheidung eines Pharmakons über Niere und Leber.

Eine zweite Art von Parallelreaktionen führt von zwei verschiedenen Ausgangsstoffen zu einem gemeinsamen Produkt:

$$
\begin{array}{c}
A \searrow {}^1k_1 \\
\quad\quad X \\
B \nearrow {}^1k_2
\end{array}
$$

Zeitgleichungen: $-\dfrac{\mathrm{d}a}{\mathrm{d}t} = {}^1k_1 a;\quad -\dfrac{\mathrm{d}b}{\mathrm{d}t} = {}^1k_2 b;\quad \dfrac{\mathrm{d}x}{\mathrm{d}t} = {}^1k_1 a + {}^1k_2 b.$

Typische Beispiele für diese Parallelreaktionen sind u. a. die gleichzeitige Verseifung von Benzoesäuremethylester und Benzoesäurebutylester zu Benzoesäure bei konstantem p_H-Wert und die gleichzeitige orale und intramuskuläre Verabreichung eines Pharmakons.

Von den zahlreichen Kombinationen der Parallelreaktionen soll noch eine konkurrierende Parallelreaktion zweiter Ordnung angeführt werden.

Die Verseifung eines Gemisches einfacher Ester (B und C) mit Hydroxylionen (A), die nicht im großen Überschuß zugegen sind, verläuft nach folgendem Schema:

$$
\begin{array}{c|l}
\begin{array}{c}
B \\
+ \\
A \\
+ \\
C
\end{array}
\begin{array}{c}
\xrightarrow{\;{}^2k_1\;} D+X \\[2ex]
\xrightarrow{\;{}^2k_2\;} E+X
\end{array}
&
\begin{aligned}
-\frac{\mathrm{d}a}{\mathrm{d}t} &= \frac{\mathrm{d}x}{\mathrm{d}t} = {}^2k_1 ab + {}^2k_2 ac; \\[1.5ex]
-\frac{\mathrm{d}b}{\mathrm{d}t} &= \frac{\mathrm{d}d}{\mathrm{d}t} = {}^2k_1 ab; \\[1.5ex]
-\frac{\mathrm{d}c}{\mathrm{d}t} &= \frac{\mathrm{d}e}{\mathrm{d}t} = {}^2k_2 ac.
\end{aligned}
\end{array}
$$

Folgereaktionen. Viele Reaktionen verlaufen über eine Reihe von
Zwischenprodukten, d. h., sie sind aus Folgereaktionen zusammengesetzt,
wie z. B.:

$$A \xrightarrow{\ {}^1k_1\ } B \xrightarrow{\ {}^1k_2\ } X$$

Die Zeitgleichungen dieser einfachen Folgereaktionen erster Ordnung
lauten:

$$-\frac{\mathrm{d}a}{\mathrm{d}t} = {}^1k_1 a; \quad \frac{\mathrm{d}x}{\mathrm{d}t} = {}^1k_2 b; \quad \frac{\mathrm{d}b}{\mathrm{d}t} = {}^1k_1 a - {}^1k_2 b.$$

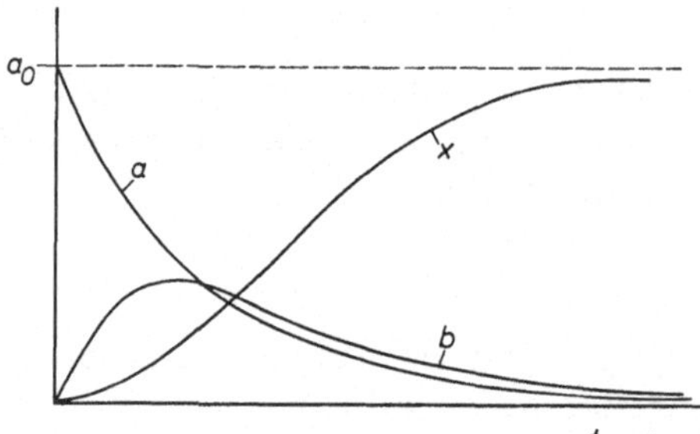

Abb. 14. Konzentrations-
verlauf einer Folgereaktion
erster Ordnung.

Die Konzentrations-Zeit-Kurve des Zwischenprodukts B ist wegen
ihres zeitlichen Maximums am interessantesten. Nach Lösung der entsprechenden Differentialgleichung erhält man folgenden Ausdruck:

$$b = \frac{a_0 {}^1k_1}{{}^1k_2 - {}^1k_1} \left(\mathrm{e}^{-{}^1k_1 t} - \mathrm{e}^{-{}^1k_2 t}\right). \tag{22}$$

Gl. (22) ist also eine Kombination von zwei e-Funktionen, welche der
Bildung und der Abnahme des Zwischenproduktes (B) entsprechen.
Differenziert man Gl. (22) und setzt $\mathrm{d}b/\mathrm{d}t = 0$, so lassen sich die Höhe
des Maximums b_{max} und die dazugehörige Zeit t_{max} wie folgt berechnen:

$$b_{\mathrm{max}} = a_0 \left(\frac{{}^1k_1}{{}^1k_2}\right)^{\frac{{}^1k_2}{{}^1k_2 - {}^1k_1}}; \qquad t_{\mathrm{max}} = \frac{1}{{}^1k_1 - {}^1k_2} \ln \frac{{}^1k_1}{{}^1k_2}.$$

Beispiele für Folgereaktionen erster Ordnung sind Radioaktive Zerfalls-
reihen sowie Invasion und Elimination eines Pharmakons im Blut. Wenn
keine weiteren Verteilungen des Stoffes im Körper auftreten, dann hat
die Blutspiegelkurve einen zeitlichen Verlauf, welcher der Konzentrations-Zeit-Kurve eines Zwischenproduktes bei chemischen Umsetzungen
entspricht.

Von allen weiteren Folgereaktionen höherer Ordnung soll noch die
konkurrierende Folgereaktion zweiter Ordnung erwähnt werden. (Zum
Beispiel Verseifungen, Bromierungen, Nitrierungen usw.) Die Verseifung

des Diäthylbernsteinsäureesters B mit Hydroxylionen A zur Bernstein-
säure X und Äthanol D verläuft über den Monoäthylbernsteinsäureester C
als Zwischenprodukt.

$$-\frac{da}{dt} = \frac{dd}{dt} = {}^2k_1 ab + {}^2k_2 ac;$$

$$-\frac{db}{dt} = {}^2k_1 ab;$$

$$\frac{dc}{dt} = {}^2k_1 ab - {}^2k_2 ac;$$

$$\frac{dx}{dt} = {}^2k_2 ac.$$

Sonderfälle bei Folgereaktionen. Bei den einfachen Folgereaktionen
vom Typ:

$$A \xrightarrow{{}^1k_1} B \xrightarrow{{}^1k_2} X$$

kann man zwei Grenzfälle unterscheiden:

1. Ist ${}^1k_1 \gg {}^1k_2$, dann wird der Gesamtvorgang durch den Einzelschritt

$$B \xrightarrow{{}^1k_2} X$$

bestimmt. Nach sehr kurzer Zeit ist A vollständig in B übergegangen,
und man kann den Gesamtvorgang unter Vernachlässigung des Zwischenproduktes B als einen einzelnen Schritt behandeln:

$$A \xrightarrow{{}^1k_2} X$$

2. Ist ${}^1k_1 \ll {}^1k_2$, so wird die Reaktion $A \xrightarrow{{}^1k_1} B$ geschwindigkeitsbestimmend. Das sehr schnell weiterreagierende Zwischenprodukt B wird
nur eine sehr geringe Konzentration erreichen. Man kann annehmen, daß
die Geschwindigkeit, mit der B weiterreagiert, über eine längere Periode
gleich seiner Bildungsgeschwindigkeit ist und somit die Konzentration
von B nahezu konstant bleibt. In diesem Falle kann man die zeitliche
Änderung des Zwischenproduktes angenähert gleich Null setzen.

$$\frac{db}{dt} = {}^1k_1 a - {}^1k_2 b = 0; \text{ somit ist: } {}^1k_1 a = {}^1k_2 b . \tag{23}$$

Aus $da/dt = -{}^1k_1 a$ erhält man durch Integration $a = a_0 e^{-{}^1k_1 t}$. Durch
Einsetzen von Gl. (23) ergibt sich für b:

$$b = a_0 \frac{{}^1k_1}{{}^1k_2} e^{-{}^1k_1 t}. \tag{24}$$

Da $a + b + x = a_0$ ist, erhält man für x:

$$x = a_0 \left[1 - \left(1 + \frac{{}^1k_1}{{}^1k_2} \right) e^{-{}^1k_1 t} \right]. \tag{25}$$

Da $^1k_1 \ll {}^1k_2$, kann man $^1k_1/{}^1k_2$ gleich Null setzen, so daß die Gl. (25) in eine Zeitfunktion übergeht, welche nur noch von $^1k_1$ abhängig ist:

$$x = a_0(1 - e^{-{}^1k_1 t}) \, . \tag{26}$$

Demzufolge schrumpft der Gesamtvorgang auf den einfachen Vorgang

$$A \xrightarrow{\;\;^1k_1\;\;} X \text{ zusammen.}$$

In beiden Fällen resultiert somit eine vereinfachte Reaktionsgleichung, bei der jeweils das Zwischenprodukt vernachlässigt wird. Diese Methode wurde 1913 von M. BODENSTEIN eingeführt. Man nennt sie die Methode des „quasistationären Zustands". Selbstverständlich treten derartige Vereinfachungen auch bei mehrfachen Folgereaktionen auf.

Ähnlich verhält es sich bei den biologischen Stofftransportvorgängen, bei denen sehr oft viele einzelne Folgeschritte zu einem Gesamtschritt zusammengefaßt werden. So wird der Übergang eines Pharmakons von einem Compartment in ein anderes als ein einzelner Vorgang betrachtet, obwohl er aus einer Vielzahl kleiner Folgeschritte zusammengesetzt ist. Da jedoch viele dieser Einzelschritte sehr schnell vor sich gehen, können die Konzentrationen in den einzelnen Zwischenorten als sehr niedrig und konstant angenommen werden.

6. Wichtigste Elemente des Analogcomputers

Der einfachste und bekannteste Analogcomputer ist der Rechenstab, bei dem als Rechengröße analoge Strecken benutzt werden. Moderne Analogcomputer verwenden dagegen elektrische Spannungen als Rechengrößen, welche gemäß elektrodynamischer Gesetzmäßigkeiten addiert oder subtrahiert, multipliziert oder dividiert und integriert werden können. Die einzelnen Funktionen werden von bestimmten Bauelementen ausgeführt, aus denen sich nach einfachem Baukastenprinzip ein Analogcomputer zusammensetzt.

Die Grundkenntnis über die Arbeitsweise der Elemente ist für den Benutzer des Analogcomputers sehr wichtig und erleichtert seine Arbeit außerordentlich. Deshalb sollen die wichtigsten Elemente des Analogcomputers kurz behandelt werden (s. hierzu auch jeweils Tab. 3).

Rechenverstärker (V). Der Rechenverstärker ist ein grundlegender Bestandteil des Analogcomputers. Er ist ein spezieller Gleichstromverstärker, in dem die Eingangsspannung theoretisch unendlich, in der Praxis etwa um den Faktor 10^8 verstärkt wird. Gleichzeitig resultiert hierbei eine Phasenverschiebung von 180°, die eine Vorzeichenumkehr der Ausgangs- gegenüber der Eingangsspannung bewirkt. Der Widerstand zwischen Eingang und Masse soll dabei unendlich groß sein. Die Ausgangsspannung darf einen Maximalwert nicht überschreiten. (Für

Transistorverstärker ist der Grenzwert 10 V) Auf den Schaltbildern wird der Rechenverstärker nur als Symbol dargestellt (s. Abb. 15).

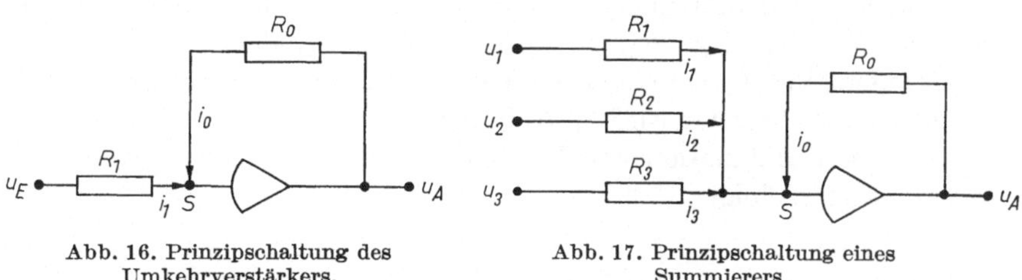

Abb. 15. Schaltsymbol des Rechenverstärkers.

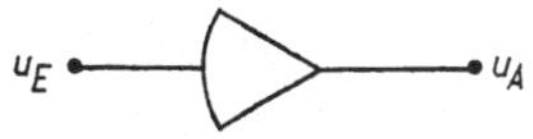

Umkehrverstärker oder Summierer (S). Der Umkehrverstärker ergibt sich aus einer Kombination von Rechenverstärker und Ohmschen Widerständen (s. Abb. 16). In ihm wird das Vorzeichen der Eingangsspannung umgekehrt und der Eingangswert mit einem festen Bewertungsfaktor verstärkt. Da die Ausgangsspannung stets endlich, die Verstärkung aber unendlich groß ist, wird sich am Eingang des Verstärkers durch Rückkopplung über den Widerstand R_0 am Summenpunkt S stets ein Potential mit dem Wert Null einstellen, so daß dadurch eine Rückwirkung der Ausgangs- auf die Eingangsgrößen vermieden wird. Nach dem Kirchhoffschen und dem Ohmschen Gesetz läßt sich Gl. (27) leicht ableiten:

$$u_A = - \frac{R_0}{R_1}\, u_E \qquad (27)$$

A = Ausgang; E = Eingang; $R_0/R_1 = b$ = Bewertungsfaktor.

Für R_0 verwendet man meist einen Widerstand von 100 kΩ, für R_1 100 kΩ oder 10 kΩ. Somit haben wir z. B. die Wahl zwischen den Bewertungsfaktoren 1 oder 10, welche auf der Schaltskizze am Umkehrverstärkersymbol stets mit angegeben werden sollten. (Setzt man für R_0 einen Widerstand von 10 kΩ ein, so erhält man Bewertungsfaktoren von 0,1 oder 1.)

Abb. 16. Prinzipschaltung des Umkehrverstärkers.   Abb. 17. Prinzipschaltung eines Summierers.

Besitzt ein Umkehrverstärker mehrere Eingänge, so wird aus ihm ein Summierer (s. Abb. 17). In ihm werden die Eingangsgrößen addiert und gleichzeitig je nach dem Bewertungsfaktor b mit −1 oder −10 multipliziert.

Auch hier ist der Eingangsstromkreis unabhängig vom Ausgangsstromkreis, da am Summierpunkt S die Spannung Null herrscht. Hieraus folgt Gl. (28):

$$u_A = -(b_1 u_1 + b_2 u_2 + \cdots b_n u_n) . \qquad (28)$$

Potentiometer (P). Mit einem Potentiometer kann infolge der stufenlosen Spannungsteilung eine Multiplikation mit einem Faktor zwischen 0 und 1 vorgenommen werden. Kombiniert man es mit einem Umkehrverstärker mit dem Bewertungsfaktor 10, so erhält man natürliche Faktorwerte zwischen 0 und 10. Die Eingangsspannung liegt bei einem Potentiometer meistens über einem Widerstand an Masse. Ein Schleifer über den Widerstandsdrähten bewirkt die Spannungsteilung (s. Abb. 18).

Der an einem Potentiometer eingestellte Faktorwert (α) ändert sich bei Belastung, so daß man ihn jeweils korrigieren muß. Das geschieht mit Hilfe eines Nullinstrumentes durch Vergleich mit einem geeichten Vergleichspotentiometer. Eine besonders genaue Einstellung eines α-Wertes kann durch Hintereinanderschaltung mehrerer Potentiometer erreicht werden (z. B. $\alpha = 0{,}005 = \alpha_1 \cdot \alpha_2 \cdot \alpha_3 = 0{,}1 \cdot 0{,}1 \cdot 0{,}5$).

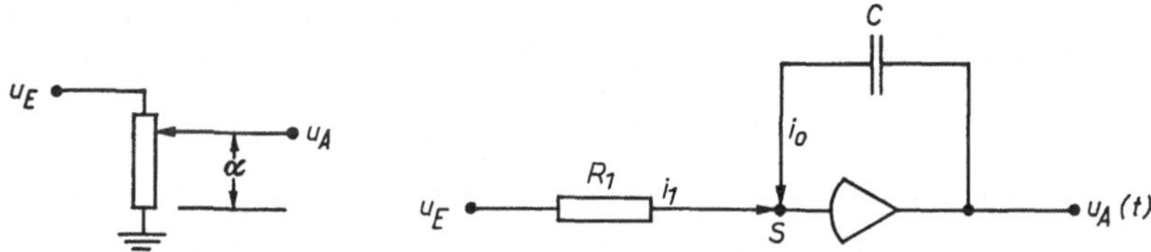

Abb. 18. Schaltung des Potentiometers.   Abb. 19. Prinzipschaltung des Integrierers.

Integrierer (I). Der Integrierer vermag das Integral der Eingangsgröße über die Zeit (t) zu bilden. Mit seiner Hilfe können Differentialgleichungen gelöst werden. Im Gegensatz zu den anderen Rechenelementen ist er ein zeitabhängiges Element, da er für die Integration eine endliche Zeit benötigt. Ein Integrierer entsteht, indem der Rückkopplungswiderstand R_0 bei einem Umkehrverstärker (Abb. 16) durch einen Kondensator C ersetzt wird (s. Abb. 19).

Aus der Kombination von Knotenregel und dem Ladungsgesetz für Kondensatoren folgt:

$$u_A(t) = \int_0^t \frac{\mathrm{d}u_A}{\mathrm{d}t}\,\mathrm{d}t = -\frac{1}{R_1 C}\int_0^t u_E \mathrm{d}t \,. \tag{29}$$

Der Integrationsfaktor $k_0 = (1/R_1 C)$ hat die Dimension $[t^{-1}]$ und gibt an, mit welcher Geschwindigkeit die Integration erfolgt. Hat der Kondensator z. B. eine Kapazität von $C = 10$ Mikrofarad und der Widerstand einen Wert von $R_1 = 100\,\mathrm{k\Omega}$, so ergibt sich: $k_0 = 1\,[\mathrm{sec}^{-1}]$. Dieser Wert entspricht dem Eingang mit dem Bewertungsfaktor 1. Ist der Widerstand dagegen $R_1 = 10\,\mathrm{k\Omega}$, so ist $k_0 = 10\,[\mathrm{sec}^{-1}]$, d. h., der Eingang hat den Bewertungsfaktor 10. Somit erfolgt die Integration zehnmal so schnell.

Wenn die Ausgangsspannung (u_A) des Integrators einer zeitabhängigen Variablen entspricht $\left(u_A \triangleq c(t)\right)$, dann ist die Eingangsspannung (u_E) die erste Ableitung dieser Variablen: $u_E \triangleq dc/dt = \dot{c}$;

Besitzt der Integrierer mehrere Eingangsgrößen, z. B. u_1, u_2 und u_3, mit den Eingangswiderständen R_1, R_2 und R_3, so entspricht die Ausgangsspannung der Summe der Integrale über die einzelnen Eingangsgrößen:

$$u_A(t) = - \int\limits_0^t \left(\frac{1}{R_1 C}\, u_1 + \frac{1}{R_2 C}\, u_2 + \frac{1}{R_3 C}\, u_3 \right) dt \, . \tag{30}$$

Soll die Ausgangsspannung zur Zeit $t = 0$ bereits einen bestimmten Wert haben, so muß der Kondensator mit dieser Anfangsspannung aufgeladen sein (IC = Initial Condition). Dies wird am Integrierersymbol durch einen seitlichen Eingang gekennzeichnet (s. Tab. 3).

Multiplizierer (M). Mit einem Multiplizierer können zwei Variable miteinander multipliziert werden. Man unterscheidet den Servo-, Modulations- und den Parabel-Multiplizierer.

Der Servo-Multiplizierer arbeitet nach dem Prinzip eines gesteuerten Potentiometers. Die zweite Eingangsgröße wird zur Steuerung eines Servo-Motors benutzt, der mechanisch die Einstellung eines Potentiometers proportional zur Eingangsgröße verändert. Dadurch erzielt man eine große Genauigkeit. Der Servo-Multiplizierer ist jedoch teuer und besitzt eine relativ träge Mechanik, welche auf sehr schnelle Änderungen der zweiten Eingangsgröße nicht schnell genug reagieren kann.

Der Modulations-Multiplizierer verwendet eine Rechteckschwingung. Die Höhe der Rechteckschwingung wird von der ersten Eingangsgröße, die Breite der positiven Schwingungsperiode von der zweiten Eingangsgröße bestimmt. Der Mittelwert der Flächen der positiven und negativen Periode der Schwingung ist proportional dem jeweiligen Produkt beider Eingangsgrößen. Der Preis der Modulations-Multiplizierer ist ebenfalls hoch. Ihr Vorteil gegenüber den Servo-Multiplizierern ist jedoch die wesentlich höhere Rechengeschwindigkeit.

Der Parabel-Multiplizierer reduziert eine Multiplikation zweier Variabler auf die einfacheren Schritte der Summation, Substraktion und Quadratbildung, wobei die folgende algebraische Beziehung zugrunde gelegt wird:

$$x y = \left(\frac{x + y}{2} \right)^2 - \left(\frac{x - y}{2} \right)^2 . \tag{31}$$

Die beiden zu multiplizierenden Variablen müssen also als positive *und*
negative Spannungen in dem Multiplizierer eingegeben werden. Als Ausgangsspannung resultiert das Produkt der Eingangsspannungen dividiert
durch die Bezugsspannung ($\triangleq$ Maximalspannung) u_{ref} des Computers:

$$u_{\mathrm{A}} = \frac{u_1 \cdot u_2}{u_{\mathrm{ref}}} \,. \tag{32}$$

Bei einer Bezugsspannung von 10 Volt kann somit die Ausgangsspan-
nung u_{A} trotz Eingabe von $u_1 = u_2 = 10$ Volt niemals über die zulässige
Höchstspannung von 10 Volt steigen. Damit wird eine Übersteuerung der
Rechenelemente vermieden. Für die Ausgangsspannung kann die Bezugsspannung aber unberücksichtigt bleiben, sofern die Rechengrößen zuvor
normiert worden sind (s. S. 45). Die Quadratbildung wird von Dioden-
funktionsgeneratoren durchgeführt, welche die zur Quadratbildung notwendigen Parabeln nicht exakt erzeugen, sondern nur in Form eines
Polygonzuges annähern können (vgl. Abb. 21). Werden die Parabeln in
sehr viele Einzelstrecken aufgeteilt, so kann auch die Genauigkeit des
Parabel-Multiplizierers sehr hoch sein.

Der Parabel-Multiplizierer ist der am häufigsten verwendete Multiplizierer. Seine Rechengeschwindigkeit liegt noch höher als bei den
Modulations-Multiplizierern und entspricht derjenigen der verwendeten
Verstärker. Die Frequenz, die von den Verstärkern noch durchgelassen
wird, beträgt ca. 100 Hz.

Diodenfunktionsgenerator (F). Der Diodenfunktionsgenerator erzeugt beliebige, stetige Funktionen. Dies ist möglich, weil man mit einer
Diode geknickte Kennlinien erzeugen kann, die einer Geraden sehr nahe
kommen. Die Steilheit dieser Geraden ist durch die Größe des Wider-
standes (R) und die Lage des Knickpunktes durch den Vorspannungswert
(u_{V}) bestimmt, weil durch eine Diode nur dann Strom fließt, wenn die
Eingangsspannung den Nennwert der entgegengesetzten Vorspannung
überschreitet (s. Abb. 20).

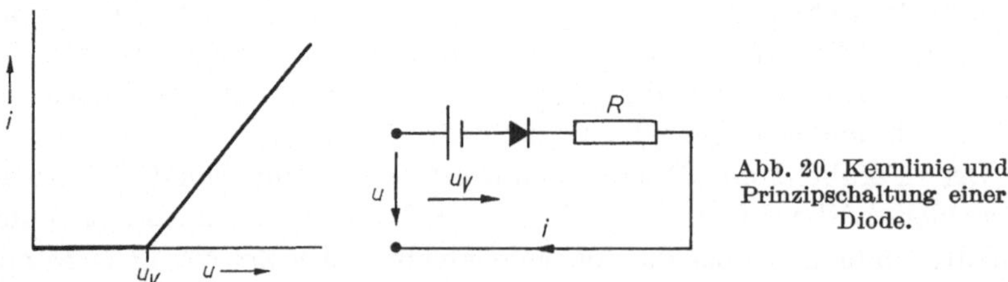

Abb. 20. Kennlinie und
Prinzipschaltung einer
Diode.

Ein Diodenfunktionsgenerator besteht aus mehreren Dioden mit
variablen Widerständen und Vorspannungen, so daß sich durch ent-

sprechende Kombination der hiermit erzeugbaren Geraden beliebige
Funktionen näherungsweise nachbilden lassen (s. Abb. 21).

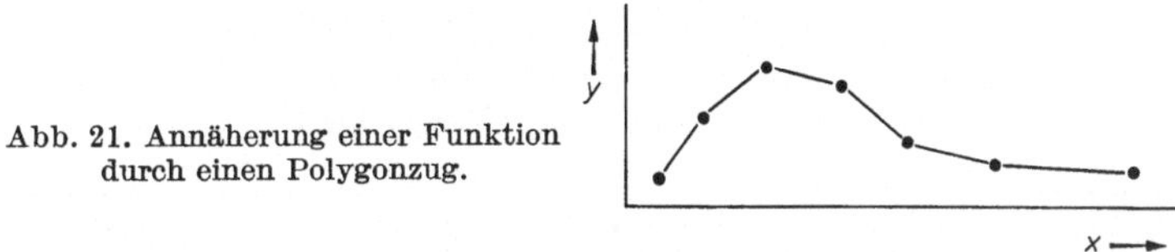

Abb. 21. Annäherung einer Funktion
durch einen Polygonzug.

Komparator (K). Der Komparator dient zum Vergleich zweier
Größen $u_x + u_y$. Mit ihm können logische Entscheidungen in Form eines
Umschalteffektes erzielt werden. Die Bestandteile eines Komparators
sind ein Verstärker, zwei vorgespannte Dioden und ein nachgeschaltetes
Relais, das immer dann in Tätigkeit tritt, wenn $u_x + u_y = 0$ wird (s.
Abb. 22).

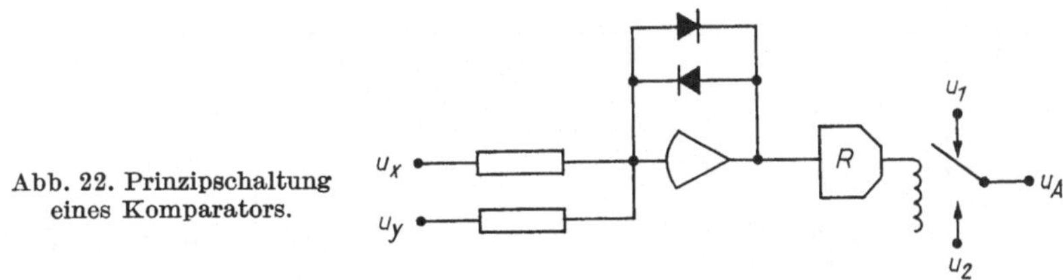

Abb. 22. Prinzipschaltung
eines Komparators.

Ein- und Ausgabevorrichtungen von analogen Werten. Die Dateneingabe geschieht gewöhnlich durch einen Gleichspannungsgeber von
-10 oder $+10$ Volt. Diese maximale Spannung kann mit Hilfe eines
oder mehrerer in Reihe geschalteter Potentiometer auf jeden beliebigen
Wert zwischen -10 und $+10$ Volt reduziert und dann entweder als direkte Eingabe auf ein Element (z. B. Umkehrverstärker) oder als negative bzw. positive Vorspannung auf einen Integrator gegeben werden
(Initial Condition = IC).
Die Datenausgabe der Spannungswerte als Funktion der Zeit kann
entweder durch ein normales Anzeigegerät, durch einen Oszillographen
oder einen XY-Schreiber erfolgen. Welche Ausgabeform bevorzugt wird,
hängt im wesentlichen von dem Problem ab. So wird man z. B. dann einen
Oszillographen wählen, wenn man sich bei einem komplizierten Modell
schnell an vorgegebene experimentelle Kurven adaptieren will, während
man sich mit einem Anzeigeinstrument begnügen wird, wenn nur der
grundsätzliche Verlauf eines Vorganges interessiert. Die üblichste und
auch anschaulichste Art der Datenausgabe ist jedoch die durch einen
Schreiber aufgezeichnete Verlaufskurve, die auch gleichzeitig als Beleg
für den simulierten Vorgang dienen kann.

Tabelle 3. *Übersicht über die wichtigsten Elemente des Analogcomputers*

Rechen-element	Sym-bol	Analogschaltsymbol	Operation	Mathematische Formulierung
Rechen-ver-stärker	V		Nahezu unendliche Ver-stärkung der Eingangs-größe unter Vorzeichen-umkehr	$V = -\dfrac{u_\mathrm{A}}{u_\mathrm{E}}$ $V \to \infty$
Umkehr-ver-stärker oder Sum-mierer	S		Vorzeichenumkehr; Multiplikation mit einem konstanten ganzzahligen Faktor; Summieren mehrerer Eingangs-größen	$u_\mathrm{A} = -u_\mathrm{E}$ $u_\mathrm{A} = -(u_1 + u_2 + 10\,u_3)$
Potentio-meter	P		Multiplikation einer Variablen mit einem Faktor zwischen 0 und 1	$u_\mathrm{A} = \alpha \cdot u_\mathrm{E}$ $0 \leq \alpha \leq 1$
Inte-grierer	I		Zeitliche Integration von Eingangsgrößen unter Vorzeichenumkehr	$u_\mathrm{A}(t) = u_\mathrm{A}(t_0) - \dfrac{1}{RC}\displaystyle\int_0^t u_1 \mathrm{d}t$ $u_\mathrm{A}(t) = u_\mathrm{A}(t_0) -$ $-\displaystyle\int_0^t \left(\dfrac{1}{R_1 C}\,u_1 + \dfrac{1}{R_2 C}\,u_2\right)\mathrm{d}t$
Parabel-Multipli-zierer	M		Multiplikation zweier Variabler	$u_\mathrm{A} = K \cdot u_1 \cdot u_2$
Variabler Dioden-funktions-generator	F		Bildung einer beliebigen Funktion der Eingangs-spannung	$u_\mathrm{A} = f(u_\mathrm{E})$
Kompa-rator	K		Die Ausgangsspannung wird von u_1 auf u_2 ge-schaltet, wenn die Summe der Eingangs-größen $u_x + u_y$ kleiner als 0 wird	$u_\mathrm{A} = u_1$ für $u_x + u_y > 0$, $u_\mathrm{A} = u_2$ für $u_x + u_y \leq 0$

7. Programmierung des Analogcomputers zur Simulierung von chemischen und biologischen Prozessen

Die Übertragung eines Vorganges auf den Analogcomputer soll zunächst an einem einfachen Beispiel demonstriert werden, weil man auf diese Weise die einzelnen Etappen einer Programmierung am besten kennenlernen kann.

Programmierung eines Vorgangs nach einem Zeitgesetz erster Ordnung

Die Zersetzungsreaktion einer Substanz A wird mathematisch durch die Differentialgleichung

$$\dot{a} = \frac{\mathrm{d}a}{\mathrm{d}t} = -{}^1ka$$

beschrieben [Gl. (1), S. 23]. Durch die Kenntnis der Anfangskonzentration a_0 und der Geschwindigkeitskonstanten ${}^1k$ ist das System vollständig bestimmt.

Wenn man die Größe der ersten Ableitung einer Funktion nach der Zeit, z. B. $\dot{a} = \mathrm{d}a/\mathrm{d}t$, auf den Eingang eines Integrierers legt, so liefert der Integrierer am Ausgang die Größe a als Funktion der Zeit mit umgekehrtem Vorzeichen. Bei Eingabe von $\dot{a} = \mathrm{d}a/\mathrm{d}t$ erhalten wir als Ausgabe $-a$.

Wird die Größe $-a$ durch Einschaltung eines Potentiometers mit ${}^1k$ multipliziert, so erhält man den Ausdruck $-{}^1ka$, der demzufolge als Eingang des Integrierers verwendet werden kann. Wenn wir nun noch die Anfangsgröße a_0 auf den IC-Eingang (IC = Initial Condition) des Integrierers legen, so erhalten wir folgendes vollständiges Schaltbild für die Simulierung dieser Reaktion:

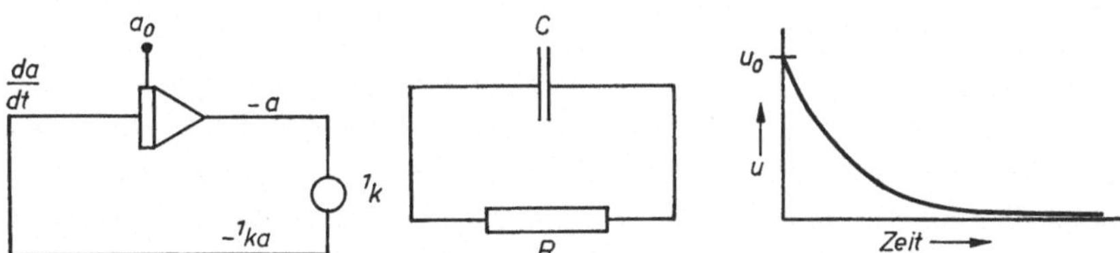

Abb. 23. Schaltbild für die Simulierung eines Stoffzerfalls nach einer Reaktion erster Ordnung.

Abb. 24. Schaltbild und zeitlicher Spannungsverlauf für die Entladung eines Kondensators mit der Anfangsspannung u_0.

Der Ausgang des Integrators gibt die jeweilige Konzentration des zerfallenden Stoffes A, der Eingang die jeweilige Zerfallsgeschwindigkeit an. Die zwei Analogcomputerelemente (Integrierer und Potentiometer) genügen also bereits zur Darstellung des Zerfallvorganges, der hier durch elektrische Elemente analogisiert worden ist und jetzt dem Entladungsvorgang des Kondensators im Integrierer über den Ohmschen Widerstand am Potentiometer entspricht (s. Abb. 24).

Dieses Beispiel kann noch erweitert werden, um den Konzentrationsanstieg des aus der Substanz A entstehenden Stoffes B darzustellen:

$$A \xrightarrow{\;^1k\;} B \;;\quad \frac{\mathrm{d}b}{\mathrm{d}t} = {}^1ka, \text{ bzw.} \quad -\frac{\mathrm{d}b}{\mathrm{d}t} = -{}^1ka.$$

Schalten wir nun die Größe $-{}^1ka$, die uns bereits durch die bisherige Schaltung zur Verfügung steht, auf den Eingang eines zweiten Integrierers, so verwandelt er $-\mathrm{d}b/\mathrm{d}t$ in b, d.h., der Ausgang liefert die Konzentrations-Zeit-Kurve des entstehenden Stoffes B (s. Abb. 25).

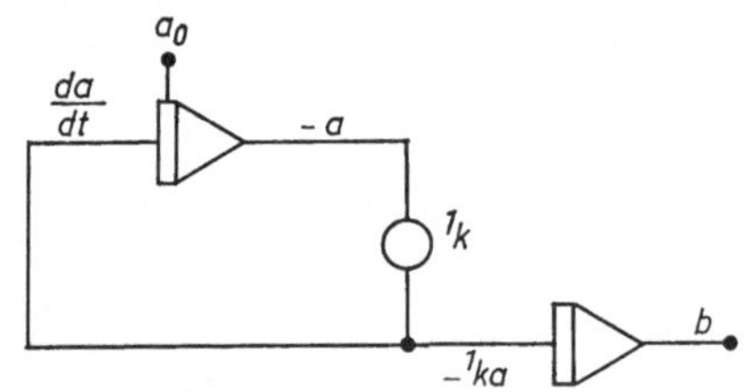

Abb. 25. Schaltbild für die Simulierung einer Reaktion erster Ordnung.

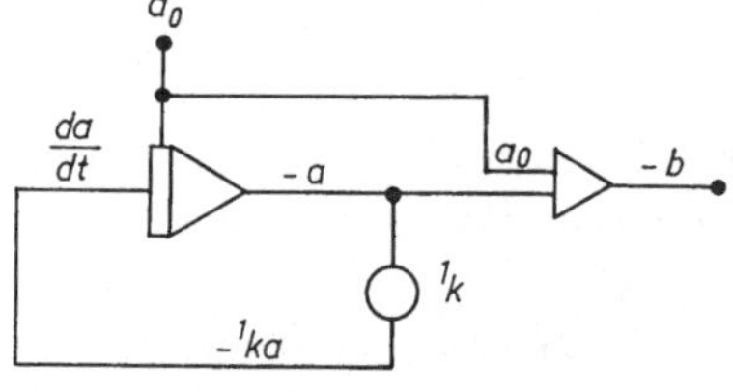

Abb. 26. Schaltbild für die Simulierung einer Reaktion erster Ordnung.

Oft gelingt es, durch mathematische Vereinfachungen die Schaltung derart zu verändern, daß dadurch Integrierer eingespart werden können. Im speziellen Falle ergibt z. B. die Massenbilanz, daß die Summe aus den Konzentrationen des zerfallenden und entstehenden Stoffes gleich der Ausgangskonzentration sein muß:

$$a + b = a_0 \text{ oder } b = a_0 - a \,.$$

Demzufolge kann man den zweiten Integrierer durch einen Summierer ersetzen (s. Abb. 26).

Bei Kenntnis der Funktionen weniger Computerlemente kann man aus der mathematischen Formulierung eines Problems leicht die Schaltung des Computers entwickeln. Allerdings bedeutet die Schaltung noch nicht die vollständige Programmierung, denn dazu müssen noch zwei Eigenschaften des Analogcomputers berücksichtigt werden.

Erstens können nicht beliebig große oder kleine Zahlenwerte direkt als Spannungswerte (Volt) verwendet werden, da der Analogcomputer nur innerhalb eines relativ kleinen Spannungsintervalls zu arbeiten vermag. Ein 10 V-Analogcomputer kann z. B. nur mit Spannungen zwischen 0,1 und 10 V rechnen. Höhere Spannungen überladen die Verstärker, niedrigere lasten die einzelnen Elemente zu wenig aus, so daß die Rechnung ungenau wird. Deshalb ist eine Normierung der Zahlenwerte aller Problemvariablen erforderlich, so daß man dann mit den sich daraus ergebenden Computergrößen im günstigen Spannungsbereich rechnen kann.

Zweitens ist die Geschwindigkeit, mit der ein simulierter Vorgang am Analogcomputer abläuft, nur in seltenen Fällen genau so groß wie beim echt verlaufenden Prozeß. Die Simulierung eines langsamen radioaktiven Zerfalls über mehrere Jahre wäre ebensowenig am Analogcomputer realisierbar wie die blitzartige Umsetzung eines photochemischen Prozesses innerhalb von Mikrosekunden. Wir müssen deshalb entweder eine Zeitraffung oder eine Zeitdehnung vornehmen, um den simulierten Vorgang in einer für die Beobachtung vernünftigen Zeit ablaufen zu lassen. Das ist gleichbedeutend mit der Überführung der Problemzeit (bzw. Echtzeit) in eine Computerzeit.

Recheneinheiten. Zunächst soll die Frage geklärt werden, in welchen Recheneinheiten die einzelnen Größen auf dem Analogcomputer dargestellt werden sollen. Es ist in der Regel üblich, die Spannungseinheit (Volt) als Recheneinheit zu verwenden. Dabei ergeben sich dann an einem 10-Volt- und einem 100-Volt-Computer unterschiedliche Behandlungen des gleichen Problems.

Deshalb ist die Verwendung einer besonderen dimensionslosen Größe, der Maschineneinheit (ME), geeigneter als die Spannungseinheit. 1 ME bedeutet auf einem 10-Volt-Computer 10 V, auf einem 100-Volt-Computer 100 V. Man kann eine Maschinengröße A von Volt in Maschineneinheiten umrechnen, indem man durch die maximale Rechenspannung des Computers U_{max} dividiert.

$$A\,[\mathrm{ME}] = \frac{A\,[\mathrm{Volt}]}{U_{\mathrm{max}}\,[\mathrm{Volt}]}\,. \tag{33}$$

Die Darstellung in dimensionslosen Maschineneinheiten ist besonders günstig beim Multiplizieren, Dividieren und Radizieren.

Die Besonderheiten des Multiplizierers (Division des Produktes durch die Bezugsspannung; s. S. 42) kann man bei Verwendung der Maschineneinheit außer acht lassen. Das wird durch ein einfaches Multiplikationsbeispiel an einem 10-V-Computer verdeutlicht. Es seien:

$$A = 3\,\mathrm{V} = 0{,}3\,\mathrm{ME} \;\text{ und }\; B = 5\,\mathrm{V} = 0{,}5\,\mathrm{ME}\,.$$

Rechnung in Volt: $A \cdot B \,\hat{=}\, \dfrac{A \cdot B}{10} = \dfrac{3 \cdot 5}{10} = 1{,}5\,\mathrm{V}\ (0{,}15\,\mathrm{ME})$;

Rechnung in ME: $A \cdot B = 0{,}3 \cdot 0{,}5 = 0{,}15\,\mathrm{ME}\ (1{,}5\,\mathrm{V})$.

Die Ergebnisse sind natürlich identisch, doch ist die Rechnung in ME etwas einfacher.

Normierung der zeitabhängigen Variablen. Eine Normierung bedeutet die Umrechnung einer Problemvariablen in eine dimensionslose Maschinenvariable, deren Größe in Maschineneinheiten (ME) angegeben wird.

Man normiert eine Problemvariable a am einfachsten, indem man sie durch ihren höchstmöglichen Wert (a_max) dividiert. Hierdurch ist die Variable dimensionslos geworden, und es wird garantiert, daß sie nicht über den Wert von 1 ME hinausgeht. Die Größe von a_max kann prinzipiell auch frei gewählt werden, nur darf a_max natürlich nicht kleiner als der wirkliche Maximalwert sein.

Bei dem Beispiel $A \xrightarrow{\,{}^1\!k\,} B$ sind die beiden Problemvariablen die zeitlich veränderlichen Konzentrationen a und b. Die Wahl von a_max ist in diesem Falle einfach, da die Anfangskonzentration von A ($= a_0$) auch gleichzeitig die maximale Konzentration ist. Man normiert, indem man in den Zeitgleichungen folgende Substitutionen durchführt:

$$A = \frac{a}{a_\mathrm{max}}\;; \quad B = \frac{b}{a_\mathrm{max}}\;; \quad \mathrm{d}A = \frac{\mathrm{d}a}{a_\mathrm{max}}\;; \quad \mathrm{d}B = \frac{\mathrm{d}b}{a_\mathrm{max}}\,.$$

Die neuen Maschinenvariablen werden gegenüber den Problemvariablen durch große Buchstaben gekennzeichnet, so daß die Zeitgleichung

$$-\frac{\mathrm{d}a}{\mathrm{d}t} = \frac{\mathrm{d}b}{\mathrm{d}t} = {}^1\!ka \quad \text{in} \quad -\frac{\mathrm{d}A}{\mathrm{d}t} = \frac{\mathrm{d}B}{\mathrm{d}t} = {}^1\!kA \tag{34}$$

übergeht.

Normierung der Zeit. Die Zeit t muß in eine dimensionslose Maschinenzeit τ umgerechnet werden. Dies erfolgt durch die Beziehung

$$\tau = \lambda \cdot t\,,$$

in welcher der Zeitfaktor λ die Dimension einer reziproken Zeit [sec^{-1}] hat. Zwischen der dimensionslosen Maschinenzeit τ und der Maschinenzeit t^* mit der Dimension [sec] besteht die Beziehung

$$\tau = k_0 \cdot t^*\,.$$

Der Faktor k_0 ist die Integrationskonstante des Integrierers (s. S. 40) und hat meistens die Größe von 1 [sec^{-1}]. Somit hat die Maschinenzeit t^* [sec] den gleichen Zahlenwert wie die dimensionslose Maschinenzeit τ.[1]

Wird ein Problem auf dem Analogcomputer in der Echtzeit simuliert, dann ist $\lambda = 1$ [sec^{-1}]. Bei der Zeitdehnung ist λ größer und bei Zeitraffung kleiner als 1 [sec^{-1}].

---

[1] In der angelsächsischen Literatur wird zuweilen anstelle des Zeitfaktors mit der Dimension [sec^{-1}] der dimensionslose Zeitfaktor β verwendet. Er stellt die Beziehung zwischen der Problemzeit t und der Computerzeit t^* mit der Dimension [sec] her: $t^* = \beta \cdot t$. Bei der Substitution von t durch t^* in den Differentialgleichungen haben die Differentialquotienten der Maschinengleichungen sowie die Koeffizienten α die Dimension einer reziproken Zeit [sec^{-1}]. Der Faktor β ergibt sich aus λ und der Integrationskonstanten des Computers: $\beta = \lambda/k_0$. Wenn $k_0 = 1$ [sec^{-1}], dann ist der Zahlenwert von β identisch mit λ.

Führen wir in der Gl. (34) zur Normierung der Zeit die Substitution $\tau = \lambda t$ bzw. $\mathrm{d}\tau = \lambda \mathrm{d}t$ durch, so geht Gl. (34) in Gl. (35) über.

$$- \frac{\mathrm{d}A}{\mathrm{d}\tau} = \frac{\mathrm{d}B}{\mathrm{d}\tau} = \frac{{}^1k}{\lambda}\, A \; . \tag{35}$$

Da der Ausdruck ${}^1k/\lambda$ eine Konstante ist, wird er zu einer Maschinenkonstanten, dem Koeffizienten $\alpha = {}^1k/\lambda$, zusammengefaßt. Wir erhalten somit die endgültige dimensionslose Maschinengleichung:

$$- \frac{\mathrm{d}A}{\mathrm{d}\tau} = \frac{\mathrm{d}B}{\mathrm{d}\tau} = \alpha A \; . \tag{36}$$

Die Schaltungen (Abb. 25 u. 26) bleiben am Analogcomputer für das Problem unverändert, doch ist es jetzt möglich, die Werte der Maschinengleichung einzustellen (Abb. 27).

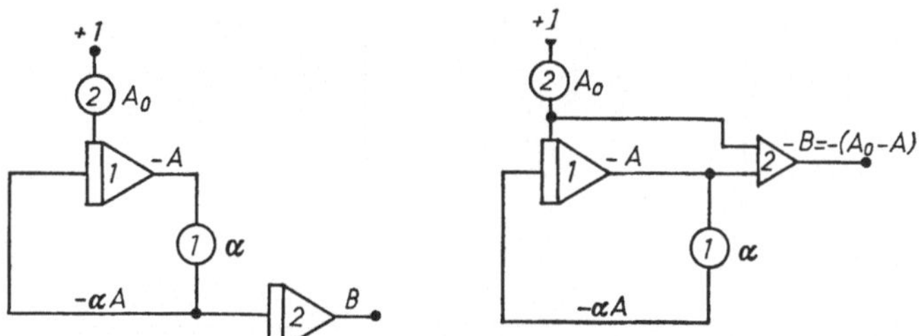

Abb. 27. Schaltbilder des Analogcomputers für eine Reaktion erster Ordnung mit dimensionslosen Maschinengrößen.

Einstellung der Koeffizienten. Der Zeitfaktor λ [sec^{-1}] ist genau wie z. B. der Wert $a_{\max}$ frei wählbar, doch sollte λ so festgesetzt werden, daß der Koeffizient α möglichst Werte zwischen 0,1 und 10 annimmt. Nur in Ausnahmefällen sind auch noch Werte zwischen 0,01 und 20 verwendbar.

Die Koeffizienten werden am Analogcomputer mit Hilfe der Potentiometer in Kombination mit den Eingangsbewertungen der Integrierer eingestellt. Der Wert des Potentiometers (0 bis 1,0) multipliziert mit der Summe der Eingangsbewertungen ergibt den α-Wert[1] (s. Tab. 4).

---

[1] Viele Autoren definieren die α-Werte dagegen als reine Potentiometerwerte. Die Eingangsbewertungen (b) werden dann zusätzlich aufgeführt.

Bezeichnet man den reinen Potentiometerwert mit α', so ergibt sich der Koeffizient α als Produkt ($b\cdot\alpha'$). Da die Eingangsbewertungen aber meist nur die beiden Werte 1 oder 10 annehmen, lassen wir diese Aufschlüsselung der Koeffizienten in Potentiometerwerte und Eingangsbewertungen fallen und verstehen unter dem α-Wert die obige Definition.

Tabelle 4. *Verschiedene Schaltungen zur Einstellung einiger α-Werte*

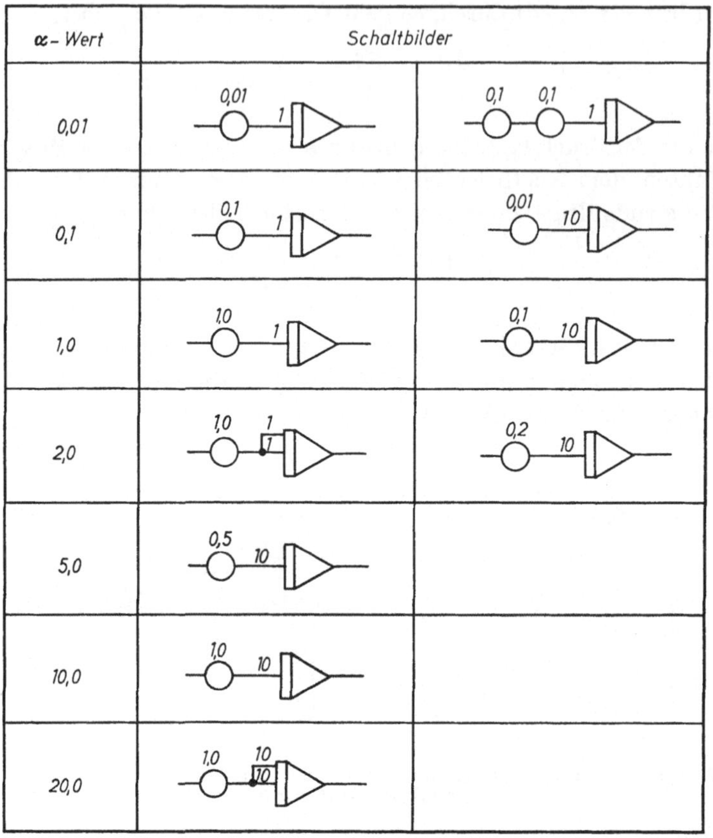

α-Wert	Schaltbilder	
0,01	0,01 — 1	0,1 0,1 — 1
0,1	0,1 — 1	0,01 — 10
1,0	1,0 — 1	0,1 — 10
2,0	1,0 — 1/1	0,2 — 10
5,0	0,5 — 10	
10,0	1,0 — 10	
20,0	1,0 — 10/10	

Als Beispiel für die Wahl der Normierungswerte sei die Simulierung des Uranzerfalls aufgeführt (Zerfallskonstante: $^1k = 4{,}88 \cdot 10^{-18}$ [sec^{-1}]; Anfangsmenge $a_0 = 1{,}58$ g). Am einfachsten setzt man für $a_{\max} = 1{,}58$ g und für $\lambda = 4{,}88 \cdot 10^{-18}$ [sec^{-1}]. Die am Computer einzustellenden Werte wären dann:

$$A_0 = 1{,}0 \text{ ME } (\mathrel{\hat=} 10 \text{ V}) \text{ und } \alpha = 1{,}0 \,.$$

Da hier die Zeitkonstante ^1k vorgegeben war, konnte man durch die Wahl des Zeitfaktors λ einen günstigen α-Wert erhalten. Häufig ist jedoch der ^1k-Wert unbekannt, so daß man sich systematisch an eine vorgegebene Kurve angleichen muß. Hierbei kann man sowohl α als auch λ variieren, während sich ^1k aus der Beziehung $^1k = \alpha \cdot \lambda$ ergibt.

Auf diese Weise kann jeder Vorgang, der nach einem Zeitgesetz erster Ordnung abläuft — sei es nun die Eliminierung eines Stoffes aus dem Körper, eine chemische Reaktion oder ein radioaktiver Zerfall —, auf eine normierte Zeitfunktion reduziert werden.

Programmierung eines Vorgangs nach einem Zeitgesetz zweiter Ordnung

Am Programmierbeispiel für eine Reaktion erster Ordnung wurde gezeigt, daß die Programmierung in vier Teilschritten abläuft:

Mathematische Beschreibung,

Prinzipschaltung des Analogcomputers,

Normierung der Problemvariablen und der Zeit,

Schaltung des Analogcomputers mit dimensionslosen Maschinengrößen.

Aus der mathematischen Beschreibung kann man die Prinzipschaltung erarbeiten, ohne die Gleichungen vorher zu normieren und in Maschinengleichungen zu überführen. Dies ist für schnelle qualitative Übertragungen sehr nützlich. Nach der Normierung bleibt die Prinzipschaltung zwar unverändert, doch werden die Symbole der dimensionslosen Größen an den Ein- und Ausgängen und an den Potentiometern noch zusätzlich eingezeichnet. Je nach der erforderlichen Größe der Koeffizienten werden manchmal die speziellen Eingangsbewertungen mitangegeben.

Nach dem gleichen Schema können auch alle anderen Probleme auf den Analogcomputer übertragen werden, doch wollen wir bei unseren Betrachtungen auf die Prinzipschaltung verzichten und statt dessen gleich die Schaltung mit dimensionslosen Maschinengrößen darstellen.

Als Modell für die Programmierung einer einfachen chemischen Reaktion zweiter Ordnung wählen wir die Umsetzung:

$$A + B \xrightarrow{\;{}^2k\;} C$$

Mathematische Beschreibung:

Zeitgleichungen: $\dfrac{\mathrm{d}a}{\mathrm{d}t} = \dfrac{\mathrm{d}b}{\mathrm{d}t} = -\dfrac{\mathrm{d}c}{\mathrm{d}t} = -{}^2k\,a\,b\;;$ (37)

Massenbilanz: $a_0 - a = b_0 - b = c\,.$

Normierungen:

$$A = \frac{a}{a_{\max}}\;;\quad B = \frac{b}{a_{\max}}\;;\quad C = \frac{c}{a_{\max}}\,,\ \text{bzw.}$$

$$\mathrm{d}a = a_{\max}\mathrm{d}A\;;\quad \mathrm{d}b = a_{\max}\mathrm{d}B\;;\quad \mathrm{d}c = a_{\max}\mathrm{d}C\;;$$

$$t = \frac{\tau}{\lambda}\quad \text{bzw.}\quad \mathrm{d}t = \frac{\mathrm{d}\tau}{\lambda}\,.$$

Aus Gl. (37) wird dann: $\dfrac{\mathrm{d}A}{\mathrm{d}\tau} = \dfrac{\mathrm{d}B}{\mathrm{d}\tau} = -\dfrac{\mathrm{d}C}{\mathrm{d}\tau} = -\dfrac{{}^2k\cdot a_{\max}}{\lambda}\,A\,B\,.$

Wir setzen $({}^2k\cdot a_{\max})/\lambda = \alpha$ und erhalten die Maschinengleichungen:

$$\frac{\mathrm{d}A}{\mathrm{d}\tau} = \frac{\mathrm{d}B}{\mathrm{d}\tau} = -\frac{\mathrm{d}C}{\mathrm{d}\tau} = -\alpha A B\,. \tag{38}$$

Gegenüber einer Reaktion erster Ordnung ist der α-Wert hier auch noch dem Wert von $a_{\max}$ proportional.

4*

Die Anfangsgrößen A_0 und B_0 werden an den Potentiometern 2 und 3 eingestellt und auf die IC-Eingänge der Integratoren 1 und 3 gelegt. An den Ausgängen liegen die negativen Werte der Variablen A und B, die

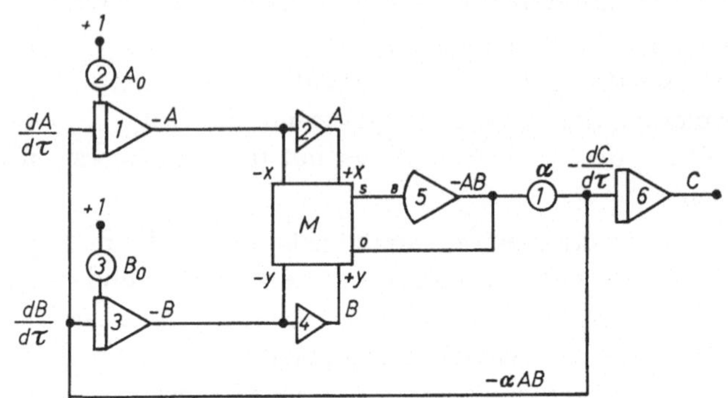

Abb. 28. Schaltbild für eine Reaktion zweiter Ordnung.

entsprechend der Maschinengleichung mit Hilfe eines Parabelmultiplizierers multipliziert werden. Da der Multiplizierer die positiven und negativen Werte beider Faktoren benötigt, werden die beiden Umkehrer 2 und 4 für die Vorzeichenumkehr eingesetzt. Am Ausgang des offenen Verstärkers 5 liegt das Produkt von A und B mit negativem Vorzeichen $(-AB)$. Das Produkt wird mit positivem Vorzeichen erhalten, wenn man die Eingänge am Multiplizierer für einen Faktor vertauscht, z. B. $-A$ auf $+x$ und $+A$ auf $-x$ schaltet. Nach Multiplikation von $-AB$ mit der Konstanten α am Potentiometer 1 erhalten wir den Ausdruck $-\alpha AB$, der gleich den Differentialquotienten $\mathrm{d}A/\mathrm{d}\tau$ und $\mathrm{d}B/\mathrm{d}\tau$ ist. Deshalb kann diese Größe direkt auf die Eingänge der Integratoren 1 und 3 gegeben werden, welche diese Differentialquotienten wieder zu $-A$ und $-B$ integrieren. Über den Integrierer 6 können wir $-\alpha AB$ zu C integrieren (Abb. 28). Außerdem kann C gemäß der Massenbilanz $A_0 - A = C$ mit Hilfe des Summierers 6 gebildet werden (Abb. 29).

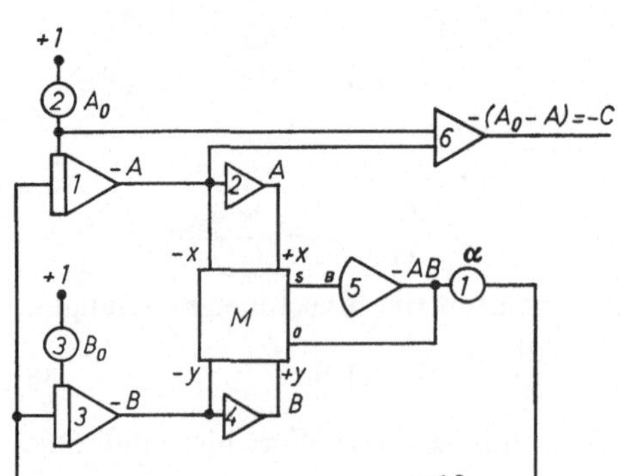

Abb. 29. Schaltbild für eine Reaktion zweiter Ordnung unter Verwendung der Massenbilanzbeziehung.

Als praktisches Beispiel sei die Diels-Alder-Reaktion zwischen 2,3-Dimethylbutadien (A) und Maleinsäureanhydrid (B) angeführt (30 °C; isotherm in Dioxan).

Es gelten folgende Bedingungen:

Anfangskonzentration des 2,3-Dimethylbutadiens: $a_0 = 0{,}6$ [mol/l],
Anfangskonzentration des Maleinsäureanhydrids: $b_0 = 0{,}5$ [mol/l],
Reaktionsgeschwindigkeitskonstante: ${}^2k = 3{,}36 \cdot 10^{-4}$ [l$\cdot$mol$^{-1}\cdot$sec^{-1}],

Wir wählen $a_{\max} = 0{,}6$ [mol/l].

Daraus folgt: $A_0 = 1{,}0$; $\quad B_0 = 0{,}833$.

Für λ wählen wir $4{,}0 \cdot 10^{-4}$ [sec^{-1}]. Daraus folgt für α:

$$\alpha = \frac{3{,}36 \cdot 10^{-4} \cdot 0{,}6}{4{,}0 \cdot 10^{-4}} = 0{,}504.$$

Programmierung eines Vorgangs nach einem Zeitgesetz nullter Ordnung

Modellreaktion: $\quad A \xrightarrow{\ {}^0k\ } B$

Mathematische Beschreibung:

Zeitgleichungen: $\dfrac{\mathrm{d}a}{\mathrm{d}t} = -\dfrac{\mathrm{d}b}{\mathrm{d}t} = -{}^0k\,;$ $\qquad\qquad$ (39)

Massenbilanz: $\quad a_0 - a = b$.

Normierungen:

$$A = \frac{a}{a_{\max}}\,; \qquad B = \frac{b}{a_{\max}} \quad \text{bzw.}$$

$$\mathrm{d}a = a_{\max}\mathrm{d}A\,; \qquad \mathrm{d}b = a_{\max}\mathrm{d}B\,;$$

$$t = \frac{\tau}{\lambda} \quad \text{bzw.} \quad \mathrm{d}t = \frac{\mathrm{d}\tau}{\lambda}\,.$$

Aus Gl. (39) folgt nun: $\dfrac{\mathrm{d}A}{\mathrm{d}\tau} = -\dfrac{\mathrm{d}B}{\mathrm{d}\tau} = -\dfrac{{}^0k}{\lambda \cdot a_{\max}}\,.$

Wir setzen: ${}^0k/(\lambda \cdot a_{\max}) = \alpha$ und erhalten die Maschinengleichungen:

$$\frac{\mathrm{d}A}{\mathrm{d}\tau} = -\frac{\mathrm{d}B}{\mathrm{d}\tau} = -\alpha\,. \qquad\qquad (40)$$

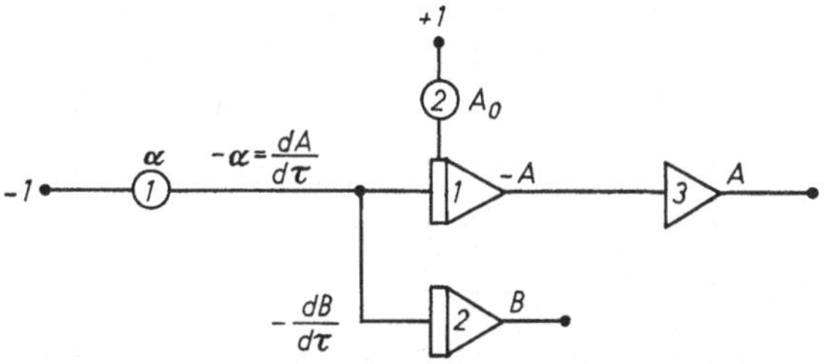

Abb. 30. Schaltbild für eine Reaktion nullter Ordnung ohne Abschaltung bei $A = 0$.

Gegenüber einer Reaktion erster Ordnung ist der α-Wert hier dem Wert von a_{max} umgekehrt proportional.

Die Anfangsgröße A_0 wird am Potentiometer 2 eingestellt und auf den IC-Eingang des Integrierers 1 gelegt. Den konstanten negativen α-Wert stellt man am Potentiometer 1 ein und legt ihn direkt auf den Eingang des Integrierers 1, an dessen Ausgang $-A$ erhalten wird. Durch den Umkehrer 3 wird das Vorzeichen von A positiv. Der negative α-Wert kann direkt auf den zweiten Integrierer gegeben werden, der zu B integriert. Die Berechnung von B ist auch wieder über die Massenbilanz $A_0 - A = B$ an einem Summierer an Stelle des Integrierers 2 möglich.

Nach der Schaltung auf Abb. 30 würden die Integratoren auch dann weiterarbeiten, wenn bereits $A = 0$ und $B = A_0$ geworden sind. Die linear mit der Zeit abnehmende Größe A geht über den Punkt $A = 0$ hinaus und wird negativ. Dies gäbe natürlich unsinnige Ergebnisse und wäre besonders bei zusammengesetzten Reaktionen verhängnisvoll. Man benötigt deshalb eine Schaltung, die den Eingang $-\alpha = 0$ werden läßt, sobald $A = 0$ wird. Für diese Aufgabe kann man einen Relaiskomparator zu Hilfe nehmen (Abb. 31).

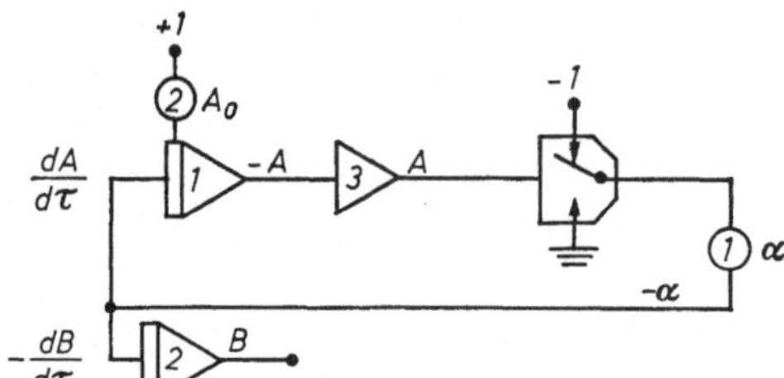

Abb. 31. Schaltbild für eine Reaktion nullter Ordnung mit Abschaltung bei $A = 0$ durch einen Relaiskomparator.

Zur Steuerung des Komparators wird die Größe A verwendet. Solange $A > 0$ ist, hat der Ausgang des Komparators den Wert -1. Wird $A = 0$, so schaltet das Relais des Komparators, so daß die Ausgangsgröße Null wird und die Integrierer nicht weiterarbeiten können.

Anstelle eines Komparators läßt sich auch eine spezielle Schaltung mit zwei Dioden verwenden (Abb. 32).

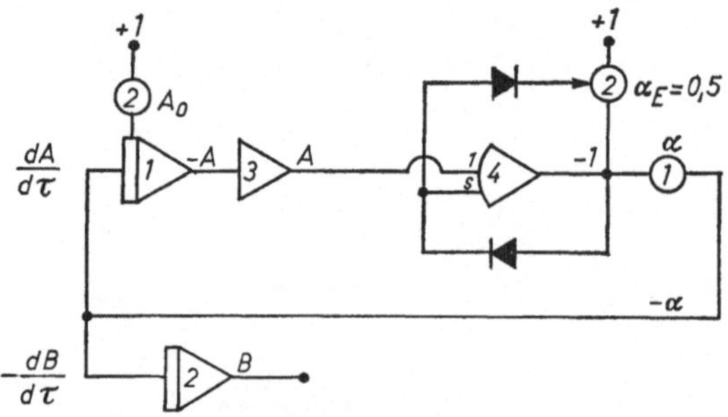

Abb. 32. Schaltbild für eine Reaktion nullter Ordnung mit Abschaltung bei $A = 0$ ohne Relaiskomparator.

Eine beliebige positive Spannung am Eingang des Verstärkers 4 bedingt eine bestimmte negative Ausgangsspannung. Die Rückführung der negativen Ausgangsspannung auf den Summenpunkt S des Verstärkers verläuft über eine positiv vorgespannte Diode. Die positive Vorspannung wird am Potentiometer 2 eingestellt und damit gleichfalls die Höhe der negativen Ausgangsspannung des Verstärkers bestimmt. Der Zusammenhang zwischen dem absoluten Betrag der Ausgangsgröße E in Maschineneinheiten und dem Wert des Potentiometers α_E ergibt sich durch:

$$\alpha_E = \frac{E}{1 + E}.$$

Soll z. B. der Betrag der Ausgangsgröße $|E| = 1$ sein, so muß $\alpha_E = 0{,}5$ gesetzt werden. Wird die Eingangsspannung gleich Null oder negativ, so wird der folgende positive Ausgang von Verstärker 4 sofort über die zweite Diode auf den Summenpunkt S geleitet. Der Rückführungswiderstand ist dann gleich Null, so daß der Ausgang des Verstärkers ebenfalls gleich Null wird. Die Genauigkeit dieser Schaltung ist zwar nicht so groß wie beim Relaiskomparator, doch reicht sie für die hier angegebenen Zwecke aus.

Als Beispiel für die Programmierung einer Reaktion nullter Ordnung sei die permanente intravenöse Infusion eines Pharmakons A angeführt (8,5 g A pro 1,5 Stunden).

Die Gesamtmenge $a_0 = 8{,}5$ g wird als $a_{\max}$ gewählt. Die Geschwindigkeitskonstante nullter Ordnung ist gleich der konstanten Infusionsgeschwindigkeit.

$$^0k = \frac{8{,}5}{1{,}5 \cdot 3600} = 1{,}57 \cdot 10^{-3} \ [\text{g/sec}].$$

Die Normierung ergibt: $A_0 = \dfrac{a_0}{a_{\max}} = 1{,}0$;

$$\alpha = \frac{^0k}{\lambda \cdot a_{\max}} = \frac{1{,}57 \cdot 10^{-3}}{\lambda \cdot 8{,}5} = \frac{1{,}85 \cdot 10^{-4}}{\lambda}.$$

Wir setzen den Zeitfaktor $\lambda = 2{,}0 \cdot 10^{-4} \ [\text{sec}^{-1}]$, so daß am Potentiometer 1 ein α-Wert von $\alpha = \dfrac{1{,}85 \cdot 10^{-4}}{2{,}0 \cdot 10^{-4}} = 0{,}926$ einzustellen ist.

Programmierung eines zusammengesetzten Vorgangs

Es soll ein Vorgang behandelt werden, der sich aus Reaktionen nullter, zweiter und erster Ordnung zusammensetzt.

$$B' \xrightarrow{\ ^0k_1\ } B \overset{\displaystyle A}{\underset{}{\overset{+}{\rule{0pt}{0pt}}}} \xrightarrow{\ ^2k_2\ } C \xrightarrow{\ ^1k_3\ } D$$

Dies Reaktionsschema entspricht z. B. einer chemischen Reaktion der Stoffe A und B zu C nach einem Zeitgesetz zweiter Ordnung. Hierbei wird der Stoff A in dem Reaktionsgefäß vorgelegt, während der Stoff B

aus einem Vorratsbehälter mit einer konstanten Geschwindigkeit in das Reaktionsgefäß einfließt. Dies entspricht einer Reaktion nullter Ordnung. Der gebildete Stoff C zerfällt nach einer Reaktion erster Ordnung (s. Modell 24, S. 99).

Mathematische Beschreibung:

Zeitgleichungen:
$$\frac{\mathrm{d}b'}{\mathrm{d}t} = -\,^0k_1 \;;\quad \frac{\mathrm{d}a}{\mathrm{d}t} = -\,^2k_2 ab \;;\quad \frac{\mathrm{d}b}{\mathrm{d}t} = {}^0k_1 - {}^2k_2 ab \;;$$

$$\frac{\mathrm{d}c}{\mathrm{d}t} = {}^2k_2 ab - {}^1k_3 c \;;\quad \frac{\mathrm{d}d}{\mathrm{d}t} = {}^1k_3 c \;.$$

Massenbilanz:
$$a_0 = a + c + d \;;\quad b_0 = b_0' + b + c + d \;.$$

Normierungen:

$$a = a_{\max} A \;;\quad b' = a_{\max} B' \;;\quad b = a_{\max} B \;;\quad c = a_{\max} C \;;$$

$$d = a_{\max} D \;;\quad \mathrm{d}t = \frac{\mathrm{d}\tau}{\lambda} \;;$$

$$\frac{\mathrm{d}B'}{\mathrm{d}\tau} = -\,\frac{^0k_1}{\lambda \cdot a_{\max}} \;;\quad \frac{\mathrm{d}A}{\mathrm{d}\tau} = -\,\frac{^2k_2 \cdot a_{\max}}{\lambda} AB \;;$$

$$\frac{\mathrm{d}B}{\mathrm{d}\tau} = \frac{^0k_1}{\lambda \cdot a_{\max}} - \frac{^2k_2 \cdot a_{\max}}{\lambda} AB \;;$$

$$\frac{\mathrm{d}C}{\mathrm{d}\tau} = \frac{^2k_2 \cdot a_{\max}}{\lambda} AB - \frac{^1k_3}{\lambda} C \;;\quad \frac{\mathrm{d}D}{\mathrm{d}\tau} = \frac{^1k_3}{\lambda} C \;.$$

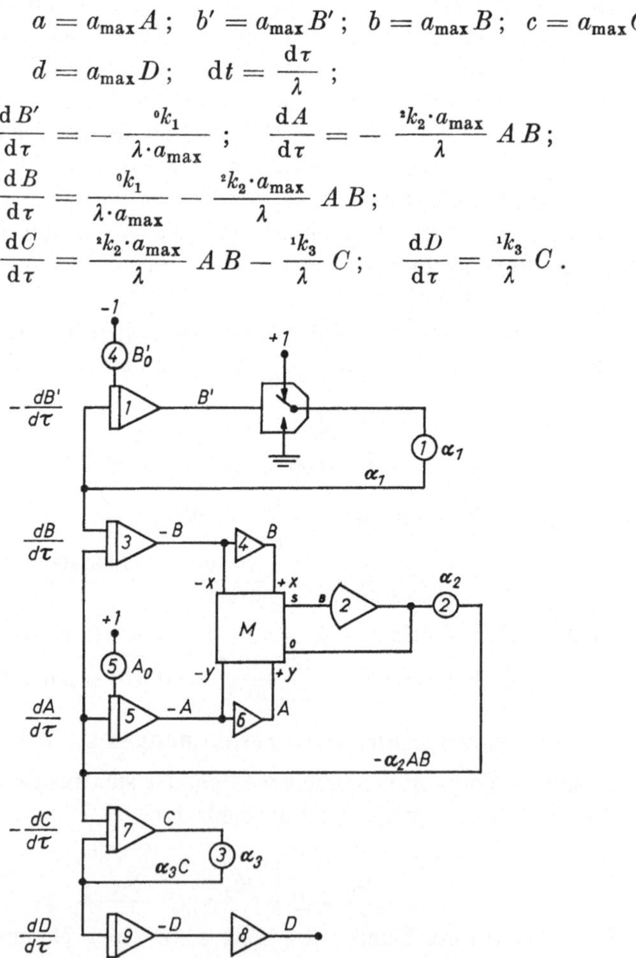

Abb. 33. Schaltbild für einen kombinierten Vorgang aus Zeitgesetzen nullter, zweiter und erster Ordnung.

Wir setzen:

$$\alpha_1 = \frac{{}^0k_1}{\lambda \cdot a_{max}} \; ; \quad \alpha_2 = \frac{{}^2k_2 \cdot a_{max}}{\lambda} \; ; \quad \alpha_3 = \frac{{}^1k_3}{\lambda}$$

und erhalten die Maschinengleichungen:

$$\frac{\mathrm{d}B'}{\mathrm{d}\tau} = -\alpha_1 \; ; \quad \frac{\mathrm{d}A}{\mathrm{d}\tau} = -\alpha_2 A B \; ; \qquad \frac{\mathrm{d}B}{\mathrm{d}\tau} = \alpha_1 - \alpha_2 A B \; ;$$

$$\frac{\mathrm{d}C}{\mathrm{d}\tau} = \alpha_2 A B - \alpha_3 C \; ; \quad \frac{\mathrm{d}D}{\mathrm{d}\tau} = \alpha_3 C \; .$$

Die Anfangswerte B'_0 und A_0 werden über die Potentiometer 4 und 5 eingestellt und auf die IC-Eingänge der Integratoren 1 und 5 geschaltet. B'_0 ist dabei negativ, so daß die positiven Werte der Variablen B' direkt am Ausgang des Integrierers 1 liegen. Analog den bereits besprochenen Schaltungen erhalten wir an den Ausgängen der Potentiometer 1, 2 und 3 die Größen α_1, $-\alpha_2 A B$ und $\alpha_3 C$. Das sind alle Summanden, die in den Maschinengleichungen auftreten. Diese Größen werden an den Eingängen der Integrierer summiert, so daß sich die Größen: $-\mathrm{d}B'/\mathrm{d}\tau$, $\mathrm{d}B/\mathrm{d}\tau$, $\mathrm{d}A/\mathrm{d}\tau$, $-\mathrm{d}C/\mathrm{d}\tau$ und $\mathrm{d}D/\mathrm{d}\tau$ bilden.

Die Integrierer bilden die Variablen B', $-B$, $-A$, C und $-D$. Die Schaltung kann leicht überprüft werden, indem man die Größen entsprechend den Massenbilanzen mit Summierern addiert. Bleiben die Summen der Variablen zeitlich nicht konstant, so ist die Schaltung mit Sicherheit fehlerhaft.

Als Zahlenbeispiel wählen wir für diesen zusammengesetzten Vorgang folgende Werte:

Die Anfangskonzentrationen der Stoffe A und B sind $a_0 = 0{,}5$ [mol/l] und $b'_0 = 0{,}55$ [mol/l], wobei sich die Konzentrationen auf die gesamte Lösungsmenge beziehen, die bei vollendetem Zusammenfluß beider Reaktionspartner im Reaktionsgefäß aufträten. Die Konzentrations-Zeit-Kurve für den Stoff C wurde experimentell bestimmt und auf dem Analogcomputer durch Variation der Koeffizienten nachgebildet. Als Normierungsgrößen wurden gewählt: $a_{max} = 0{,}55$ [mol/l], $\lambda = 3{,}7 \cdot 10^{-5}$ [sec^{-1}]. Demzufolge erhielt man für die normierten Anfangswerte $A_0 = 0{,}909$ und $B'_0 = 1{,}0$.

Folgende Koeffizienten liefern die Übereinstimmung von der gemessenen mit der simulierten Kurve:

$$\alpha_1 = 0{,}3 \; ; \quad \alpha_2 = 0{,}8 \; ; \quad \alpha_3 = 0{,}15 \; .$$

Hieraus ergeben sich folgende Geschwindigkeitskonstanten:

$${}^0k_1 = \alpha_1 \cdot \lambda \cdot a_{max} = 0{,}3 \cdot 3{,}7 \cdot 10^{-5} \cdot 0{,}55 = 0{,}61 \cdot 10^{-5} \; [\text{mol} \cdot \text{l}^{-1} \cdot \text{sec}^{-1}] \; ;$$

$${}^2k_2 = \frac{\alpha_2 \cdot \lambda}{a_{max}} = \frac{0{,}8 \cdot 3{,}7 \cdot 10^{-5}}{0{,}55} = 5{,}38 \cdot 10^{-5} \; [\text{l} \cdot \text{mol}^{-1} \cdot \text{sec}^{-1}] \; ;$$

$${}^1k_3 = \alpha_3 \cdot \lambda = 0{,}15 \cdot 3{,}7 \cdot 10^{-5} = 0{,}555 \cdot 10^{-5} \; [\text{sec}^{-1}] \; .$$

Individuelle Normierung der Problemvariablen

Bei vielen komplexen Vorgängen nimmt eine Variable gegenüber anderen unter Umständen sehr kleine Werte an, so daß die Rechengenauigkeit durch ungenügende Aussteuerung der Rechenelemente sinkt und Feinheiten der Kurve wegen der geringen Ordinatengrößen undeutlich werden.

Die Wahl eines kleineren Normierungswertes von z. B. a_{max} könnte die Werte aller Maschinenvariablen zwar erhöhen, doch liefe man dabei Gefahr, daß einige Variable über den Wert von 1 ME hinausgingen, da der gewählte Wert a_{max} jetzt kleiner ist, als die wirklichen Maximalwerte der Variablen. Diese Schwierigkeiten kann man jedoch umgehen, indem man für die einzelnen abhängigen Variablen bei der Normierung individuelle Maximalwerte verwendet.

Als Beispiel wählen wir die Folgereaktion erster Ordnung:

$$A \xrightarrow{{}^1k_1} B \xrightarrow{{}^1k_2} C \quad \text{mit den Zeitgleichungen:}$$

$$\frac{\mathrm{d}a}{\mathrm{d}t} = -{}^1k_1 a\,; \qquad \frac{\mathrm{d}b}{\mathrm{d}t} = {}^1k_1 a - {}^1k_2 b\,; \qquad \frac{\mathrm{d}c}{\mathrm{d}t} = {}^1k_2 b\,.$$

Normierungen durch individuelle Maximalwerte:

$$A = \frac{a}{a_{max}}\,; \qquad B = \frac{b}{b_{max}}\,; \qquad C = \frac{c}{c_{max}}\,;$$

$$\frac{\mathrm{d}A}{\mathrm{d}\tau} = -\frac{{}^1k_1}{\lambda} A\,; \qquad \frac{\mathrm{d}B}{\mathrm{d}\tau} = \frac{{}^1k_1 \cdot a_{max}}{\lambda \cdot b_{max}} A - \frac{{}^1k_2}{\lambda} B\,; \qquad \frac{\mathrm{d}C}{\mathrm{d}\tau} = \frac{{}^1k_2 \cdot b_{max}}{\lambda \cdot c_{max}} B\,.$$

Wir setzen:

$$\alpha_1 = \frac{{}^1k_1}{\lambda}\,; \qquad \alpha_2 = \frac{{}^1k_2}{\lambda}\,; \qquad \alpha_3 = \frac{{}^1k_1 \cdot a_{max}}{\lambda \cdot b_{max}}\,; \qquad \alpha_4 = \frac{{}^1k_2 \cdot b_{max}}{\lambda \cdot c_{max}}$$

und erhalten die Maschinengleichungen:

$$\frac{\mathrm{d}A}{\mathrm{d}\tau} = -\alpha_1 A\,; \qquad \frac{\mathrm{d}B}{\mathrm{d}\tau} = \alpha_3 A - \alpha_2 B\,; \qquad \frac{\mathrm{d}C}{\mathrm{d}\tau} = \alpha_4 B\,.$$

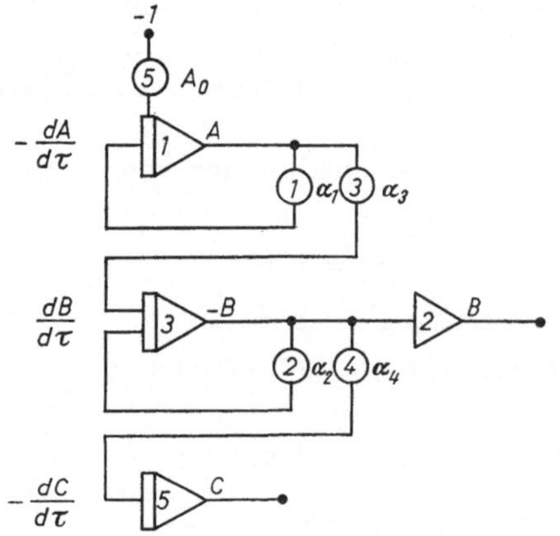

Abb. 34. Schaltbild für das Reaktionsschema
$$A \xrightarrow{{}^1k_1} B \xrightarrow{{}^1k_2} C$$
bei individueller Normierung der abhängigen Variablen.

Jede Variable (a, b und c) hat einen eigenen Ordinatenmaßstab. Für die Schaltung der Maschinengleichungen werden zur Bildung der Koeffizienten α_3 und α_4 zusätzlich zwei Potentiometer benötigt (s. Abb. 34).

Die Anfangsgröße A_0 wird negativ auf den IC-Eingang des Integrierers 1 gelegt. Würde man mit positiven A_0 beginnen, dann könnte man am Ausgang des Integrierers 3 sofort den positiven Wert für B entnehmen, müßte aber die Werte an den Integrierern 1 und 5 ($-A$ bzw. $-C$) umkehren, um A und C durch einen Schreiber aufzeichnen zu lassen. Diese Schaltung enthielte also einen Umkehrverstärker mehr. Es empfiehlt sich jedoch, die Vorzeichen der Anfangsgrößen bei jeder Schaltung so zu wählen, daß ein Minimum an Integrierern und Verstärkern erforderlich ist.

Programmierung einer Schwingungsgleichung

Als Beispiel für die Programmierung einer Differentialgleichung zweiter Ordnung, in welcher die zweite Ableitung der Variablen nach der Zeit auftritt, soll die Gleichung für eine gedämpfte Sinusschwingung dienen. In abgewandelter Form wird diese Funktion oft zur mathematischen Beschreibung eines biologischen Regelmechanismus verwendet. Sie ergibt sich meist aus zwei Differentialgleichungen erster Ordnung (s. S. 137).

Zeitgleichung. Wenn die folgende Zeitgleichung für die Bewegung einer gedämpft schwingenden Feder gelten soll, so bedeutet die Variable a die Auslenkung der Feder aus der Ruhelage:

$$\frac{\mathrm{d}^2 a}{\mathrm{d} t^2} = -\, k_1 \frac{\mathrm{d} a}{\mathrm{d} t} - k_2 a\,.$$

Normierungen: $a = a_{\max} A\,, \quad \mathrm{d}a = a_{\max}\mathrm{d}A\,, \quad \mathrm{d}^2 A = a_{\max}\mathrm{d}^2 A\,.$

$$\mathrm{d}t = \frac{\mathrm{d}\tau}{\lambda}\,; \quad \mathrm{d}t^2 = \frac{\mathrm{d}\tau^2}{\lambda^2}\,; \quad \frac{\mathrm{d}^2 A}{\mathrm{d}\tau^2} = -\,\frac{k_1}{\lambda}\frac{\mathrm{d}A}{\mathrm{d}\tau} - \frac{k_2}{\lambda^2}\,A\,;$$

$$\alpha_1 = \frac{k_1}{\lambda}\,; \quad \alpha_2 = \frac{k_2}{\lambda^2}\,; \quad \frac{\mathrm{d}^2 A}{\mathrm{d}\tau^2} = -\,\alpha_1 \frac{\mathrm{d}A}{\mathrm{d}\tau} - \alpha_2 A\,.$$

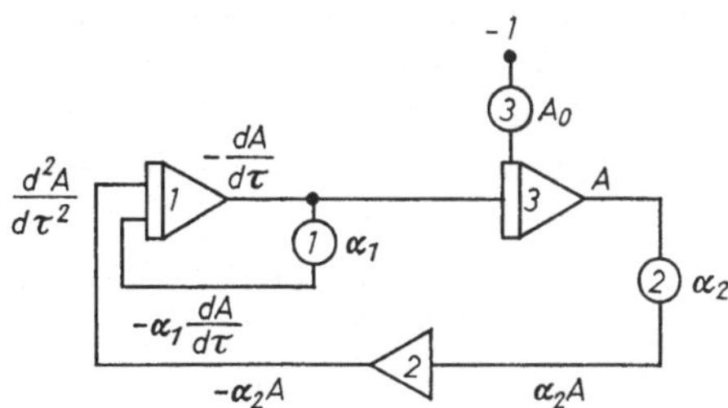

Abb. 35. Schaltbild für eine gedämpfte Sinusschwingung als Beispiel für eine Differentialgleichung zweiter Ordnung.

Bei der Wahl von:

$$a_0 = 5{,}0 \text{ cm} ;$$

$$\left(\frac{da}{dt}\right)_{t=0} = 0 ;$$

$$k_1 = 2{,}0 \,[\text{sec}^{-1}] ;$$

$$k_2 = 30{,}0 \,[\text{sec}^{-2}] ;$$

$$\lambda = 10{,}0 \,[\text{sec}^{-1}] .$$

werden

$$\alpha_1 = \frac{2{,}0}{10} = 0{,}2 ;$$

$$\alpha_2 = \frac{30}{100} = 0{,}3 .$$

Die Zeitfunktion für den Zweikoordinatenschreiber

Die Ausgabe der am Analogcomputer errechneten Kurven erfolgt normalerweise über einen XY-Schreiber. Die einzelnen Variablen werden hierbei wahlweise von den entsprechenden Integrierer- oder Verstärkerausgängen als positive Werte auf den ersten Schreibereingang gelegt und die Zeitfunktion auf den zweiten. Die lineare Zeitfunktion wird ebenfalls mit Hilfe von Analogcomputerelementen erzeugt, deren Schaltung der einer Reaktion nullter Ordnung entspricht (s. Abb. 36).

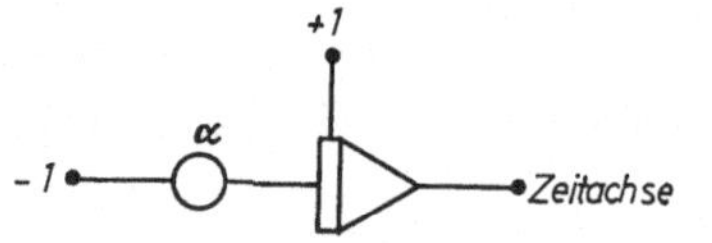

Abb. 36. Schaltbild zur Erzeugung einer Zeitachse ohne Abschaltung.

Die Geschwindigkeit des Zeitachsenablaufs wird mit dem α-Wert am Potentiometer eingestellt. Soll z. B. die Zeitachse bei einem Integrationsfaktor von $k_0 = 1 \,[\text{sec}^{-1}]$ (gebräuchlicher Wert bei normalem Betrieb des Analogcomputers) um 0,1 ME in der Sekunde zunehmen, so muß der Potentiometerwert 0,1 betragen. Hat nun der Schreiber in der x-Achse eine Empfindlichkeit von 2 cm/Volt, so läuft der Schreiber bei einem 10-V-Computer mit einer Geschwindigkeit von 2 cm/sec in der x-Richtung.

Der Integrierer muß beim Erreichen eines Ausgangswertes von 1 ME abgeschaltet werden, da er sonst überladen wird. Das kann entweder manuell oder durch einen Relaiskomparator geschehen. Die Zeit zur Aufzeichnung einer Variablen ist durch die Aufladezeit des Integrierers begrenzt. Man kann sie bei gleichem Potentiometerwert verdoppeln, indem man den Beginn der Zeitfunktion von Null nach −1 ME verlegt. Hierzu muß dann die entsprechende Anfangsbedingung mit umgekehrtem Vorzeichen, also +1 ME, auf den IC-Eingang gelegt werden.

Zwischenzeitliche Eingabe von Rechengrößen

Sobald ein Vorgang auf dem Analogcomputer gestartet worden ist, kann man in den weiteren Ablauf nur noch durch Verstellen derjenigen

Potentiometer eingreifen, die nicht mit den IC-Eingängen der Integrierer verbunden sind.

Die IC-Eingänge sind nur in der „Startstellung" des Computers zugänglich, um zur Zeit $t = 0$ die Anfangsbedingungen einzugeben. Oft muß jedoch ein Vorgang zu bestimmten Zeiten durch plötzliche Vergrößerung eines Variablenwertes verändert werden, wie z. B. bei der Simulierung eines pharmakokinetischen Vorgangs mit mehrfacher Applikation (z. B. durch wiederholte Einnahme von Tabletten). Die Nachbildung dieser unmittelbaren zwischenzeitlichen Konzentrationserhöhung gelingt mit Hilfe der in Abb. 37 dargestellten Schaltung. Die Anfangsgröße und die zusätzlichen Größen für die Variable A werden am Potentiometer 2 eingestellt (vgl. S. 121).

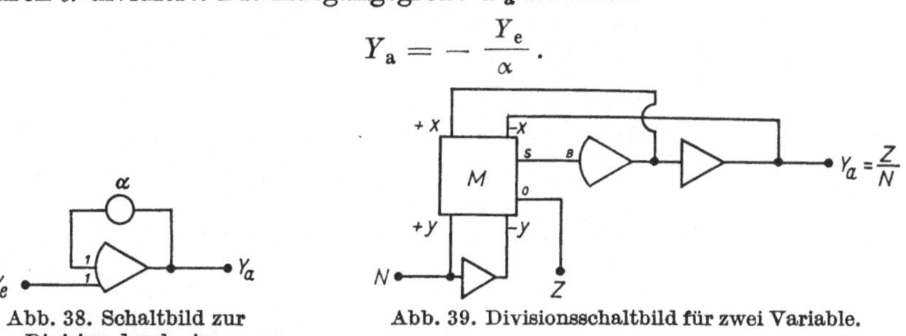

Abb. 37. Schaltbild zur zwischenzeitlichen Eingabe von Rechengrößen.

Schaltungen für spezielle Zwecke

Für die Analogcomputersimulierung von speziellen Problemen aus der Medizin würden die bisher besprochenen Schaltungen nicht ausreichen. Deshalb sollen noch einige zusätzliche Schaltungen ohne Angabe von Beispielen kurz besprochen werden.

Divisionsschaltungen. Division durch eine Konstante: Die Division durch eine Konstante ist mit der Schaltung in Abb. 38 möglich. In die Rückführung eines Verstärkers wird ein Potentiometer geschaltet, an dem zusammen mit der Eingangsbewertung am Verstärker der Divisor α eingestellt wird. Die Eingangsgröße Y_e wird unter Vorzeichenumkehr durch α dividiert. Die Ausgangsgröße Y_a ist dann:

$$Y_a = - \frac{Y_e}{\alpha}.$$

Abb. 38. Schaltbild zur Division durch eine Konstante.

Abb. 39. Divisionsschaltbild für zwei Variable.

Division durch eine Variable: Eine Variable Z kann mit Hilfe eines Multiplizierers (Abb. 39) durch eine zweite Variable N dividiert werden.

Der Nenner muß dabei stets größer als der Zähler sein, da sonst die Ausgangsgröße Y_a über den Wert 1 hinausginge.

$$Y_a = \frac{Z}{N}, \quad \text{für } Z < N.$$

Ventilschaltung. Die Funktion eines Ventils kann von einer einfachen Diode übernommen werden. Normalerweise werden Dioden erst bei einer Vorspannung von 0,2 bis 0,6 Volt leitend (s. S. 42), doch kann dies mit Hilfe eines Verstärkers umgangen werden. Die Schaltung in Abb. 40 arbeitet wie eine ideale Diode:

$$Y_a = -Y_e \text{ für } Y_e < 0;$$
$$Y_a = 0 \quad \text{ für } Y_e > 0.$$

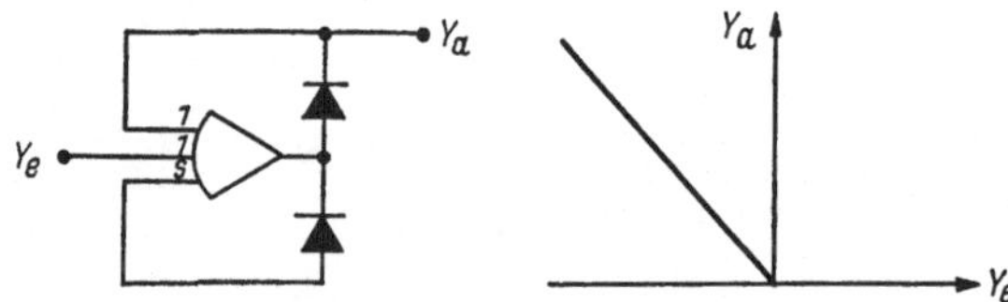

Abb. 40. Schaltbild und Kennlinie für ein Ventil.

Begrenzung. Soll eine Variable nicht über einen bestimmten oberen Wert A_o steigen und nicht unter einen bestimmten unteren Wert $-A_u$ fallen, so kann man die Variablen mit Hilfe der Schaltung in Abb. 41 begrenzen. Die oberen und unteren Grenzwerte lassen sich mit den beiden

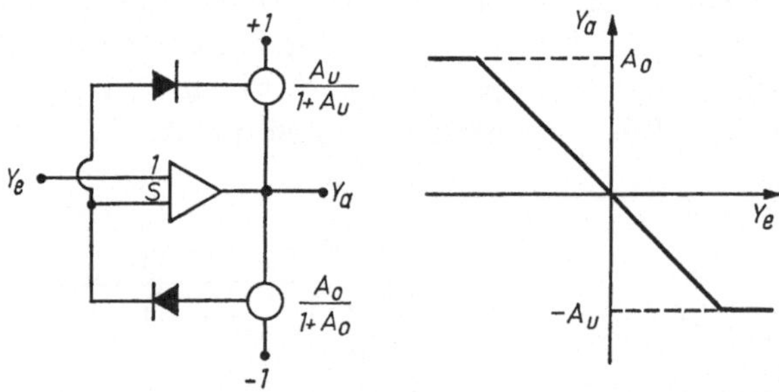

Abb. 41. Schaltbild und Kennlinie eines Begrenzers.

Potentiometern einstellen, indem man den Potentiometern die Werte $A_o/(A_o + 1)$ bzw. $A_u/(A_u + 1)$ gibt.

Signumfunktion. Die Schaltung der Signumfunktion mit zwei Dioden und einem Verstärker (s. Abb. 42) kann als Ersatz für ein einfaches Relais verwendet werden. Die Ausgangsgröße Y_a ist stets eine Konstante. Sie ändert ihre Größe, wenn die Eingangsgröße Y_e, unabhängig von ihrem Wert, ihr Vorzeichen wechselt.

$$Y_a = A_0 \text{ für } Y_e < 0\,;$$
$$Y_a = -A_u \text{ für } Y_e > 0\,.$$

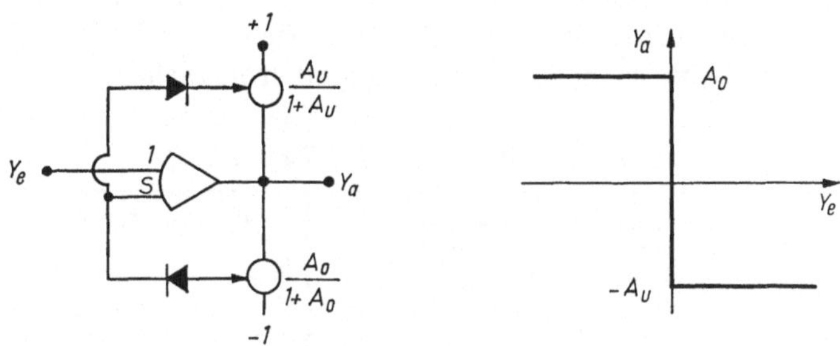

Abb. 42. Schaltbild und Kennlinie einer Signumfunktion.

Tote Zone. Eine tote Zone (auch Überempfindlichkeitsbereich genannt) ist dadurch gekennzeichnet, daß z. B. zwischen den Eingangswerten A und $-B$ der Ausgangswert Y_a gleich Null ist:

$$Y_a = 0 \text{ für } -B \leqq Y_e \leqq A\,.$$

Außerhalb der toten Zone wachsen die Ausgangswerte linear mit dem Eingangswert an.

$$Y_a = Y_e - A \text{ für } Y_e > A\,;$$
$$Y_a = Y_e + B \text{ für } Y_e < -B\,.$$

Die tote Zone wird durch zwei Dioden erzeugt, deren Vorspannung erweitert worden ist (s. Abb. 43).

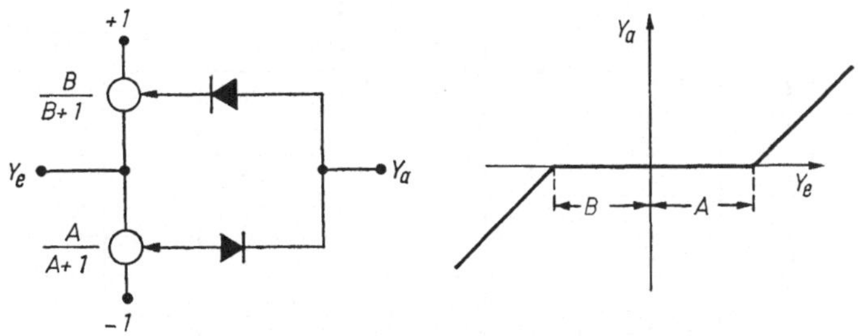

Abbb. 43. Schaltbild und Kennlinie einer toten Zone.

Diese angeführten Beispiele mögen als praktische Anleitung für die Programmierung einer großen Zahl von chemischen und biologischen Vorgängen genügen. Für komplizierte Probleme muß auf die Spezialliteratur verwiesen werden (z. B. Lit. 37).

8. Modellbeispiele

Bei den nachstehend aufgeführten und anschließend eingehend beschriebenen 27 allgemeinen und 20 speziellen Beispielen handelt es sich um die gebräuchlichsten kinetischen Modelle. Sie sind in den Tab. 5 und 6 klassifiziert, um eine schnelle Orientierung zu ermöglichen.

Tabelle 5. *Allgemeine Modellbeispiele*

Nr.	Anzahl der Variaben	Anzahl der Reaktionsschritte	Reaktionsordnung (Art u. Anzahl)			Reaktionstypen			Seite
			1.	2.	0.	Folge-reakt.	Rück-reakt.	Par-allel-reakt.	
1	2	1	1						68
2	3	1		1					69
3	2	1			1				70
4	2	2	2				+		71
5	3	2	1	1			+		72
6	3	2	2					+	74
7	3	2	2			+			75
8	3	3	3			+	+		77
9	4	3	3			+		+	78
10	4	3	3			+		+	79
11	4	3	3			+		+	80
12	4	2	1	1		+			81
13	3	2	1		1	+			82
14	4	3	2		1	+		+	83
15	4	2	1	1		+			85
16	6	2		2				+	86
17	5	2		2		+			88
18	4	2		1	1	+			90
19	5	3	1	1	1	+		+	92
20	4	3	1	1	1	+		+	94
21	4	3	3			+			95
22	4	4	4			+	+		96
23	4	3	2		1	+		+	98
24	6	3	1	1	1	+			99
25	4	4	4			+		+	101
26	3	1		1					102
27	6	4	1	3		+		+	103

Tabelle 6. *Spezielle Modellbeispiele*

Nr.	Beispiele	Seite
28	Enzymatische Reaktion nach dem vereinfachten Michaelis-Menten-Mechanismus	105
29	Umkehrbare enzymatische Reaktion nach dem Michaelis-Menten-Mechanismus	109
30	Folgereaktion in einem Doppelenzymsystem	111
31	Pharmakokinetisches Grundmodell	113
32	Pharmakokinetisches Grundmodell für zeitlich unterteilte Dosisverabreichung	119
33	Pharmakokinetisches Modell für zwei verschiedene Verabreichungsarten, welche zum gleichen Zeitpunkt vorgenommen werden.	121
34	Pharmakokinetisches Modell für ein Präparat mit protrahierender Wirkung	123
35	Pharmakokinetisches Modell für eine intravenöse Dauerinfusion	125
36	Pharmakokinetisches Modell für lineare Elimination (Abbau des Äthylalkohols)	126
37	Pharmakokinetisches Modell mit zwei parallelen Verteilungsräumen	128
38	Pharmakokinetisches Modell mit zwei hintereinanderliegenden Verteilungsräumen	129
39	Pharmakokinetisches Modell mit zwei Ausscheidungswegen	131
40	Pharmakokinetisches Modell mit zwei Ausscheidungswegen und unvollständiger Magen-Darm-Absorption	132
41	Pharmakokinetisches Modell mit enterohepatischem Kreislauf	134
42	Pharmakokinetisches Modell für eine einfache Metabolisierung des Ausgangsstoffes	136
43	Regulierung des Glucosespiegels durch Insulin bei erhöhter kontinuierlicher Glucosezufuhr	137
44	Regulierung des Glucosespiegels bei kurzzeitiger oraler Glucosebelastung	139
45	Ein Wirt-Parasit-System	140
46	Simulierung einer chemischen Folgereaktion anhand einer spektrophotometrischen Absorptionsänderung des Reaktionsgemisches	142
	Mehrdeutigkeit eines Kurvenverlaufes	144

Alle Beispiele wurden nach einem einheitlichen Schema behandelt, und zwar in der Reihenfolge:

Reaktionsschema,

Mathematische Formulierung,

Schaltbild,

Schaltliste,

Kurvenverlauf,

Anmerkung.

Es wurde versucht, nur das Wesentliche der gewählten Beispiele herauszuarbeiten. Die angenommenen Zahlenwerte für die Ausgangs- bzw. Reaktionsbedingungen lassen sich ohne weiteres variieren.

Das Reaktionsschema ist in der bisher üblichen Weise dargestellt: A, B, C usw. symbolisieren entweder die chemischen Individuen oder die Compartments, während die k-Werte die Geschwindigkeitskonstanten mit der betreffenden Reaktionsordnung darstellen.

Die mathematische Formulierung ist ohne Normierung vorgenommen worden, da sich die Normierung nach den speziellen Grenzbedingungen eines Problems richten muß, während die aufgeführten Beispiele ganz allgemein gehalten wurden.

In den Schaltbildern symbolisieren die Großbuchstaben jeweils die normierten Maschinenvariablen. Sie sind an den Ausgängen der Umkehrer und Integrierer eingezeichnet, an denen sie als Funktion der Zeit abgenommen werden können. Am Analogcomputer werden sie an dem dafür speziell vorgesehenen Wählschalter der einzelnen Verstärker abgenommen und direkt auf den Schreiber geschaltet. Die Bezeichnungen der Koeffizienten der normierten Maschinengleichung (z. B. α_1, α_2, α_3) sind neben den Symbolen der Potentiometer zu finden, mit denen sie eingestellt werden. Die Eingangsbewertungen der Integrierer und Summierer sind nicht angegeben, da sie nach den speziellen Erfordernissen eines konkreten Problems gewählt werden müssen (vgl. α-Wert-Einstellung S. 49; Koeffizientenwerte über 1,0 ME müssen mit der Eingangsbewertung 10 bzw. mit „Zehnereingängen" kombiniert werden). Anfangswerte der Maschinenvariablen (z. B. A_0, B_0) sind an den Potentiometern einzustellen, die mit den IC-Eingängen der entsprechenden Integrierer verbunden sind. Die hierzu notwendige Maschineneinheit $+1$ oder -1 ist an den Endpunkten angegeben. Zahlen innerhalb der Symbolzeichen geben die Nummer des betreffenden Elements am Analogcomputer an. Die hier angegebenen Nummern beziehen sich speziell auf den Analogcomputer PACE TR-20 der Firma EAI (Electronic Associates Inc.), mit dem sämtliche Modellbeispiele simuliert wurden. Kleiner gedruckte Buchstaben in den Schaltbildern dienen in Anlehnung an den EAI-Computer zur näheren Bezeichnung der Ein- und Ausgänge spezieller Computerelemente.

Die Komparatoren haben keine näheren Eingangs- oder Ausgangsbezeichnungen. Das in den Schaltungen angegebene Symbol für den Komparator deutet nur seine Schaltfunktion an. Für das Symbol muß in der Praxis entweder ein Relaiskomparator, ein elektronischer Komparator oder am einfachsten die auf S. 54 verwendete Ersatzschaltung (Abb. 32) eingesetzt werden.

Die Schaltliste ermöglicht ein schnelles und sicheres Übertragen der Schaltung auf das Computersteckbrett. In der ersten Tabelle der Schaltliste gibt die „Von-Spalte" jeweils den Ausgang eines Computerelements an, von dem Steckschnurverbindungen zu den Eingängen der in der

„Nach-Spalte" aufgeführten Elemente hergestellt werden müssen. Die in der Schaltliste verwendeten Abkürzungen haben folgende Bedeutung:

S = Summierer oder Umkehrer;
I = Integrierer;
P = Potentiometer;
M = Multiplizierer;
K = Komparator;
V = Verstärker;
$+1$ = positive Bezugsspannung;
-1 = negative Bezugsspannung.

Die Indizes geben die Nummer des betreffenden Elements an. Eingeklammerte Ausdrücke sind nähere Kennzeichen der Ein- oder Ausgänge.

Weiterhin ist aus den Schaltlisten ersichtlich, an welchen Potentiometern die Anfangswerte und Koeffizienten einzustellen sind und an welchen Elementen die einzelnen Maschinenvariablen abgegriffen werden können. Für den Routinegebrauch eines Modells ist die Schaltliste einfacher und bequemer als das Schaltbild. Sie hat außerdem den Vorteil, daß sich wiederholende Arbeiten am Analogcomputer auch von ungeschulten Personen übernommen werden können.

Die Kurvenbilder sollen für die wichtigsten Komponenten und Bedingungen einen anschaulichen Eindruck über den betreffenden Vorgang vermitteln.

Die Anmerkungen zu den betreffenden Modellbeispielen wurden auf grundsätzliche Aussagen beschränkt. Es bleibt den Lesern überlassen, sich die für ihre Zwecke passenden Modelle auszuwählen oder zu kombinieren.

Allgemeine Modellbeispiele

Modell 1

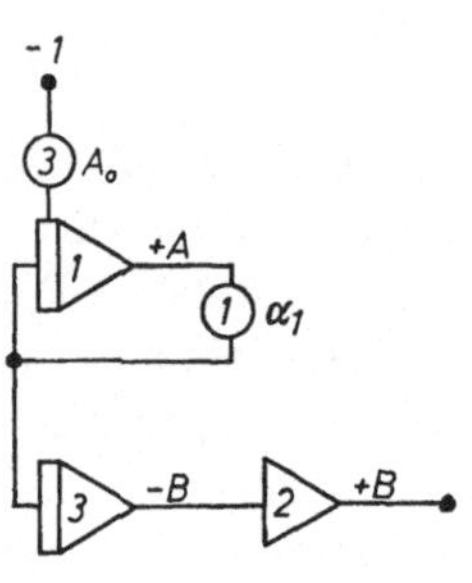

$$\frac{\mathrm{d}a}{\mathrm{d}t} = -\,{}^1k_1\,a: \qquad \frac{\mathrm{d}b}{\mathrm{d}t} = {}^1k_1\,a$$

Abb. 44. Schaltbild für Mod. 1.

Tabelle 7. *Schaltliste für Mod. 1*

von	nach
I_1	P_1
I_3	S_2
P_1	I_1, I_3
P_3	$I_1(IC)$
-1	P_3

Konst.	an Pot.
A_0	3
α_1	1

Variable	an
A	I_1
B	S_2

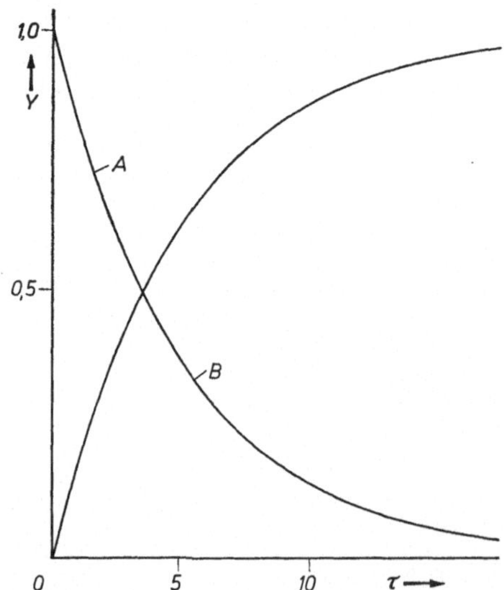

Abb. 45. Kurvenverlauf zum Mod. 1. $\alpha_1 = 0{,}2$.

Anmerkung. Die Programmierung dieser einfachen Reaktion erster Ordnung ist auf S. 45 eingehend behandelt worden.

Modell 2

$$\boxed{A+B \xrightarrow{\;{}^{2}k_1\;} C}$$

$$\frac{\mathrm{d}a}{\mathrm{d}t} = \frac{\mathrm{d}b}{\mathrm{d}t} = -\,{}^{2}k_1\,ab; \qquad \frac{\mathrm{d}c}{\mathrm{d}t} = {}^{2}k_1\,ab.$$

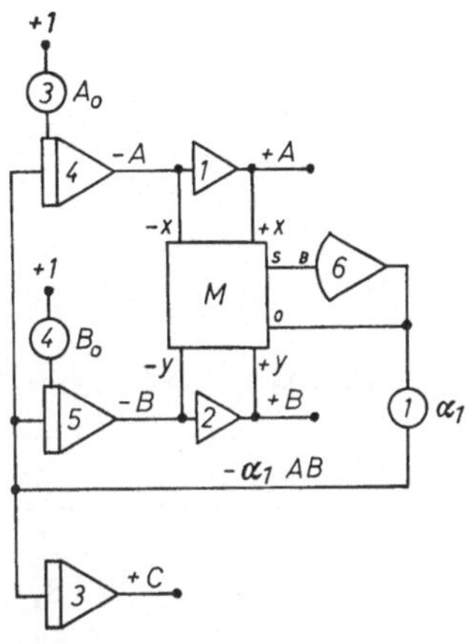

Abb. 46. Schaltbild für Mod. 2.

Tabelle 8. *Schaltliste für Mod. 2*

von	nach
I_4	$S_1, M(-x)$
I_5	$S_2, M(-y)$
$M(S)$	$V_6(B)$
P_1	I_3, I_4, I_5
P_3	$I_4(IC)$
P_4	$I_5(IC)$
S_1	$M(+x)$
S_2	$M(+y)$
V_6	$M(0), P_1$
$+1$	P_3, P_4

Konst.	an Pot.
A_0	3
B_0	4
α_1	1

Variable	an
A	S_1
B	S_2
C	I_3

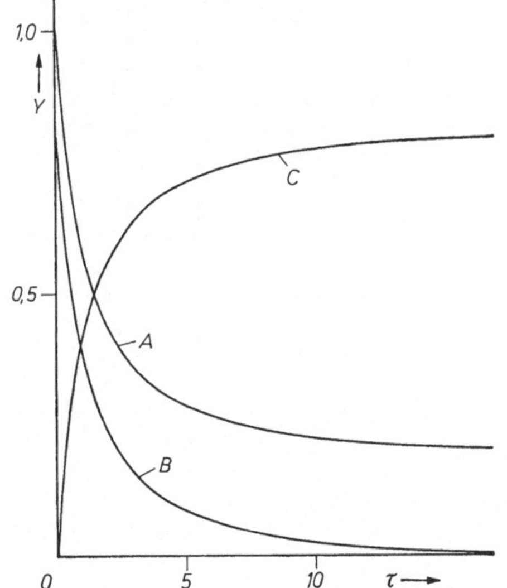

Abb. 47. Kurvenverlauf zum Mod. 2. $\alpha_1 = 1{,}0$; $A_0 = 1{,}0$; $B_0 = 0{,}8$.

Anmerkung: Die Programmierung dieser einfachen Reaktion zweiter Ordnung ist auf S. 51 eingehend behandelt worden. Wenn innerhalb eines Fließschemas eine Reaktion zweiter Ordnung auftritt, wird angenommen, daß aus der Reaktion von einem Mol der ersten Komponente (z. B. A) mit einem Mol der zweiten Komponente (z. B. B) nur ein Mol des Produktes (z. B. C) entsteht.

Modell 3

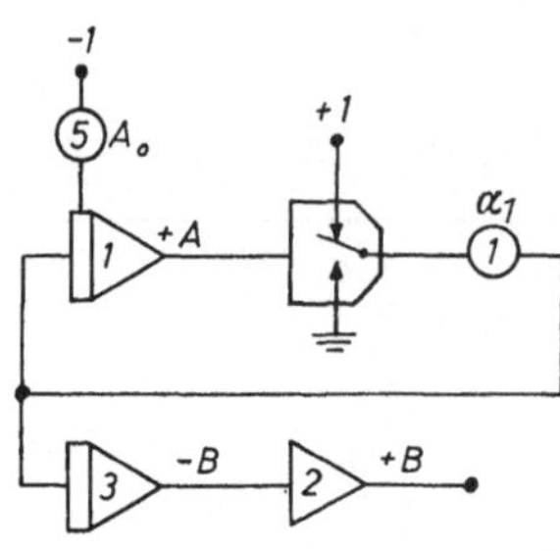

$$\frac{\mathrm{d}a}{\mathrm{d}t} = -{}^0k_1; \quad \frac{\mathrm{d}b}{\mathrm{d}t} = {}^0k_1.$$

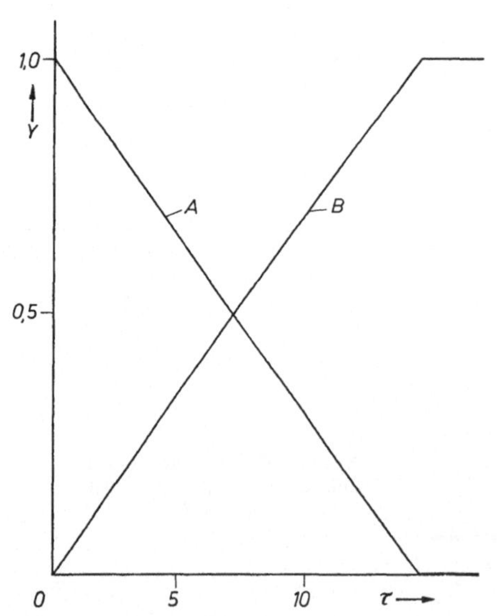

Abb. 48. Schaltbild für Mod. 3
mit Relaiskomparator.

Tabelle 9. *Schaltliste für Mod. 3*

von	nach
I_1	K
I_3	S_2
K	P_1
P_1	I_1, I_3
P_5	$I_1\,(IC)$
Erde	K
$+1$	K
-1	P_5
Konst.	an Pot.
A_0	5
α_1	1
Variable	an
A	I_1
B	S_2

Abb. 49. Kurvenverlauf zum Mod. 3. $\alpha_1 = 0{,}07$.

Anmerkung. Die Programmierung dieser einfachen Reaktion nullter
Ordnung wurde auf S. 53 eingehend behandelt. Die Abschaltung bei
$A = 0$ kann auch ohne Relaiskomparator automatisch erfolgen (s. S. 54).

Modell 4

$$A \underset{{}^1k_2}{\overset{{}^1k_1}{\rightleftharpoons}} B$$

$$\frac{\mathrm{d}a}{\mathrm{d}t} = -{}^1k_1 a + {}^1k_2 b; \qquad \frac{\mathrm{d}b}{\mathrm{d}t} = {}^1k_1 a - {}^1k_2 b .$$

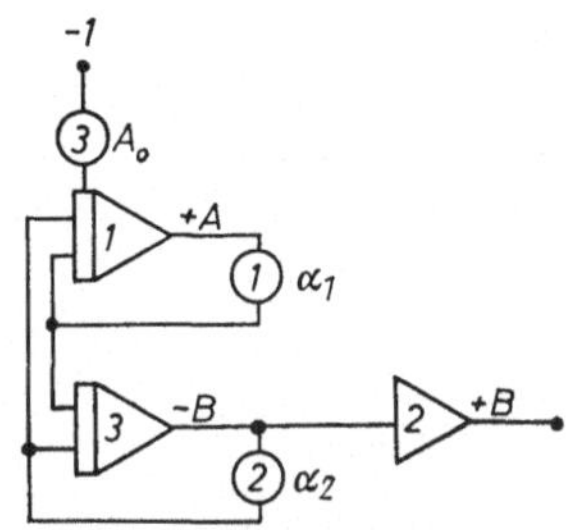

Abb. 50. Schaltbild für Mod. 4.

Tabelle 10. *Schaltliste für Mod. 4*

von	nach
I_1	P_1
I_3	P_2, S_2
P_1	I_1, I_3
P_2	I_1, I_3
P_3	I_1(IC)
-1	P_3

Konst.	an Pot.
A_0	3
α_1	1
α_2	2

Variable	an
A	I_1
B	S_2

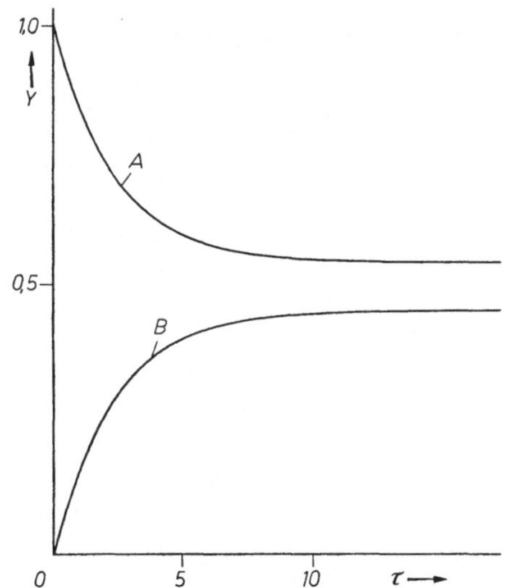

Abb. 51. Kurvenverlauf zum Mod. 4 (Umkehrbare Reaktion erster Ordnung). $\alpha_1 = 0{,}2$; $\alpha_2 = 0{,}24$.

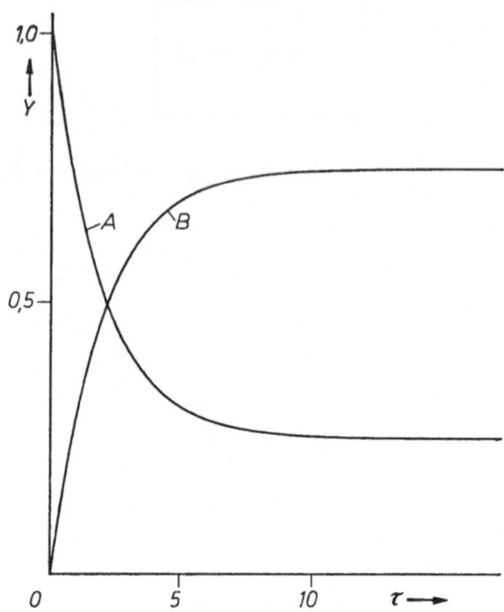

Abb. 52. Kurvenverlauf zum Mod. 4 (Umkehrbare Reaktion erster Ordnung).
$\alpha_1 = 3,9$; $\alpha_2 = 1,3$.

Anmerkung. Die umkehrbare Reaktion erster Ordnung führt zu Gleichgewichtskonzentrationen. Die Gleichgewichtskonstante K ist gleich dem Verhältnis der Gleichgewichtskonzentrationen und gleich dem Verhältnis der Geschwindigkeitskonstanten: $K = A_G/B_G = {}^1k_2/{}^1k_1 = \alpha_2/\alpha_1$ (s. S. 33). Abb. 51 zeigt $\alpha_2/\alpha_1 > 1$ und Abb. 52 $\alpha_2/\alpha_1 < 1$.

Das Gleichgewicht stellt sich in beiden Beispielen nach ca. $\tau = 15 \,\hat{=}\, 15$ [sec] Maschinenzeit ein. Die Geschwindigkeit der Gleichgewichtseinstellung wird nur von der absoluten Höhe der Geschwindigkeitskonstanten bestimmt und ist dagegen von ihrem Verhältnis unabhängig.

Modell 5

$$A + B \underset{{}^1k_2}{\overset{{}^2k_1}{\rightleftharpoons}} C$$

$$\frac{\mathrm{d}a}{\mathrm{d}t} = \frac{\mathrm{d}b}{\mathrm{d}t} = -{}^2k_1 ab + {}^1k_2 c; \quad \frac{\mathrm{d}c}{\mathrm{d}t} = {}^2k_1 ab - {}^1k_2 c.$$

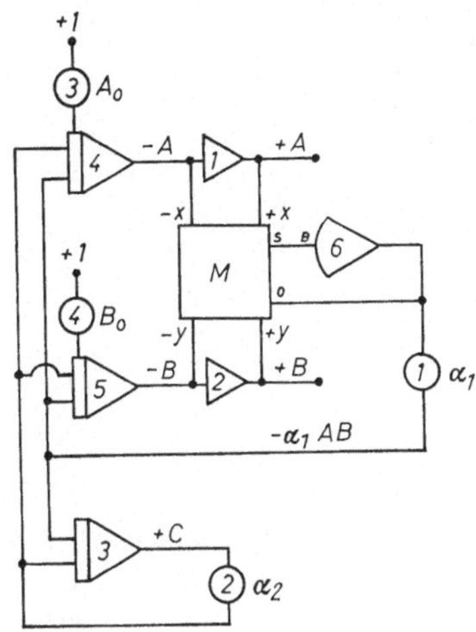

Abb. 53. Schaltbild für Mod. 5.

Tabelle 11. *Schaltliste für Mod. 5*

von	nach
I_3	P_2
I_4	$S_1, M(-x)$
I_5	$S_2, M(-y)$
$M(S)$	$V_6(B)$
P_1	I_3, I_4, I_5
P_2	I_3, I_4, I_5
P_3	$I_4(IC)$
P_4	$I_5(IC)$
S_1	$M(+x)$
S_2	$M(+y)$
V_6	$M(0), P_1$
$+1$	P_3, P_4

Konst.	an Pot.
A_0	3
B_0	4
α_1	1
α_2	2

Variable	an
A	S_1
B	S_2
C	I_3

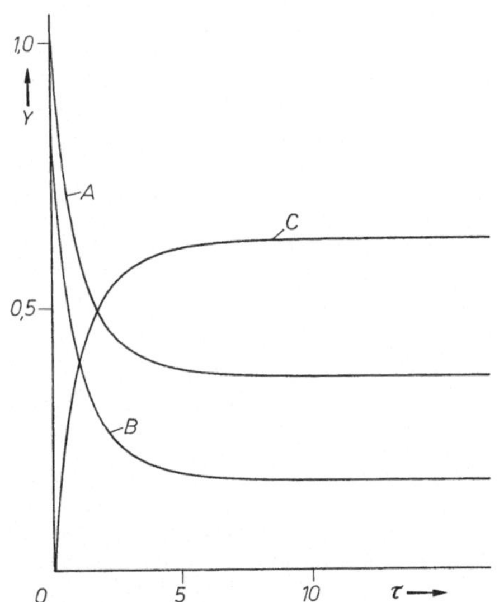

Abb. 54. Kurvenverlauf zum Mod. 5 (umkehrbare Reaktion, Hinreaktion: zweiter Ordnung, Rückreaktion: erster Ordnung). $\alpha_1 = 1,0$; $\alpha_2 = 0,1$; $A_0 = 1,0$; $B_0 = 0,8$.

Anmerkung. Die umkehrbare Reaktion mit Hinreaktion zweiter und Rückreaktion erster Ordnung führt ebenfalls zu einem Gleichgewicht, dessen Einstellungsgeschwindigkeit von der Größe der Konstanten abhängt. Das Verhältnis der Geschwindigkeitskonstanten entspricht der Gleichgewichtskonstanten K.

$$K = \frac{{}^1k_2}{{}^2k_1} = \frac{A_G \cdot B_G}{C_G}.$$

Modell 6

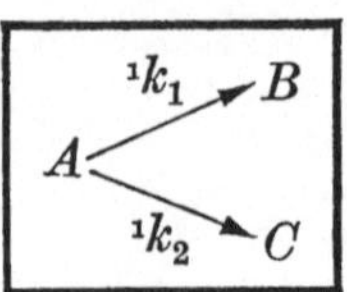

$$\frac{\mathrm{d}a}{\mathrm{d}t} = -({}^{1}k_1 + {}^{1}k_2)\,a; \quad \frac{\mathrm{d}b}{\mathrm{d}t} = {}^{1}k_1\,a; \quad \frac{\mathrm{d}c}{\mathrm{d}t} = {}^{1}k_2\,a.$$

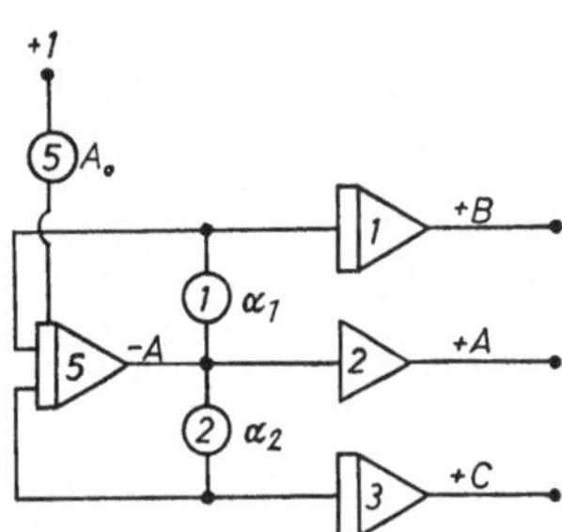

Abb. 55. Schaltbild für Mod. 6.

Tabelle 12. *Schaltliste für Mod. 6*

von	nach
I_5	P_1, P_2, S_2
P_1	I_1, I_5
P_2	I_3, I_5
P_5	I_5 (IC)
$+1$	P_5

Konst.	an Pot.
A_0	5
α_1	1
α_2	2

Variable	an
A	S_2
B	I_1
C	I_3

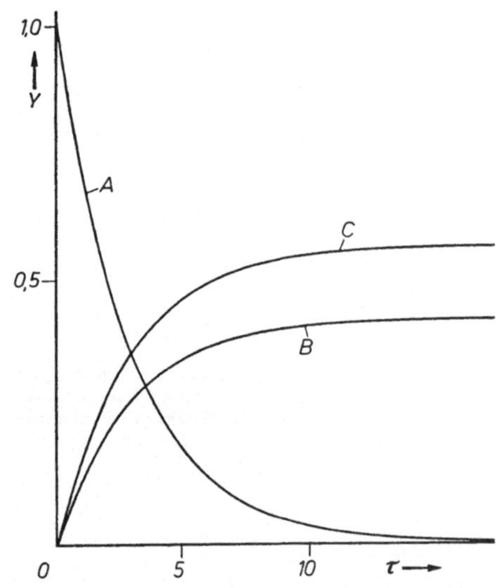

Abb. 56. Kurvenverlauf zum Mod. 6 (Parallelreaktion erster Ordnung). $\alpha_1 = 0{,}15$; $\alpha_2 = 0{,}20$.

Anmerkung. Bei einer Parallelreaktion erster Ordnung ist das Verhältnis der entstehenden Stoffe zu jeder Zeit gleich dem Verhältnis der Geschwindigkeitskonstanten:

$$\frac{B}{C} = \frac{{}^{1}k_1}{{}^{1}k_2} = \frac{\alpha_1}{\alpha_2} \ (\text{s. S. 35}).$$

Modell 7

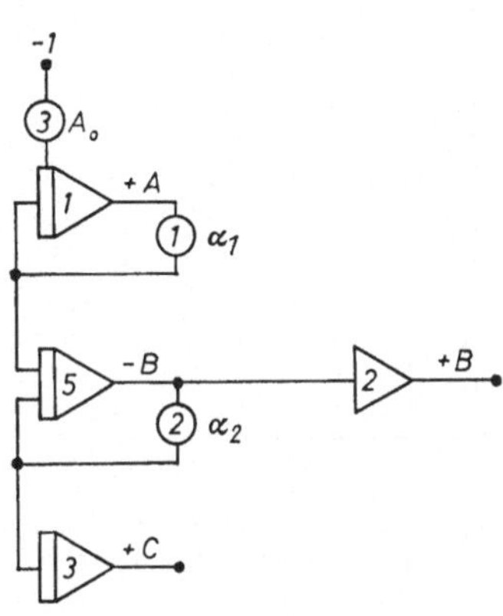

$$\frac{\mathrm{d}a}{\mathrm{d}t} = -{}^1k_1 a; \qquad \frac{\mathrm{d}b}{\mathrm{d}t} = {}^1k_1 a - {}^1k_2 b; \qquad \frac{\mathrm{d}c}{\mathrm{d}t} = {}^1k_2 b.$$

Tabelle 13. *Schaltliste für Mod. 7*

von	nach
I_1	P_1
I_5	P_2, S_2
P_1	I_1, I_5
P_2	I_3, I_5
P_3	I_1(IC)
-1	P_3

Konst.	an Pot.
A_0	3
α_1	1
α_2	2

Variable	an
A	I_1
B	S_2
C	I_3

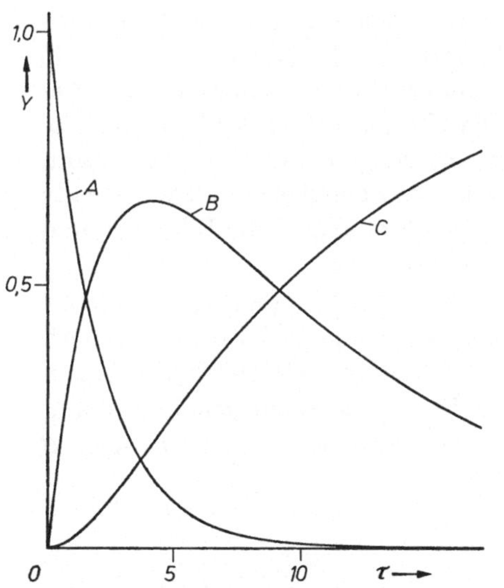

Abb. 57. Schaltbild für Mod. 7.

Abb. 58. Kurvenverlauf zum Mod. 7 (Folgereaktion erster Ordnung). $\alpha_1 = 0,5$; $\alpha_2 = 0,1$.

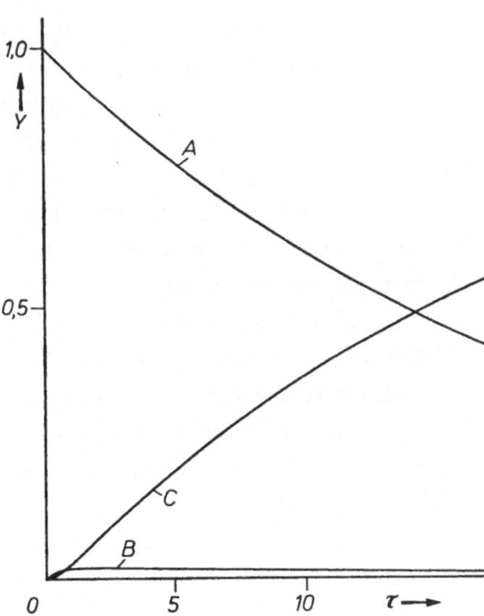

Abb. 59. Kurvenverlauf zum Mod. 7. $\alpha_1 = 0,05$; $\alpha_2 = 2,5$.

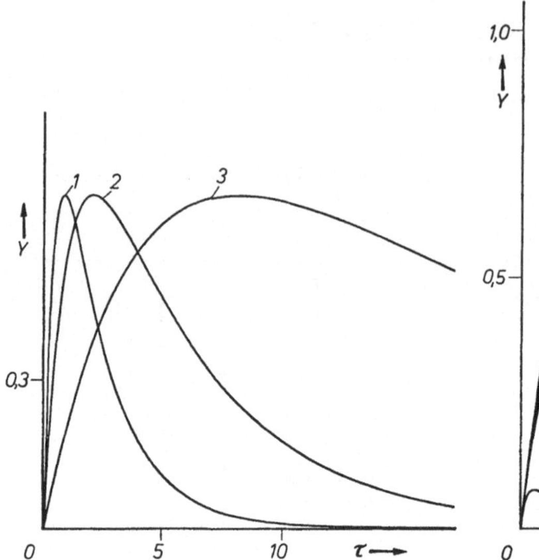
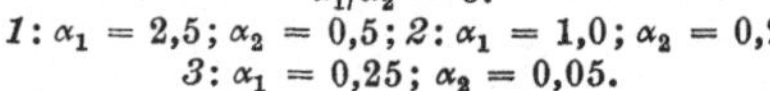
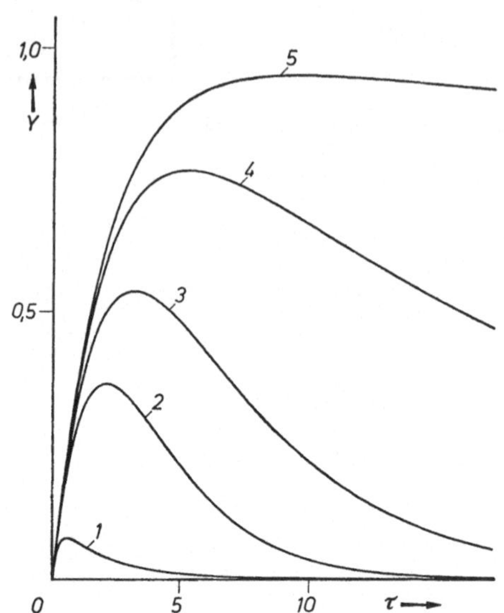

Abb. 60. Kurvenverlauf des Zwischenproduktes B (Mod. 7) für verschiedene α_1- und α_2-Werte bei gleichbleibendem Verhältnis $\alpha_1/\alpha_2 = 5$.
1: $\alpha_1 = 2{,}5$; $\alpha_2 = 0{,}5$; *2*: $\alpha_1 = 1{,}0$; $\alpha_2 = 0{,}2$; *3*: $\alpha_1 = 0{,}25$; $\alpha_2 = 0{,}05$.

Abb. 61. Kurvenverlauf des Zwischenproduktes B (Mod. 7) für verschiedene α_2-Werte bei gleichbleibendem $\alpha_1 = 0{,}5$.
1: $\alpha_2 = 5{,}0$; *2*: $\alpha_2 = 0{,}5$; *3*: $\alpha_2 = 0{,}2$; *4*: $\alpha_2 = 0{,}05$; *5*: $\alpha_2 = 0{,}005$.

Anmerkung. Abb. 58 zeigt eine Folgereaktion, bei der beide Einzelschritte starken Einfluß auf die Gesamtreaktion ausüben und das Zwischenprodukt B ein deutliches Maximum aufweist. Dagegen ist in Abb. 59 der erste Schritt gegenüber dem zweiten sehr langsam, so daß er geschwindigkeitsbestimmend wird. Die Konzentration des Zwischenproduktes bleibt sehr klein und außerdem über lange Zeiten nahezu konstant. Für das Produkt B kann näherungsweise ein Fließgleichgewicht („steady state") angenommen werden. In diesem Zustand sind die Bildungs- und Zersetzungsgeschwindigkeiten von B gleich groß.

Bei gleichbleibendem Verhältnis der Geschwindigkeitskonstanten bleibt die Höhe des Maximums für das Zwischenprodukt B unverändert, die erforderliche Zeit zur Erlangung des Maximums steigt mit abnehmender Größe der Konstanten (Abb. 60). Wird α_1 konstant gehalten und α_2 variiert, so ändern sich Höhe und Zeitpunkt des Maximums von B (Abb. 61).

Modell 8

$$A \xrightarrow{\ ^1k_1\ } B \underset{^1k_3}{\overset{^1k_2}{\rightleftharpoons}} C$$

$$\frac{\mathrm{d}a}{\mathrm{d}t} = -\,^1k_1 a; \qquad \frac{\mathrm{d}b}{\mathrm{d}t} = \,^1k_1 a - \,^1k_2 b + \,^1k_3 c; \qquad \frac{\mathrm{d}c}{\mathrm{d}t} = \,^1k_2 b - \,^1k_3 c.$$

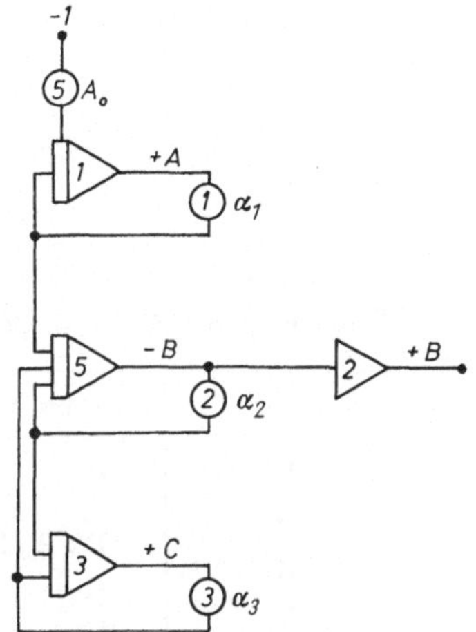

Abb. 62. Schaltbild für Mod. 8.

Tabelle 14. *Schaltliste für Mod. 8*

von	nach
I_1	P_1
I_3	P_3
I_5	P_2, S_2
P_1	I_1, I_5
P_2	I_3, I_5
P_3	I_3, I_5
P_5	I_1 (IC)
-1	P_5

Konst.	an Pot.
A_0	5
α_1	1
α_2	2
α_3	3

Variable	an
A	I_1
B	S_2
C	I_3

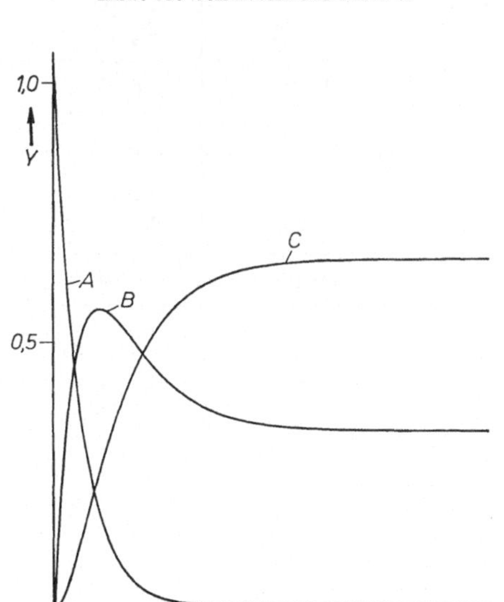

Abb. 63. Kurvenverlauf zum Mod. 8.
$\alpha_1 = 1,0$; $\alpha_2 = 0,4$; $\alpha_3 = 0,2$.

Anmerkung. Zwischen B und C kommt es zu einem Gleichgewicht. Die Höhe des Maximums von B steigt mit zunehmendem α_1-Wert.

Modell 9

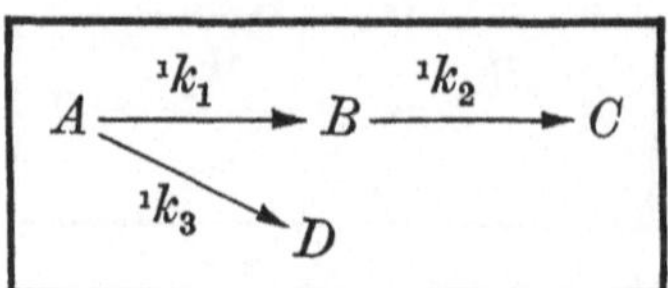

$$\frac{\mathrm{d}a}{\mathrm{d}t} = -({}^{1}k_1 + {}^{1}k_3)a; \quad \frac{\mathrm{d}b}{\mathrm{d}t} = {}^{1}k_1 a - {}^{1}k_2 b; \quad \frac{\mathrm{d}c}{\mathrm{d}t} = {}^{1}k_2 b; \quad \frac{\mathrm{d}d}{\mathrm{d}t} = {}^{1}k_3 a.$$

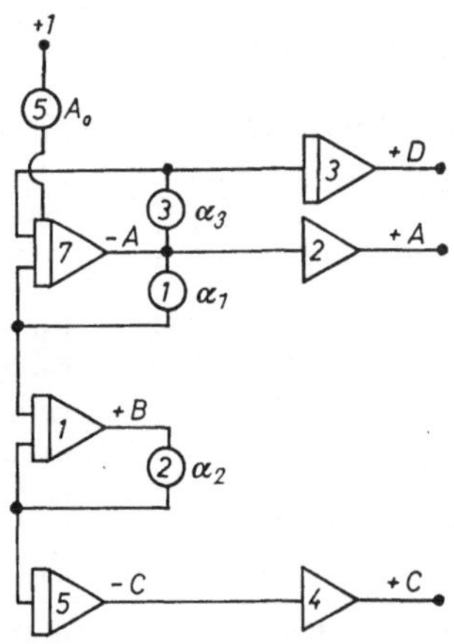

Abb. 64. Schaltbild für Mod. 9.

Tabelle 15. *Schaltliste für Mod. 9*

von	nach
I_1	P_2
I_5	S_4
I_7	P_1, P_3, S_2
P_1	I_1, I_7
P_2	I_1, I_5
P_3	I_3, I_7
P_5	I_7 (IC)
$+1$	P_5

Konst.	an Pot.
A_0	5
α_1	1
α_2	2
α_3	3

Variable	an
A	S_2
B	I_1
C	S_4
D	I_3

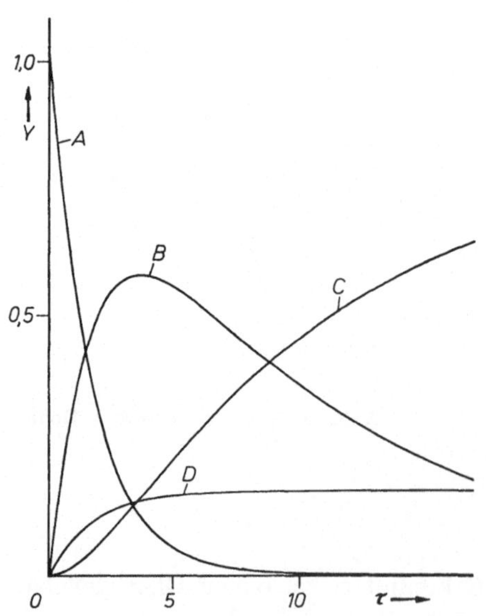

Abb. 65. Kurvenverlauf zum Mod. 9.
$\alpha_1 = 0{,}5$; $\alpha_2 = \alpha_3 = 0{,}1$.

Anmerkung. Modell 9 repräsentiert eine reale chemische Reaktion erster Ordnung. Die Reaktion von A nach B wird meist von einer Vielzahl von Nebenreaktionen begleitet, die hier zu einer einzigen Nebenreaktion zusammengefaßt und mit einer einzigen Geschwindigkeitskonstante $^1k_3$ charakterisiert worden sind. Das gewünschte Produkt B unterliegt ebenfalls sehr oft einer Zersetzung, deren Geschwindigkeit durch $^1k_2$ bestimmt wird. Bei einer Reaktionsoptimierung wird man versuchen, die Verhältnisse von $^1k_1$ zu $^1k_2$ und $^1k_3$ möglichst groß werden zu lassen.

Modell 10

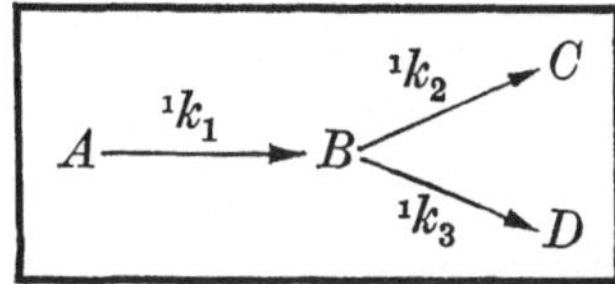

$$\frac{\mathrm{d}a}{\mathrm{d}t} = -{}^1k_1 a; \quad \frac{\mathrm{d}b}{\mathrm{d}t} = {}^1k_1 a - ({}^1k_2 + {}^1k_3)b; \quad \frac{\mathrm{d}c}{\mathrm{d}t} = {}^1k_2 b; \quad \frac{\mathrm{d}d}{\mathrm{d}t} = {}^1k_3 b.$$

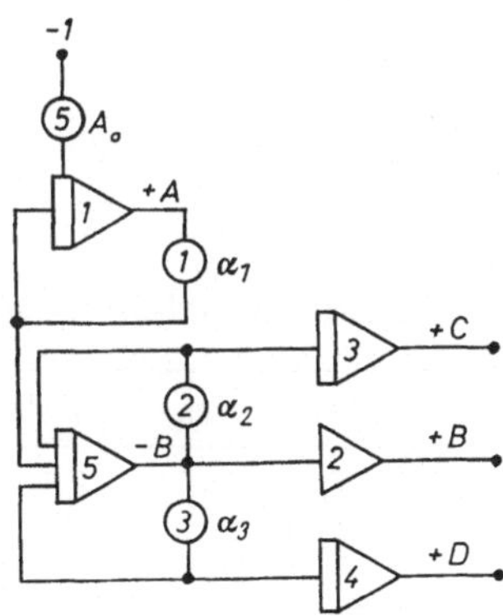

Abb. 66. Schaltbild für Mod. 10.

Tabelle 16. *Schaltliste für Mod. 10*

von	nach
I_1	P_1
I_5	P_2, P_3, S_2
P_1	I_1, I_5
P_2	I_3, I_5
P_3	I_4, I_5
P_5	I_1 (IC)
-1	P_5

Konst.	an Pot.
A_0	5
α_1	1
α_2	2
α_3	3

Variable	an
A	I_1
B	S_2
C	I_3
D	I_4

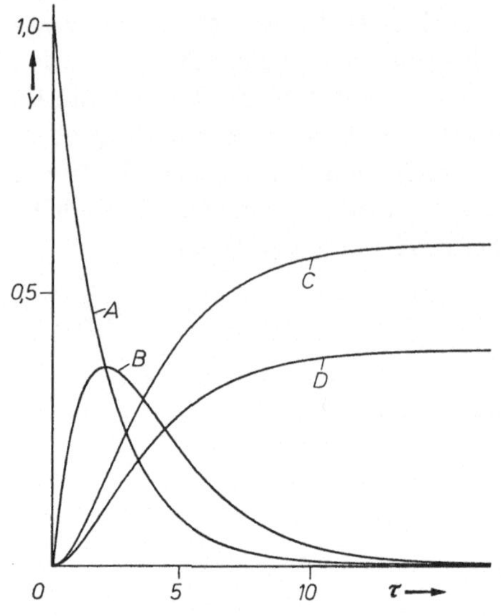

Abb. 67. Kurvenverlauf zum Mod. 10.
$\alpha_1 = 0{,}5;\ \alpha_2 = 0{,}3;\ \alpha_3 = 0{,}2.$

Anmerkung. Modell 10 kann zur Charakterisierung unterschiedlicher Zersetzungswege eines Zwischenproduktes dienen.

Modell 11

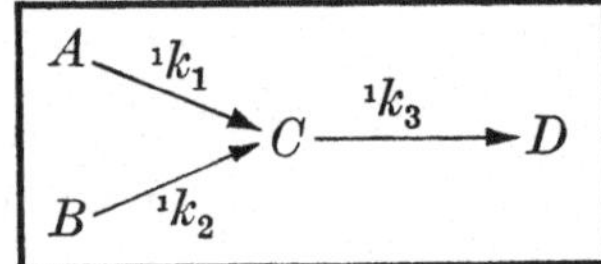

$$\frac{\mathrm{d}a}{\mathrm{d}t} = -{}^1k_1 a; \quad \frac{\mathrm{d}b}{\mathrm{d}t} = -{}^1k_2 b; \quad \frac{\mathrm{d}c}{\mathrm{d}t} = {}^1k_1 a + {}^1k_2 b - {}^1k_3 c; \quad \frac{\mathrm{d}d}{\mathrm{d}t} = {}^1k_3 c.$$

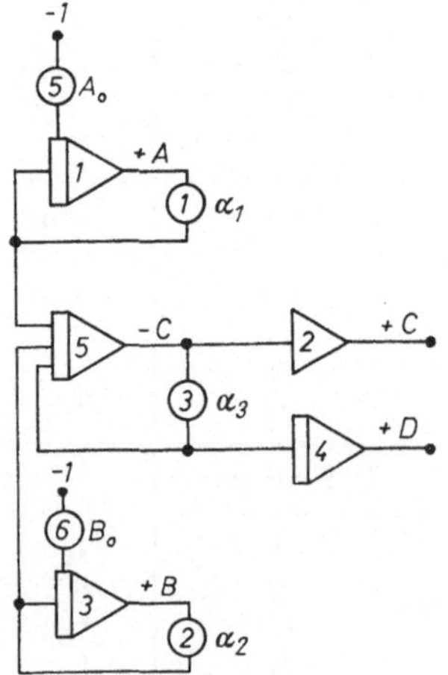

Abb. 68. Schaltbild für Mod. 11.

Tabelle 17. *Schaltliste für Mod. 11*

von	nach
I_1	P_1
I_3	P_2
I_5	P_3, S_2
P_1	I_1, I_5
P_2	I_3, I_5
P_3	I_4, I_5
P_5	I_1 (IC)
P_6	I_3 (IC)
-1	P_5, P_6

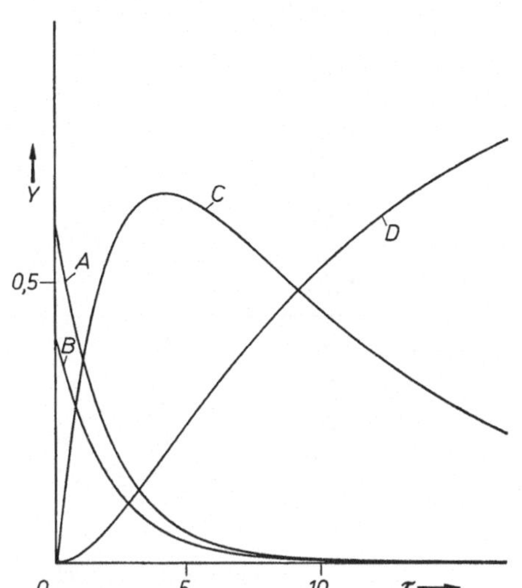

Tabelle 17 (Fortsetzung)

Konst.	an Pot.
A_0	5
B_0	6
α_1	1
α_2	2
α_3	3

Variable	an
A	I_1
B	I_3
C	S_2
D	I_4

Abb. 69. Kurvenverlauf zum Mod. 11.
$\alpha_1 = \alpha_2 = 0,5$; $\alpha_3 = 0,1$; $A_0 = 0,6$; $B_0 = 0,4$.

Anmerkung. Bei ungleichen Werten von α_1 und α_2 ist bei gleichbleibender Summe $A_0 + B_0$ die Höhe und der Zeitpunkt des C-Maximums auch vom Verhältnis A_0/B_0 abhängig.

Modell 12

$$A+B \xrightarrow{\;^2k_1\;} C \xrightarrow{\;^1k_2\;} D$$

$$\frac{\mathrm{d}a}{\mathrm{d}t} = \frac{\mathrm{d}b}{\mathrm{d}t} = -\,^2k_1 ab; \quad \frac{\mathrm{d}c}{\mathrm{d}t} = {}^2k_1 ab - {}^1k_2 c; \quad \frac{\mathrm{d}d}{\mathrm{d}t} = {}^1k_2 c.$$

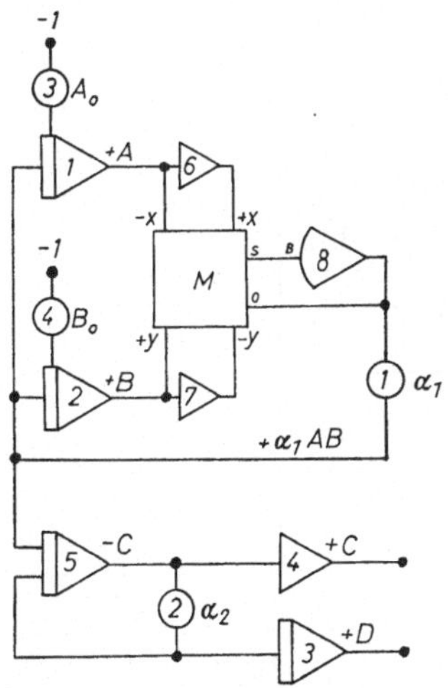

Abb. 70. Schaltbild für Mod. 12.

Tabelle 18. *Schaltliste für Mod. 12*

von	nach
I_1	S_6, $M(-x)$
I_2	S_7, $M(+y)$
I_5	P_2, S_4
$M(S)$	V_8 (B)
P_1	I_1, I_2, I_5
P_2	I_3, I_5
P_3	I_1 (IC)
P_4	I_2 (IC)
S_6	M (+x)
S_7	M (−y)
V_8	P_1, M (0)
-1	P_3, P_4

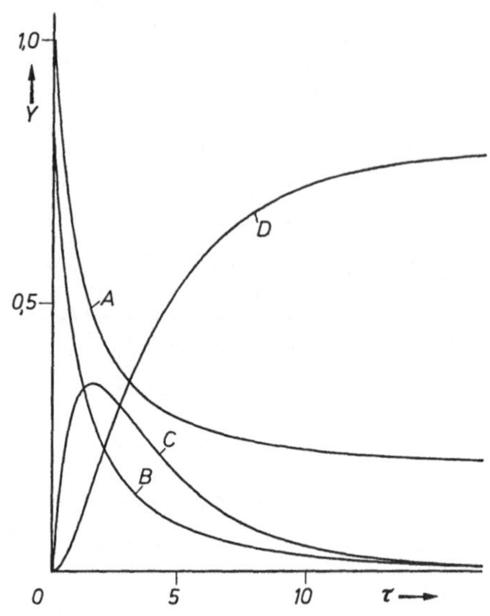

Abb. 71. Kurvenverlauf zum Mod. 12.
$\alpha_1 = 1{,}0$; $\alpha_2 = 0{,}4$; $A_0 = 1{,}0$; $B_0 = 0{,}8$.

Tabelle 18 (Fortsetzung)

Konst.	an Pot.
A_0	3
B_0	4
α_1	1
α_2	2

Variable	an
A	I_1
B	I_2
C	S_4
D	I_3

Anmerkung. Das Maximum des Zwischenproduktes C wird nicht nur von den Werten der Geschwindigkeitskonstanten, sondern auch von der Höhe der Anfangskonzentrationen A_0 und B_0 beeinflußt (vgl. Modell 7).

Modell 13

$$\frac{\mathrm{d}a}{\mathrm{d}t} = -\,^0k_1; \qquad \frac{\mathrm{d}b}{\mathrm{d}t} = \,^0k_1 - \,^1k_2 b; \qquad \frac{\mathrm{d}c}{\mathrm{d}t} = \,^1k_2 b.$$

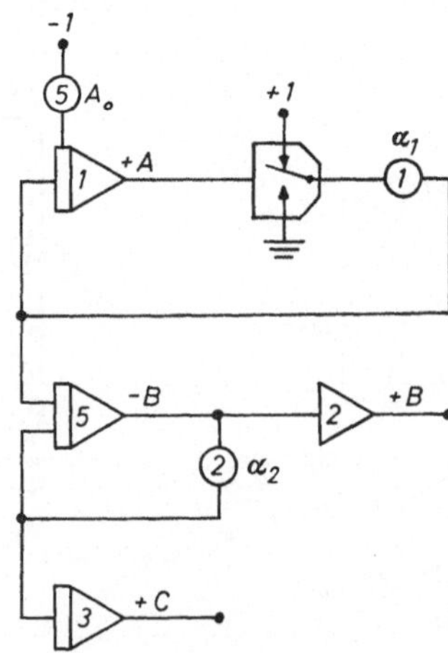

Abb. 72. Schaltbild für Mod. 13.

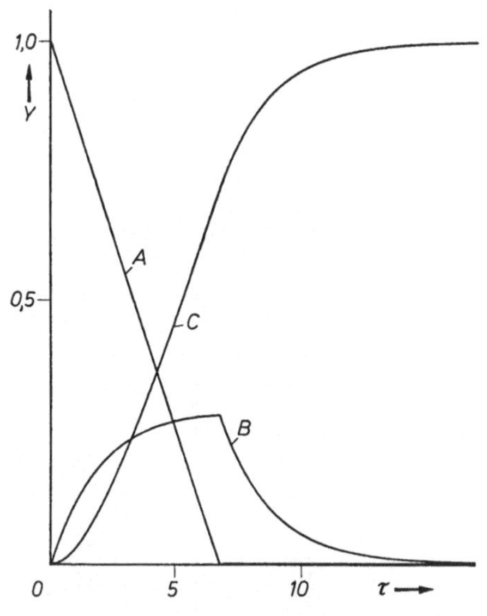

Abb. 73. Kurvenverlauf zum Mod. 13.
$\alpha_1 = 0,15$; $\alpha_2 = 0,50$.

Tabelle 19. *Schaltliste für Mod. 13*

von	nach
I_1	K
I_5	P_2, S_2
K	P_1
P_1	I_1, I_5
P_2	I_3, I_5
P_5	I_1 (IC)
Erde	K
$+1$	K
-1	P_5
Konst.	**an Pot.**
A_0	5
α_1	1
α_2	2
Variable	**an**
A	I_1
B	S_2
C	I_3

Anmerkung. Die B-Kurve erreicht ein Maximum zu dem Zeitpunkt, bei dem $A = 0$ geworden ist. Wenn A_0 dagegen sehr groß ist, dann kommt es zu einem echten Fließgleichgewicht für B. In diesem Falle steigt B an und bleibt auf konstantem Niveau, sobald der Abfluß erster Ordnung die Größe des Zuflusses nullter Ordnung erreicht hat. Wenn $A = 0$ geworden ist, bricht das B-Niveau ab und die Kurve sinkt entsprechend dem Abfluß nach C ab.

Modell 14

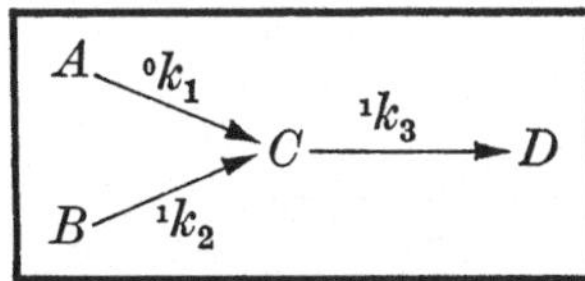

$$\frac{\mathrm{d}a}{\mathrm{d}t} = -\,^0k_1; \quad \frac{\mathrm{d}b}{\mathrm{d}t} = -\,^1k_2 b; \quad \frac{\mathrm{d}c}{\mathrm{d}t} = \,^0k_1 + \,^1k_2 b - \,^1k_3 c; \quad \frac{\mathrm{d}d}{\mathrm{d}t} = \,^1k_3 c.$$

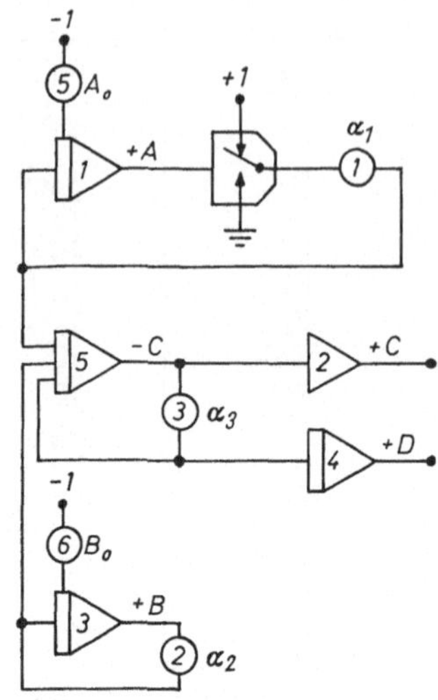

Abb. 74. Schaltbild für Mod. 14.

Tabelle 20. *Schaltliste für Mod. 14*

von	nach
I_1	K
I_3	P_2
I_5	P_3, S_2
K	P_1
P_1	I_1, I_5
P_2	I_3, I_5
P_3	I_4, I_5
P_5	I_1 (IC)
P_6	I_3 (IC)
Erde	K
$+1$	K
-1	P_5, P_6

Konst.	an Pot.
A_0	5
B_0	6
α_1	1
α_2	2
α_3	3

Variable	an
A	I_1
B	I_3
C	S_2
D	I_4

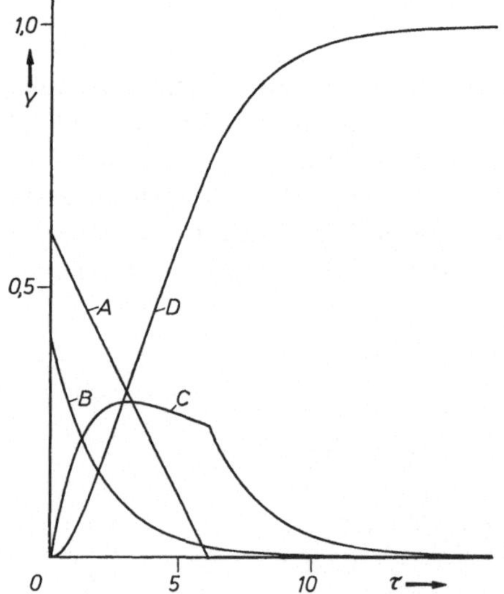

Abb. 75. Kurvenverlauf zum Mod. 14.
$\alpha_1 = 0{,}1$; $\alpha_2 = \alpha_3 = 0{,}5$; $A_0 = 0{,}6$; $B_0 = 0{,}4$.

Anmerkung. Falls A_0 relativ klein ist, liegt das Maximum von C bei gleichbleibenden Geschwindigkeitskonstanten zeitlich vor dem Knickpunkt ($A = 0$). Dagegen bildet der Knickpunkt selbst das Maximum, wenn A_0 sehr groß ist.

Modell 15

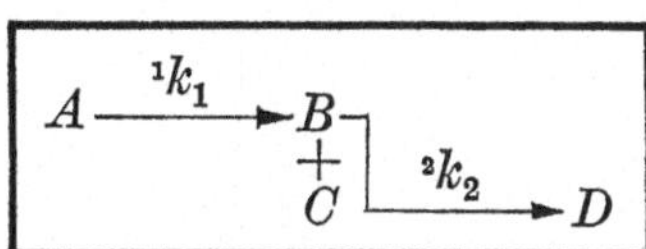

$$\frac{\mathrm{d}a}{\mathrm{d}t} = -{}^1k_1 a; \qquad \frac{\mathrm{d}b}{\mathrm{d}t} = {}^1k_1 a - {}^2k_2 bc; \qquad \frac{\mathrm{d}c}{\mathrm{d}t} = -{}^2k_2 bc; \qquad \frac{\mathrm{d}d}{\mathrm{d}t} = {}^2k_2 bc.$$

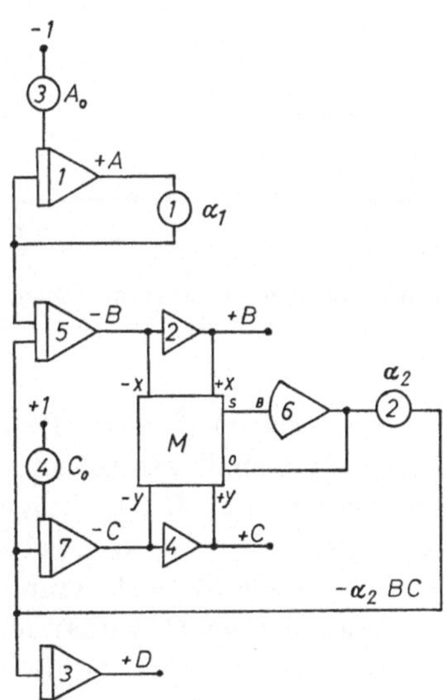

Abb. 76. Schaltbild für Mod. 15.

Tabelle 21. *Schaltliste für Mod. 15*

von	nach
I_1	P_1
I_5	S_2, $M(-x)$
I_7	S_4, $M(-y)$
$M(S)$	$V_6\,(B)$
P_1	I_1, I_5
P_2	I_3, I_5, I_7
P_3	$I_1\,(IC)$
P_4	$I_7\,(IC)$
S_2	$M(+x)$
S_4	$M(+y)$
V_6	P_2, $M\,(0)$
-1	P_3
$+1$	P_4

Konst.	an Pot.
A_0	3
C_0	4
α_1	1
α_2	2

Variable	an
A	I_1
B	S_2
C	S_4
D	I_3

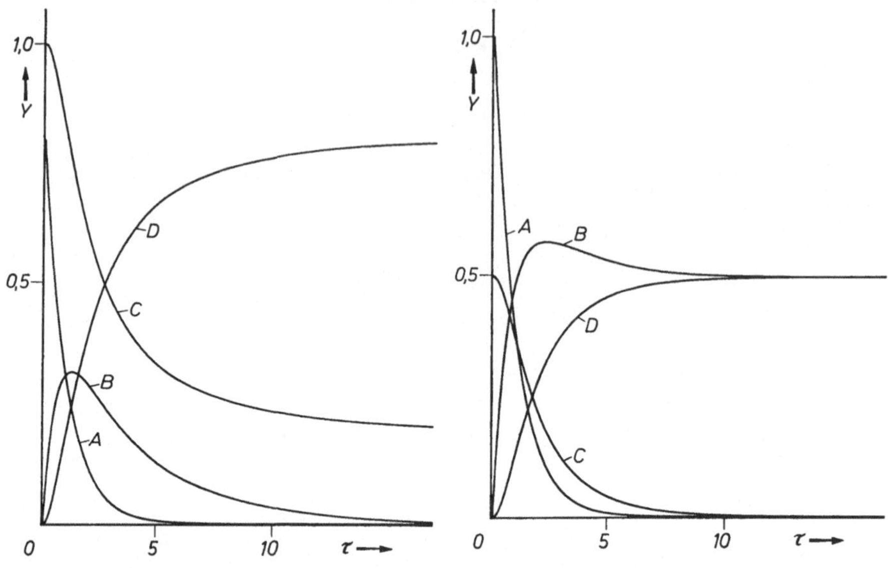

Abb. 77. Kurvenverlauf zum Mod. 15.
$\alpha_1 = \alpha_2 = 1{,}0$; $A_0 = 0{,}8$; $C_0 = 1{,}0$.

Abb. 78. Kurvenverlauf zum Mod. 15.
$\alpha_1 = \alpha_2 = 1{,}0$; $A_0 = 1{,}0$; $C_0 = 0{,}5$.

Anmerkung. In Abb. 77 ist C_0 stöchiometrisch im Überschuß gegenüber A bzw. B. Die gebildete Menge B reagiert deshalb schnell und vollständig mit C zum Endprodukt D. Der Überschuß an C ($C_0 - A_0$) verbleibt in der Reaktionslösung. Das ist z. B. der Fall, wenn C gleichzeitig als Lösungsmittel dient. Besteht jedoch ein Überschuß an A, dann kann nur soviel des entstandenen B weiterreagieren, wie C vorhanden ist (s. Abb 78). Sollte $A_0 = C_0$ sein, verbliebe D theoretisch als alleiniges Produkt in der Reaktionslösung. Die Umsetzung würde jedoch viel länger dauern, da der für die Reaktionsgeschwindigkeit nach Produkt D maßgebende Ausdruck ${}^2k_2bc$ gegen Ende der Reaktion wegen der niedrigen Konzentration von B und C sehr klein wird.

Modell 16

$$
\frac{\mathrm{d}a}{\mathrm{d}t} = -\frac{\mathrm{d}f}{\mathrm{d}t} = -{}^2k_1ab - {}^2k_2ac; \qquad \frac{\mathrm{d}b}{\mathrm{d}t} = -\frac{\mathrm{d}d}{\mathrm{d}t} = -{}^2k_1ab;
$$

$$
\frac{\mathrm{d}c}{\mathrm{d}t} = -\frac{\mathrm{d}e}{\mathrm{d}t} = -{}^2k_2ac.
$$

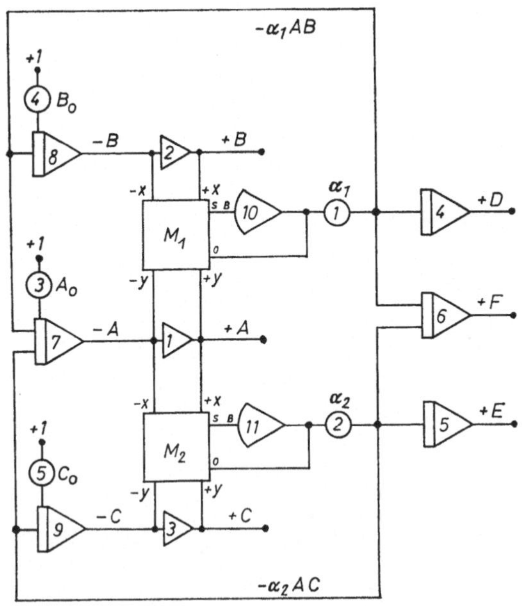

Abb. 79. Schaltbild für Mod. 16.

Tabelle 22. *Schaltliste für Mod. 16*

von	nach
I_7	S_1, $M_1(-y)$, $M_2(-x)$
I_8	S_2, $M_1(-x)$
I_9	S_3, $M_2(-y)$
$M_1(S)$	V_{10} (B)
$M_2(S)$	V_{11} (B)
P_1	I_4, I_6, I_7, I_8
P_2	I_5, I_6, I_7, I_9
P_3	I_7 (IC)
P_4	I_8 (IC)
P_5	I_9 (IC)
S_1	$M_1(+y)$, $M_2(+x)$
S_2	$M_1(+x)$
S_3	$M_2(+y)$
V_{10}	$M_1(0)$, P_1
V_{11}	$M_2(0)$, P_2
$+1$	P_3, P_4, P_5

Konst.	an Pot.
A_0	3
B_0	4
C_0	5
α_1	1
α_2	2

Variable	an
A	S_1
B	S_2
C	S_3
D	I_4
E	I_5
F	I_6

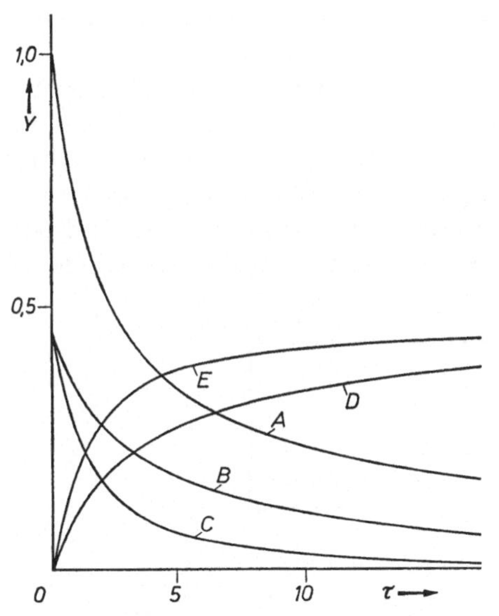

Abb. 80. Kurvenverlauf zum Mod. 16.
$\alpha_1 = 0{,}35$; $\alpha_2 = 0{,}7$; $A_0 = 1{,}0$; $B_0 = C_0 = 0{,}45$.

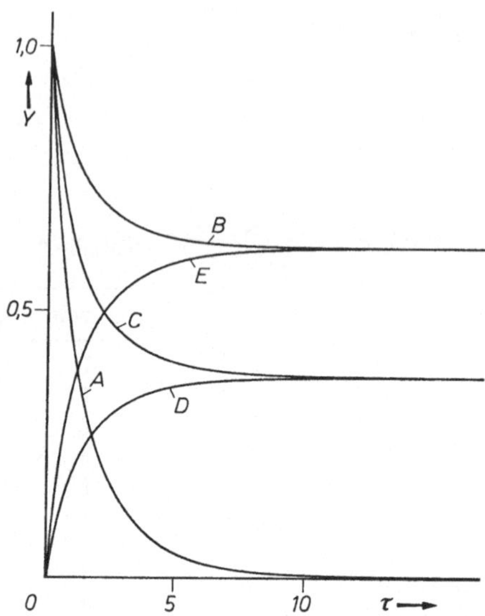

Abb. 81. Kurvenverlauf zum Mod. 16.
$\alpha_1 = 0{,}35$; $\alpha_2 = 0{,}7$; $A_0 = B_0 = C_0 = 1{,}0$.

Anmerkung. Modell 16 ist eine konkurrierende Parallelreaktion (s. S. 35).

Im ersten Beispiel (Abb. 80) ist A_0 genügend groß, um den vollständigen Umsatz der konkurrierenden Stoffe B und C zu garantieren. Während B und C auf den Wert Null sinken werden, wird der Überschuß an A ($A_0 - B_0 - C_0$) zurückbleiben.

Im zweiten Beispiel (Abb. 81) herrscht ein Mangel an A. Bei gleicher Ausgangskonzentration aller Reaktanten ist am Ende der Reaktion das Mengenverhältnis der Produkte $E/D = 1{,}645$ kleiner als das Verhältnis der Geschwindigkeitskonstanten $^2k_2/^2k_1 = 2{,}0$. Der Unterschied der Geschwindigkeitskonstanten in den Ausdrücken ^2k_1ab und ^2k_2ac wird teilweise kompensiert, da während des Reaktionsablaufes die Größe ab weniger stark abnimmt als die Größe ac.

Modell 17

$$\frac{\mathrm{d}a}{\mathrm{d}t} = -\frac{\mathrm{d}d}{\mathrm{d}t} = -{}^2k_1ab - {}^2k_2ac; \quad \frac{\mathrm{d}b}{\mathrm{d}t} = -{}^2k_1ab;$$

$$\frac{\mathrm{d}c}{\mathrm{d}t} = {}^2k_1ab - {}^2k_2ac; \quad \frac{\mathrm{d}e}{\mathrm{d}t} = {}^2k_2ac.$$

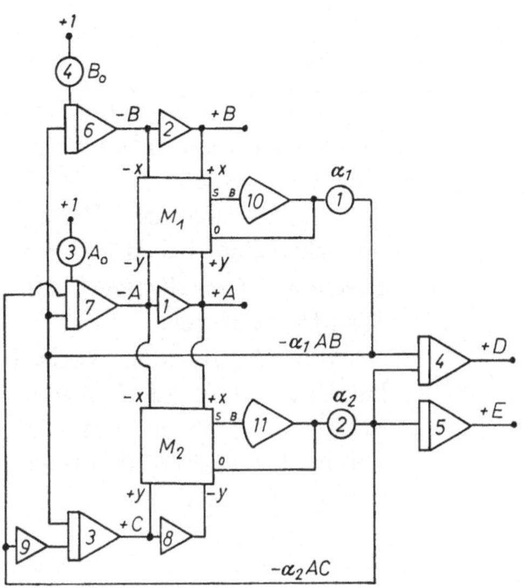

Abb. 82. Schaltbild für Mod. 17.

Tabelle 23. *Schaltliste für Mod. 17*

von	nach
I_3	S_8, $M_2(+y)$
I_6	S_2, $M_1(-x)$
I_7	S_1, $M_1(-y)$, $M_2(-x)$
$M_1(S)$	$V_{10}(B)$
$M_2(S)$	$V_{11}(B)$
P_1	I_3, I_4, I_6, I_7
P_2	I_4, I_5, I_7, S_9
P_3	I_7 (IC)
P_4	I_6 (IC)
S_1	$M_1(+y)$, $M_2(+x)$
S_2	$M_1(+x)$
S_8	$M_2(-y)$
S_9	I_3
V_{10}	$M_1(0)$, P_1
V_{11}	$M_2(0)$, P_2
$+1$	P_3, P_4

Konst.	an Pot.
A_0	3
B_0	4
α_1	1
α_2	2

Variable	an
A	S_1
B	S_2
C	I_3
D	I_4
E	I_5

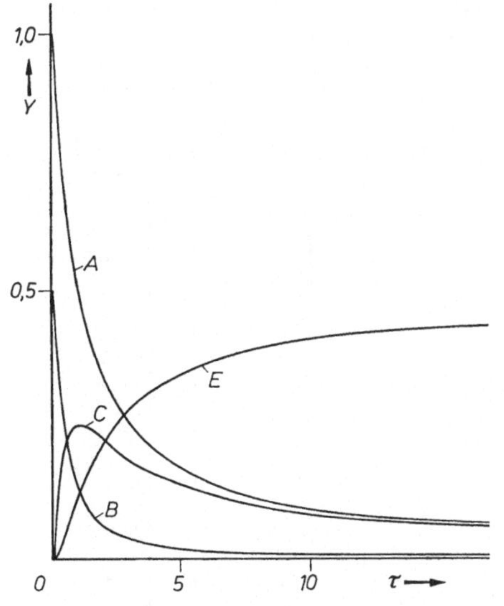

Abb. 83. Kurvenverlauf zum Mod. 17.
$\alpha_1 = 2{,}0$; $\alpha_2 = 1{,}0$; $A_0 = 1{,}0$; $B_0 = 0{,}5$.

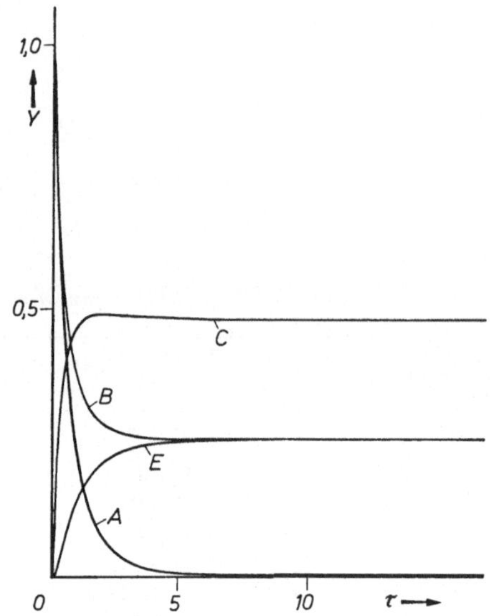

Abb. 84. Kurvenverlauf zum Mod. 17.
$\alpha_1 = 2{,}0$; $\alpha_2 = 1{,}0$; $A_0 = B_0 = 1{,}0$.

Anmerkung. Modell 17 ist eine konkurrierende Folgereaktion (s. S. 36).

Abb. 83 zeigt den Verlauf der Reaktion bei stöchiometrischen Verhältnissen der Reaktionspartner.

Abb. 84 gibt den Verlauf bei Unterschuß an A wieder. Sobald A verbraucht ist, kommt der gesamte Reaktionsablauf zum Stillstand.

Modell 18

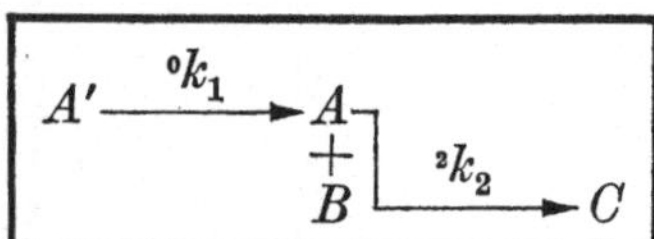

$$\frac{\mathrm{d}a'}{\mathrm{d}t} = -\,{}^0k_1; \qquad \frac{\mathrm{d}a}{\mathrm{d}t} = {}^0k_1 - {}^2k_2ab; \qquad \frac{\mathrm{d}b}{\mathrm{d}t} = -\,\frac{\mathrm{d}c}{\mathrm{d}t} = -\,{}^2k_2ab.$$

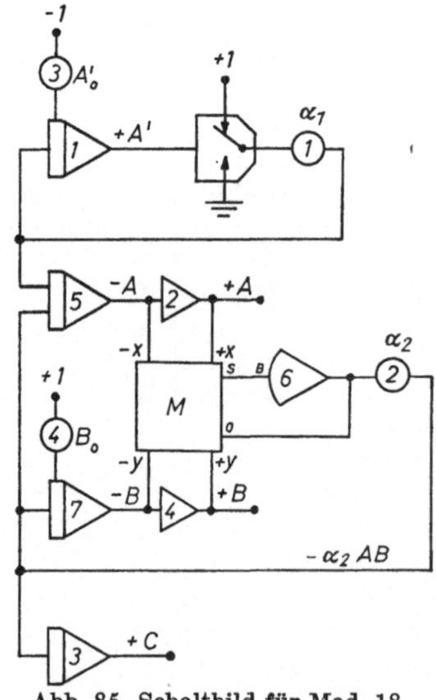

Abb. 85. Schaltbild für Mod. 18.

Tabelle 24. *Schaltliste für Mod. 18*

von	nach
I_1	K
I_5	S_2, M($-$x)
I_7	S_4, M($-$y)
K(S)	P_1
M	V_6(B)
P_1	I_1, I_5
P_2	I_3, I_5, I_7
P_3	I_1(IC)
P_4	I_7(IC)
S_2	M($+$x)
S_4	M($+$y)
V_6	P_2, M(0)
Erde	K
$+1$	P_4, K
-1	P_3

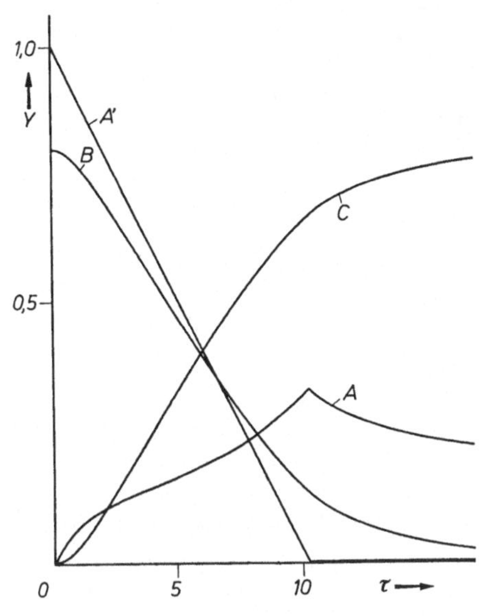

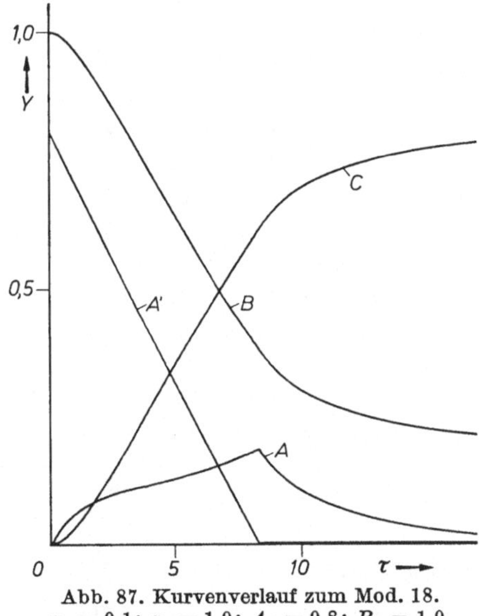

Tabelle 24 (Fortsetzung)

Konst.	an Pot.
A_0'	3
B_0	4
α_1	1
α_2	2

Variable	an
A'	I_1
A	S_2
B	S_4
C	I_3

Abb. 86. Kurvenverlauf zum Mod. 18.
$\alpha_1 = 0,1$; $\alpha_2 = 1,0$; $A_0 = 1,0$; $B_0 = 0,8$.

Abb. 87. Kurvenverlauf zum Mod. 18.
$\alpha_1 = 0,1$; $\alpha_2 = 1,0$; $A_0 = 0,8$; $B_0 = 1,0$.

Anmerkung. Modell 18 entspricht einer einfachen Reaktion zweiter Ordnung, bei welcher der Reaktionspartner B im Reaktionsgefäß vorgelegt ist, während der Reaktant A mit konstanter Geschwindigkeit aus einem Vorratsbehälter (A') in das Reaktionsgefäß zufließt. In Abb. 86 besteht ein Überschuß an A, in Abb. 87 ein Überschuß an B. Im Gegensatz zum Modell 13 kann es hier trotz langer Zuflußzeiten aus A' zu keinem Fließgleichgewicht für A kommen, da B ständig sinkt.

Modell 19

$$\frac{\mathrm{d}a'}{\mathrm{d}t} = -{}^{0}k_1; \quad \frac{\mathrm{d}a}{\mathrm{d}t} = {}^{0}k_1 - {}^{2}k_2 ab - {}^{1}k_3 a;$$

$$\frac{\mathrm{d}b}{\mathrm{d}t} = -\frac{\mathrm{d}c}{\mathrm{d}t} = -{}^{2}k_2 ab; \quad \frac{\mathrm{d}d}{\mathrm{d}t} = {}^{1}k_3 a.$$

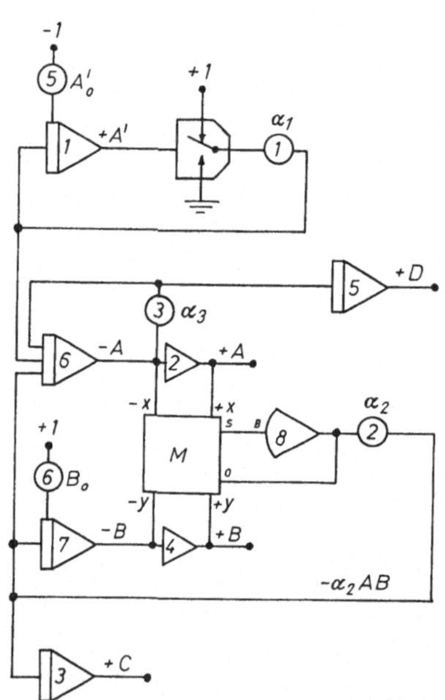

Abb. 88. Schaltbild für Mod. 19.

Tabelle 25. *Schaltliste für Mod. 19*

von	nach
I_1	K
I_6	P_3, S_2, M($-$x)
I_7	S_4, M($-$y)
K	P_1
M(S)	V_8(B)
P_1	I_1, I_6
P_2	I_3, I_6, I_7
P_3	I_5, I_6
P_5	I_1 (IC)
P_6	I_7 (IC)
S_2	M($+$x)
S_4	M($+$y)
V_8	P_2, M(0)
Erde	K
$+1$	K, P_6
-1	P_5

Konst.	an Pot.
A_0'	5
B_0	6
α_1	1
α_2	2
α_3	3

Variable	an
A'	I_1
A	S_2
B	S_4
C	I_3
D	I_5

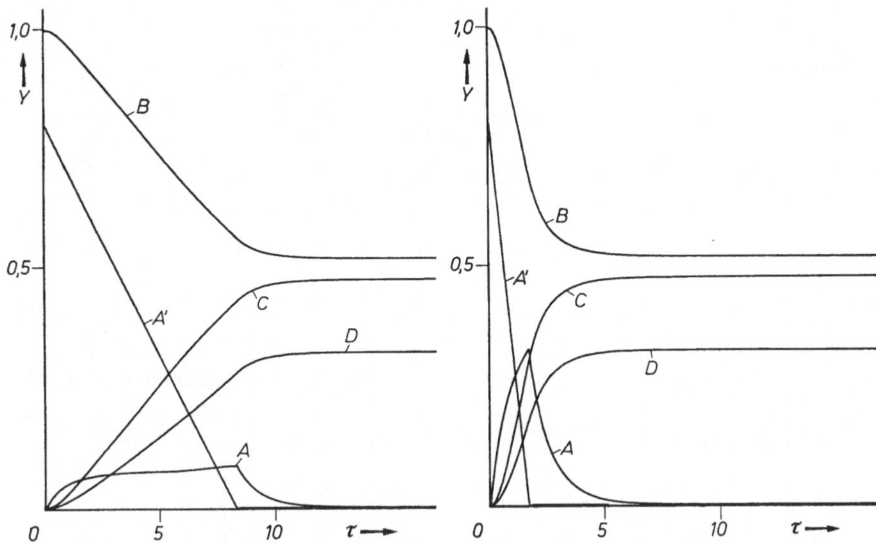

Abb. 89. Kurvenverlauf zum Mod. 19.
$\alpha_1 = 0{,}1; \alpha_2 = 1{,}0; \alpha_3 = 0{,}5; A'_0 = 0{,}8; B_0 = 1{,}0.$

Abb. 90. Kurvenverlauf zum Mod. 19.
$\alpha_1 = 0{,}5; \alpha_2 = 1{,}0; \alpha_3 = 0{,}5; A'_0 = 0{,}8; B_0 = 1{,}0.$

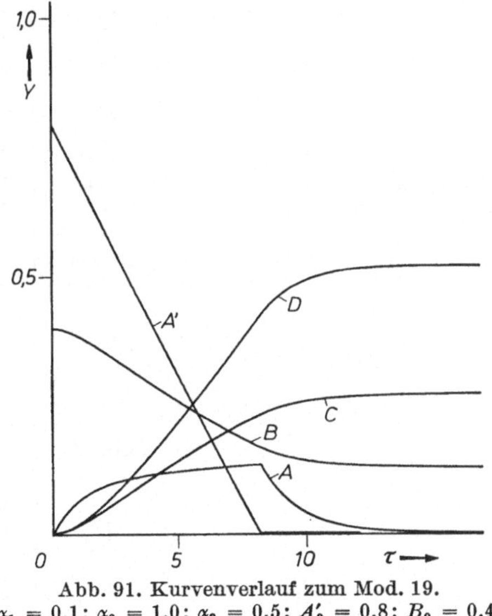

Abb. 91. Kurvenverlauf zum Mod. 19.
$\alpha_1 = 0{,}1; \alpha_2 = 1{,}0; \alpha_3 = 0{,}5; A'_0 = 0{,}8; B_0 = 0{,}4.$

Anmerkung. Ein Vergleich von Abb. 89 und 90 zeigt deutlich, daß eine Änderung der Zuflußkonstanten $^0k_1 \triangleq \alpha_1$ ohne Einfluß auf die Endwerte von C und D bleibt, obwohl die beiden Parallelreaktionen unterschiedliche Ordnungen aufweisen (vgl. dazu Mod. 20). Erst eine Veränderung des Verhältnisses von A'_0 zu B_0 bewirkt eine Verschiebung der Mengen von C und D (s. Abb. 89 u. 91).

Modell 20

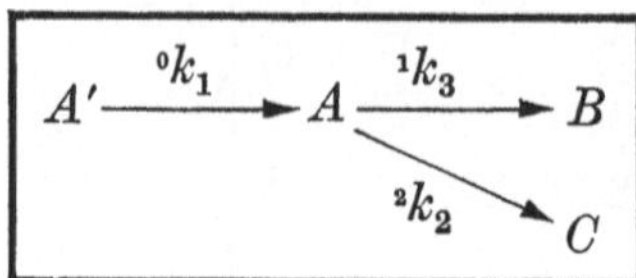

$$\frac{\mathrm{d}a'}{\mathrm{d}t} = -\,^0k_1; \quad \frac{\mathrm{d}a}{\mathrm{d}t} = {}^0k_1 - {}^2k_2 a^2 - {}^1k_3 a; \quad \frac{\mathrm{d}b}{\mathrm{d}t} = {}^1k_3 a; \quad \frac{\mathrm{d}c}{\mathrm{d}t} = \frac{{}^2k_2}{2}\,a^2.$$

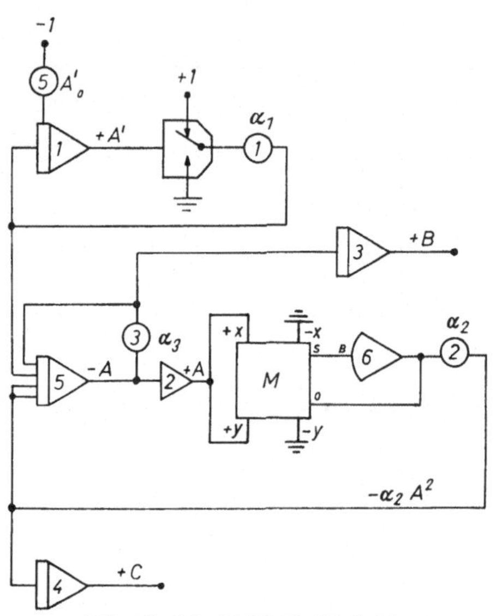

Abb. 92. Schaltbild für Mod. 20.

Tabelle 26. *Schaltliste für Mod. 20*

von	nach
I_1	K
I_5	P_3, S_2
K	P_1
M(S)	V_6 (B)
P_1	I_1, I_5
P_2	I_4, I_5, I_5
P_3	I_3, I_5
P_5	I_1 (IC)
S_2	M(+x), M(+y)
V_6	P_2, M(0)
Erde	K, M(−x), M(−y)
+1	K
−1	P_5

Konst.	an Pot.
A_0'	5
α_1	1
α_2	2
α_3	3

Variable	an
A'	I_1
A	S_2
B	I_3
C	I_4

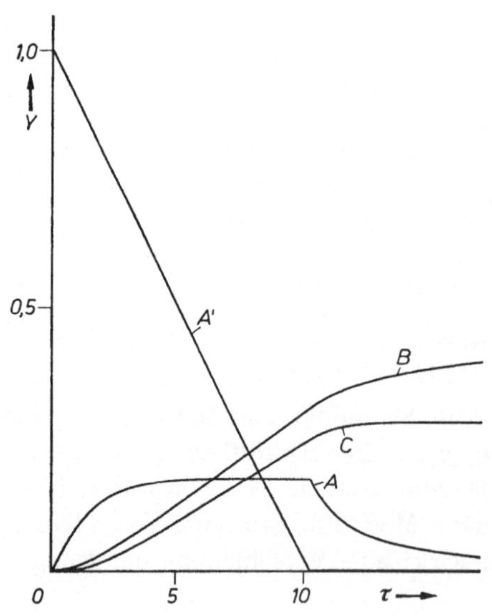

Abb. 93. Kurvenverlauf zum Mod. 20.
$\alpha_1 = 0{,}1; \; \alpha_2 = 1{,}0; \; \alpha_3 = 0{,}2.$

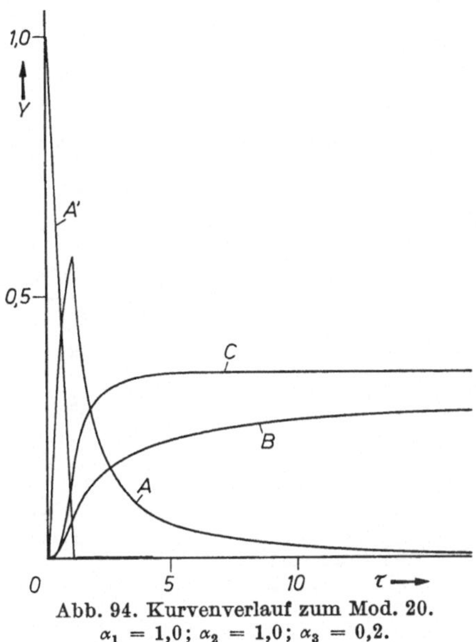

Abb. 94. Kurvenverlauf zum Mod. 20.
$\alpha_1 = 1,0$; $\alpha_2 = 1,0$; $\alpha_3 = 0,2$.

Anmerkung. Im Gegensatz zum Modell 19 wirkt sich hier der Unterschied in den Ordnungen der Parallelreaktionen bei verschiedenen Zuflußraten $^0k_1 \triangleq \alpha_1$ auf das Verhältnis der Endprodukte aus. Bei kleiner Zuflußrate entsteht mehr B als C (Abb. 93), bei hoher dagegen mehr C als B (Abb. 94). Der α_2-Wert entspricht hier der Hälfte der Geschwindigkeitskonstante $^2k_2$ ($\alpha_2 \triangleq {}^2k_2/2$).

Modell 21
$$A \xrightarrow{\;{}^1k_1\;} B \xrightarrow{\;{}^1k_2\;} C \xrightarrow{\;{}^1k_3\;} D$$

$$\frac{da}{dt} = -{}^1k_1 a; \quad \frac{db}{dt} = {}^1k_1 a - {}^1k_2 b; \quad \frac{dc}{dt} = {}^1k_2 b - {}^1k_3 c; \quad \frac{dd}{dt} = {}^1k_3 c.$$

Tabelle 27. *Schaltliste für Mod. 21*

von	nach
I_1	P_1
I_3	P_3
I_5	P_2, S_2
I_7	S_4
P_1	I_1, I_5
P_2	I_3, I_5
P_3	I_3, I_7
P_5	I_1 (IC)
-1	P_5

Abb. 95. Schaltbild für Mod. 21.

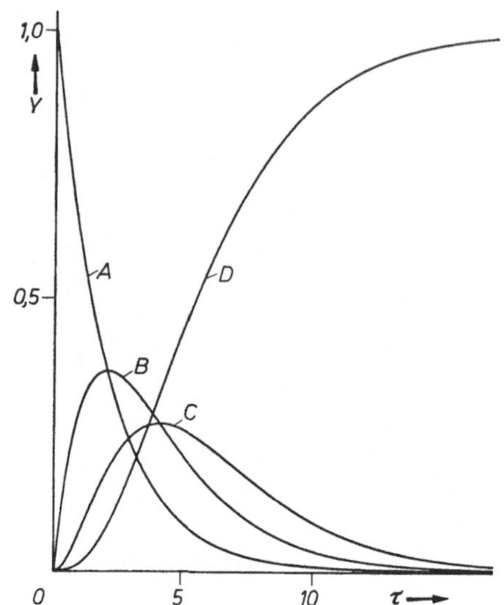

Abb. 96. Kurvenverlauf zum Mod. 21.
$\alpha_1 = \alpha_2 = \alpha_3 = 0,5$.

Tabelle 27 (Fortsetzung)

Konst.	an Pot.
A_0	5
α_1	1
α_2	2
α_3	3

Variable	an
A	I_1
B	S_2
C	I_3
D	S_4

Anmerkung. Das Maximum des ersten Zwischenproduktes B liegt stets vor dem des zweiten Zwischenproduktes C. Die Maxima liegen wesentlich näher zusammen, wenn ein Gleichgewicht zwischen B und C möglich ist (Mod. 22). Ist $^1k_2$ gegenüber den anderen Geschwindigkeitskonstanten sehr groß, so bildet sich nur ein sehr niedriges B-Niveau aus, dessen Änderung db/dt näherungsweise Null gesetzt werden kann („steady state"). Für $db/dt = 0$ folgt: $^1k_1a = {}^1k_2b$, $dc/dt = {}^1k_1a - {}^1k_3c$, d. h., man kann die Compartments bzw. die Stoffmengen B und C als eine Einheit auffassen. Für die Geschwindigkeit des gesamten Vorgangs sind dann nur noch $^1k_1$ und $^1k_3$ maßgebend. Ähnlich lassen sich C und D zusammenfassen, wenn $^1k_3$ sehr groß ist (vgl. S. 37).

Modell 22

$$A \xrightarrow{\ ^1k_1\ } B \underset{^1k_3}{\overset{^1k_2}{\rightleftharpoons}} C \xrightarrow{\ ^1k_4\ } D$$

$$\frac{da}{dt} = -\,^1k_1a;\qquad \frac{db}{dt} = {}^1k_1a - {}^1k_2b + {}^1k_3c;$$

$$\frac{dc}{dt} = {}^1k_2b - ({}^1k_3 + {}^1k_4)c;\qquad \frac{dd}{dt} = {}^1k_4c.$$

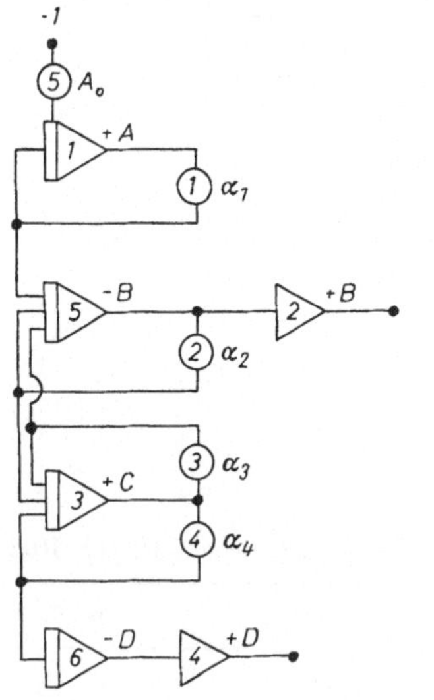

Abb. 97. Schaltbild für Mod. 22.

Tabelle 28. *Schaltliste für Mod. 22*

von	nach
I_1	P_1
I_3	P_3, P_4
I_5	P_2, S_2
I_6	S_4
P_1	I_1, I_5
P_2	I_3, I_5
P_3	I_3, I_5
P_4	I_3, I_6
P_5	I_1 (IC)
-1	P_5

Konst.	an Pot.
A_0	5
α_1	1
α_2	2
α_3	3
α_4	4

Variable	an
A	I_1
B	S_2
C	I_3
D	S_4

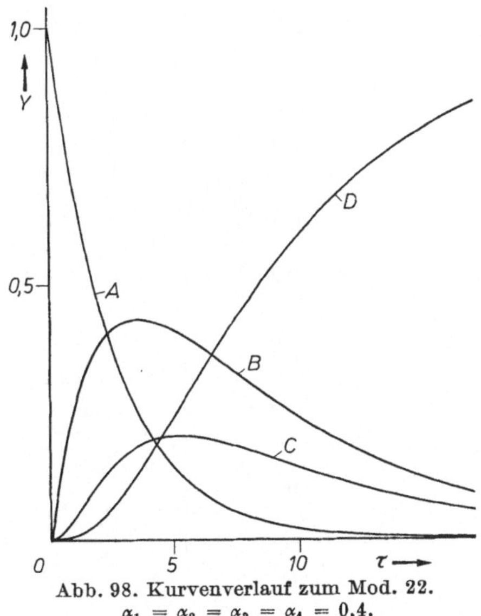

Abb. 98. Kurvenverlauf zum Mod. 22.
$\alpha_1 = \alpha_2 = \alpha_3 = \alpha_4 = 0{,}4.$

Anmerkung. Sind die Konstanten $^1k_2$ und $^1k_3$ relativ groß, so kann man mit einem Gleichgewicht zwischen B und C rechnen: $b/c = {}^1k_3/{}^1k_2$. B und C haben dann die gleiche Kurvenform, deren Ordinaten sich nur um einen Faktor $^1k_3/^1k_2$ unterscheiden. Wenn in diesem Falle B und C nicht Stoffe, sondern zwei Compartments sind, so kann man sie wegen der äquivalenten Form ihrer Zeitkurven unter Umständen zu einem Compartment zusammenfassen:

$$\frac{\mathrm{d}b}{\mathrm{d}t} + \frac{\mathrm{d}c}{\mathrm{d}t} = -\frac{\mathrm{d}a}{\mathrm{d}t} - \frac{\mathrm{d}d}{\mathrm{d}t} = {}^1k_1 a - {}^1k_4 c.$$

Modell 23

$$A \xrightarrow{\;{}^1k_1\;} B \xrightarrow{\;{}^0k_2\;} C \xrightarrow{\;{}^1k_3\;} D$$

$$\frac{\mathrm{d}a}{\mathrm{d}t} = -{}^1k_1 a\,;\qquad \frac{\mathrm{d}b}{\mathrm{d}t} = {}^1k_1 a - {}^0k_2\,;\qquad \frac{\mathrm{d}c}{\mathrm{d}t} = {}^0k_2 - {}^1k_3 c\,;\qquad \frac{\mathrm{d}d}{\mathrm{d}t} = {}^1k_3 c\,.$$

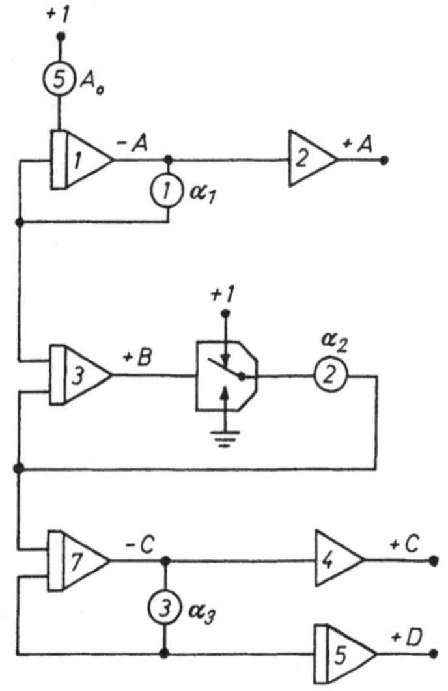

Abb. 99. Schaltbild für Mod. 23.

Tabelle 29. *Schaltliste für Mod. 23*

von	nach
I_1	P_1, S_2
I_3	K
I_7	P_3, S_4
K	P_2
P_1	I_1, I_3
P_2	I_3, I_7
P_3	I_5, I_7
P_5	I_1 (IC)
Erde	K
+1	P_5, K

Konst.	an Pot.
A_0	5
α_1	1
α_2	2
α_3	3

Variable	an
A	S_2
B	I_3
C	S_4
D	I_5

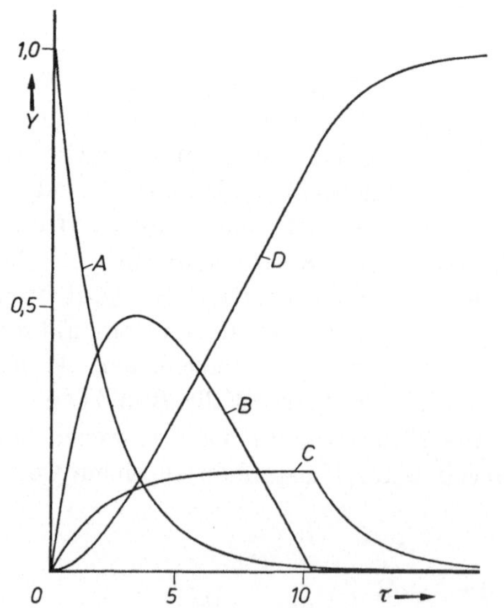

Abb. 100. Kurvenverlauf zum Mod. 23.
$\alpha_1 = \alpha_3 = 0{,}5$; $\alpha_2 = 0{,}1$.

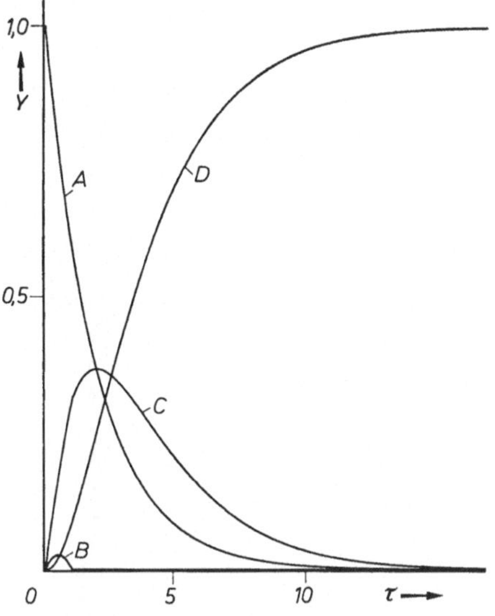

Abb. 101. Kurvenverlauf zum Mod. 23.
$\alpha_1 = \alpha_3 = 0{,}5$; $\alpha_2 = 0{,}4$.

Anmerkung. Modell 23 kann bei zwischengeschalteten enzymatischen Reaktionen Verwendung finden.

Das Niveau von B sinkt auf Null, wenn der Zufluß aus A kleiner geworden ist als der konstante Abfluß nach C (Abb. 100). (Eine enzymatische Reaktion verläuft jedoch nur so lange nach nullter Ordnung, wie die angebotene Substratkonzentration wesentlich größer als die Enzymkonzentration ist (vgl. Mod. 28). Wird der Abfluß nullter Ordnung relativ groß, so bildet sich für die längste Zeit der Reaktion kein B-Niveau aus (s. Abb. 101). Die Reaktion verhält sich dann wie eine gewöhnliche Folgereaktion erster Ordnung nach Modell 7.

Modell 24

$$B' \xrightarrow{\;{}^0k_1\;} \underset{B}{\overset{A}{+}} \xrightarrow{\;{}^2k_2\;} C + E \xrightarrow{\;{}^1k_3\;} D$$

$$\frac{\mathrm{d}b'}{\mathrm{d}t} = -{}^0k_1; \qquad \frac{\mathrm{d}b}{\mathrm{d}t} = {}^0k_1 - {}^2k_2ab; \qquad \frac{\mathrm{d}a}{\mathrm{d}t} = -\frac{\mathrm{d}e}{\mathrm{d}t} = -{}^2k_2ab;$$

$$\frac{\mathrm{d}c}{\mathrm{d}t} = {}^2k_2ab - {}^1k_3c; \qquad \frac{\mathrm{d}d}{\mathrm{d}t} = {}^1k_3c.$$

7*

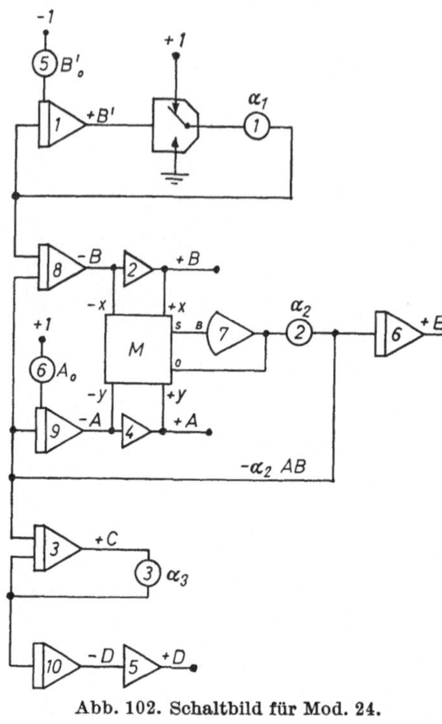

Abb. 102. Schaltbild für Mod. 24.

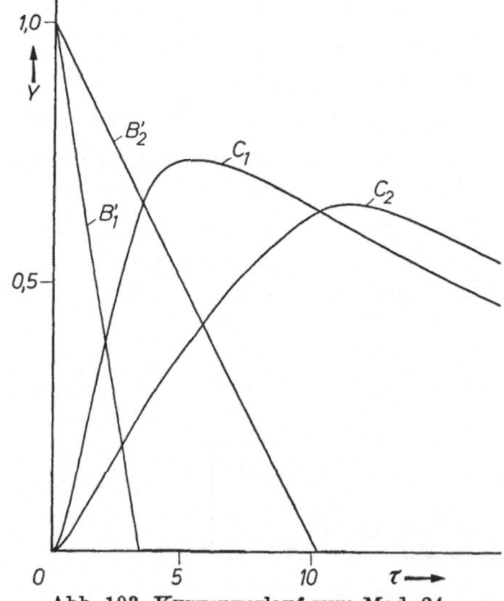

Abb. 103. Kurvenverlauf zum Mod. 24.
1: $\alpha_1 = 0{,}3$; $\alpha_2 = 2{,}0$; $\alpha_3 = 0{,}05$, $A_0 = B_0' = 1{,}0$;
2: $\alpha_1 = 0{,}1$; $\alpha_2 = 2{,}0$; $\alpha_3 = 0{,}05$; $A_0 = B_0' = 1{,}0$.

Tabelle 30. *Schaltliste für Mod. 24*

von	nach
I_1	K
I_3	P_3
I_8	S_2, $M(-x)$
I_9	S_4, $M(-y)$
I_{10}	S_5
K	P_1
M(S)	V_7(B)
P_1	I_1, I_8
P_2	I_3, I_6, I_8, I_9
P_3	I_3, I_{10}
P_5	I_1(IC)
P_6	I_9(IC)
S_2	$M(+x)$
S_4	$M(+y)$
V_7	P_2, $M(0)$
$+1$	K, P_6
-1	P_5
Erde	K

Konst.	an Pot.
B_0'	5
A_0	6
α_1	1
α_2	2
α_3	3

Variable	an
B'	I_1
B	S_2
A	S_4
C	I_3
D	S_5
E	I_6

Anmerkung. Die Programmierung dieses Modells wurde auf S. 55 eingehend behandelt. Der besseren Übersicht wegen sind in Abb. 103 nur die Zeitkurven für B' und C aufgeführt worden. Man erkennt, daß bei langsamerer Zuflußgeschwindigkeit von B (Fall 2) das Maximum von C nicht nur später erscheint, sondern auch niedriger liegt.

Modell 25

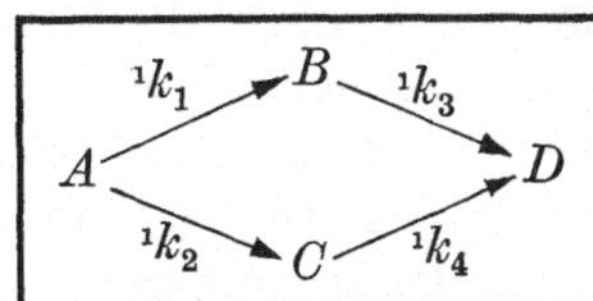

$$\frac{\mathrm{d}a}{\mathrm{d}t} = -(^1k_1 + {}^1k_2)a; \qquad \frac{\mathrm{d}b}{\mathrm{d}t} = {}^1k_1 a - {}^1k_3 b; \qquad \frac{\mathrm{d}c}{\mathrm{d}t} = {}^1k_2 a - {}^1k_4 c;$$

$$\frac{\mathrm{d}d}{\mathrm{d}t} = {}^1k_3 b + {}^1k_4 c.$$

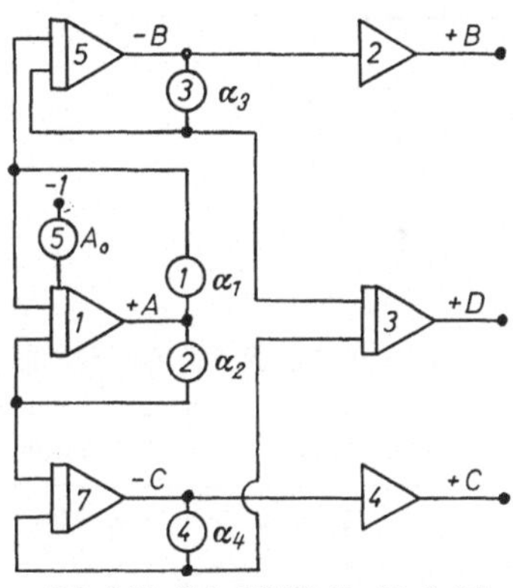

Abb. 104. Schaltbild für Mod. 25.

Tabelle 31. *Schaltliste für Mod. 25*

von	nach
I_1	P_1, P_2
I_5	P_3, S_2
I_7	P_4, S_4
P_1	I_1, I_5
P_2	I_1, I_7
P_3	I_3, I_5
P_4	I_3, I_7
P_5	$I_1(\mathrm{IC})$
-1	P_5

Konst.	an Pot.
A_0	5
α_1	1
α_2	2
α_3	3
α_4	4

Variable	an
A	I_1
B	S_2
C	S_4
D	I_3

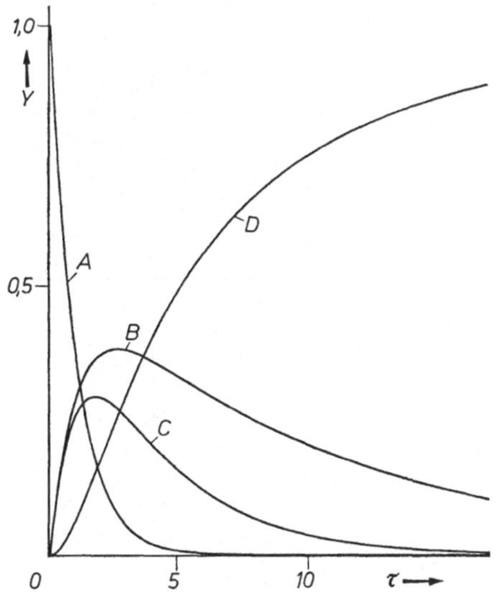

Abb. 105. Kurvenverlauf zum Mod. 25.
$\alpha_1 = \alpha_2 = 0{,}5$; $\alpha_3 = 0{,}1$; $\alpha_4 = 0{,}3$.

Anmerkung. Modell 25 kann z. B. für die Simulierung der Verseifung eines Dicarbonsäurediesters verwendet werden, der zwei verschiedene Alkoholreste enthält. Die Verseifung einer Estergruppe führt zu zwei verschiedenen Zwischenprodukten B und C, deren weitere Verseifung das gemeinsame Endprodukt, die Dicarbonsäure D, liefert.

Modell 26

$$A \xrightarrow[(+B)]{{}^2k_1} B+C$$

$$\frac{\mathrm{d}a}{\mathrm{d}t} = -{}^2k_1 ab; \quad \frac{\mathrm{d}b}{\mathrm{d}t} = \frac{\mathrm{d}c}{\mathrm{d}t} = {}^2k_1 ab.$$

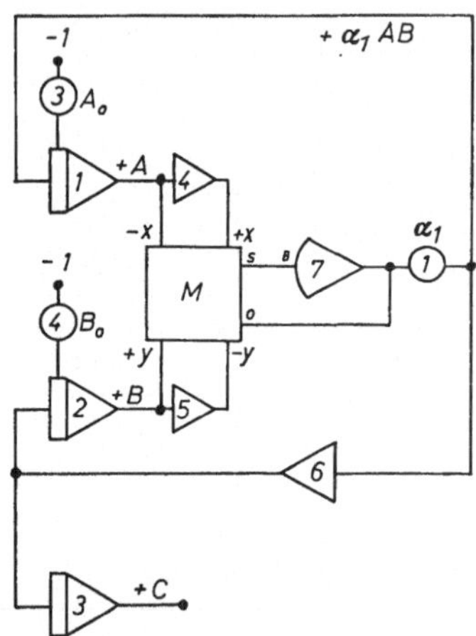

Abb. 106. Schaltbild für Mod. 26.

Tabelle 32. *Schaltliste für Mod. 26*

von	nach
I_1	S_4, $M(-x)$
I_2	S_5, $M(+y)$
$M(S)$	$V_7(B)$
P_1	I_1, S_6
P_3	$I_1(IC)$
P_4	$I_2(IC)$
S_4	$M(+x)$
S_5	$M(-y)$
S_6	I_2, I_3
V_7	P_1, $M(0)$
-1	P_3, P_4

Konst.	an Pot.
A_0	3
B_0	4
α_1	1

Variable	an
A	I_1
B	I_2
C	I_3

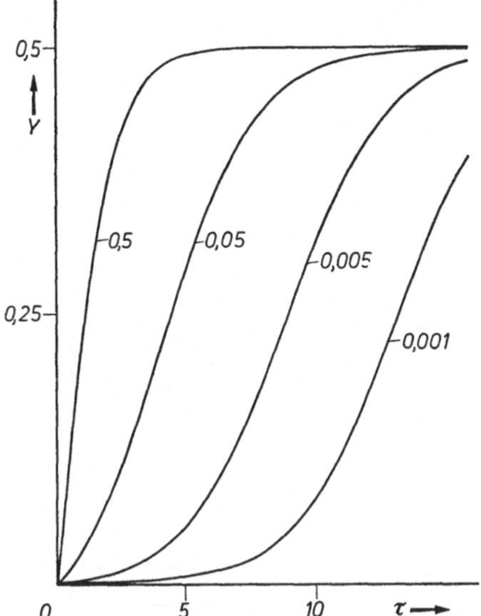

Abb. 107. Kurvenverlauf für C zum Modell 26 mit verschiedenen Katalysatormengen B_0.
$\alpha_1 = 1{,}0$; $A_0 = 0{,}5$; $B_0 = 0{,}5$; $0{,}05$; $0{,}005$; $0{,}001$.

Anmerkung. Modell 26 ist ein Beispiel für eine einfache autokatalytische Reaktion. Substanz B ist ein Katalysator, der durch die Reaktion, die er katalysiert, selbst gebildet wird. Die Reaktion kann nicht in Gang kommen, wenn nicht zu Beginn der Reaktion bereits eine kleine Menge Katalysator vorliegt. Ist $B_0 \geqq A_0$, tritt während der Reaktion keine Reaktionsgeschwindigkeitssteigerung ein (Abb. 107, $B_0 = 0{,}5$). Eine Vergrößerung der Geschwindigkeit während der Reaktion stellt sich nur dann ein, wenn $A_0 > B_0$ ist.

Modell 27

$$A \xrightarrow{\;^1k_1\;} \underset{\substack{+\\C}}{B} \xrightarrow{\;^2k_2\;} B'$$
$$\underset{\substack{+\\C}}{B} \xrightarrow{\;^2k_3\;} \underset{\substack{+\\C}}{D} \xrightarrow{\;^2k_4\;} E+B$$

$$\frac{da}{dt} = -\,^1k_1 a; \qquad \frac{db}{dt} = \,^1k_1 a - \,^2k_2 b^2 - \,^2k_3 bc + \,^2k_4 cd; \qquad \frac{db'}{dt} = \frac{^2k_2}{2}\, b^2;$$

$$\frac{dc}{dt} = -\,^2k_3 bc - \,^2k_4 cd; \qquad \frac{dd}{dt} = \,^2k_3 bc - \,^2k_4 cd; \qquad \frac{de}{dt} = \,^2k_4 cd.$$

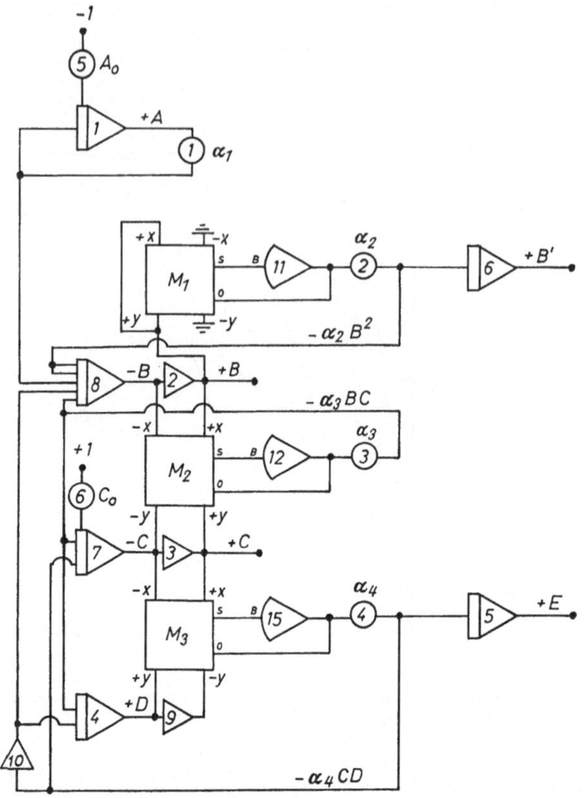

Abb. 108. Schaltbild für Mod. 27.

Tabelle 33. *Schaltliste für Mod. 27*

von	nach
I_1	P_1
I_4	$M_3(+y)$, S_9
I_7	$M_2(-y)$, $M_3(-x)$, S_3
I_8	$M_2(-x)$, S_2
$M_1(S)$	$V_{11}(B)$
$M_2(S)$	$V_{12}(B)$
$M_3(S)$	$V_{15}(B)$
P_1	I_1, I_8
P_2	I_6, I_8, I_8
P_3	I_4, I_7, I_8
P_4	I_5, I_7, S_{10}
P_5	$I_1\,(IC)$
P_6	$I_7\,(IC)$
S_2	$M_1(+x)$, $M_1(+y)$, $M_2(+x)$
S_3	$M_2(+y)$, $M_3(+x)$
S_9	$M_3(-y)$
S_{10}	I_4, I_8
V_{11}	P_2, $M_1(0)$
V_{12}	P_3, $M_2(0)$
V_{15}	P_4, $M_3(0)$
-1	P_5
$+1$	P_6
Erde	$M_1(-x)$, $M_1(-y)$

Abb. 109. Kurvenverlauf zum Mod. 27.
$\alpha_1 = 0{,}4$; $\alpha_2 = \alpha_3 = \alpha_4 = 1{,}0$; $A_0 = 0{,}2$; $C_0 = 1{,}0$.

Tabelle 33 (Fortsetzung)

Konst.	an Pot.
A_0	5
C_0	6
α_1	1
α_2	2
α_3	3
α_4	4

Variable	an
A	I_1
B	S_2
C	S_3
D	I_4
E	I_5
B'	I_6

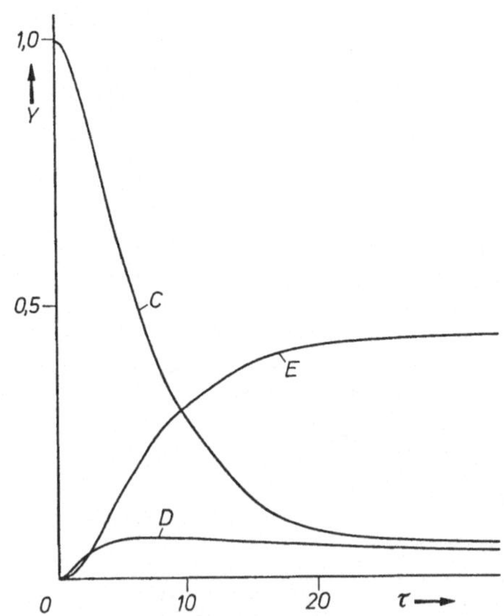

Abb. 110. Kurvenverlauf zum Mod. 27.
$\alpha_1 = 0{,}4$; $\alpha_2 = \alpha_3 = \alpha_4 = 1{,}0$; $A_0 = 0{,}2$; $C_0 = 1{,}0$.

Anmerkung. Substanz B stellt einen Katalysator dar, der durch Zerfall von A entsteht, aber auch durch Dimerisation zu B' desaktiviert wird. Am Ende der Reaktionskette wird der Teil von B, der als Katalysator zur Wirkung kam, wieder freigesetzt.

Modell 27 beschreibt eine rein hypothetische Reaktionsfolge. Es soll zeigen, daß auch komplizierte Reaktionsabläufe, wie sie bei Radikalkettenreaktionen (z. B. Knallgasreaktion, Bromwasserstoffbildung, Phosgenzerfall) und bei Polymerisationen auftreten, mit dem Analogcomputer gut simuliert werden können.

Der α_2-Wert entspricht hier der Hälfte der Geschwindigkeitskonstante $^2k_2$ ($\alpha_2 \mathrel{\widehat{=}} {}^2k_2/2$).

Spezielle Modellbeispiele

Modell 28. Enzymatische Reaktion nach dem vereinfachten Michaelis-Menten-Mechanismus

$$S + E \underset{^1k_2}{\overset{^2k_1}{\rightleftharpoons}} [ES] \xrightarrow{^1k_3} E + P$$

S = Substrat; E = Enzym; $[ES]$ = Enzym-Substrat-Komplex; P = Produkt.

$$\frac{ds}{dt} = -\,{}^{2}k_{1}se + {}^{1}k_{2}[es]; \quad \frac{de}{dt} = ({}^{1}k_{2} + {}^{1}k_{3})\,[es] - {}^{2}k_{1}se;$$

$$\frac{d\,[es]}{dt} = {}^{2}k_{1}se - ({}^{1}k_{2} + {}^{1}k_{3})\,[es]; \quad \frac{dp}{dt} = {}^{1}k_{3}[es].$$

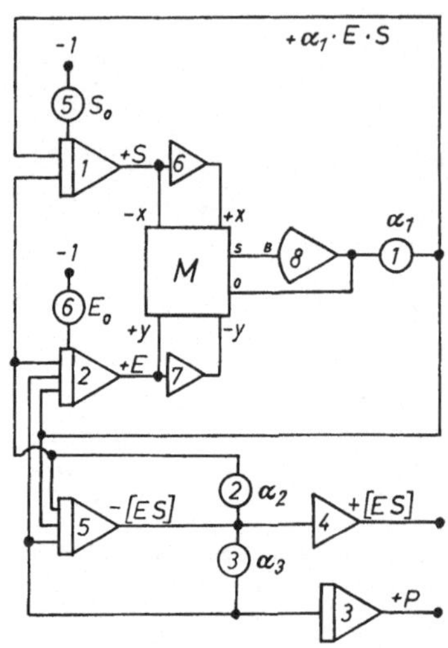

Abb. 111. Schaltbild für Mod. 28.

Tabelle 34. *Schaltliste für Mod. 28*

von	nach
I_1	S_6, $M(-x)$
I_2	S_7, $M(+y)$
I_5	P_2, P_3, S_4
$M(S)$	$V_8(B)$
P_1	I_1, I_2, I_5
P_2	I_1, I_2, I_5
P_3	I_2, I_3, I_5
P_5	$I_1(IC)$
P_6	$I_2(IC)$
S_6	$M(+x)$
S_7	$M(-y)$
V_8	P_1, $M(0)$
-1	P_5, P_6

Konst.	an Pot.
S_0	5
E_0	6
α_1	1
α_2	2
α_3	3

Variable	an
S	I_1
E	I_2
$[ES]$	S_4
P	I_3

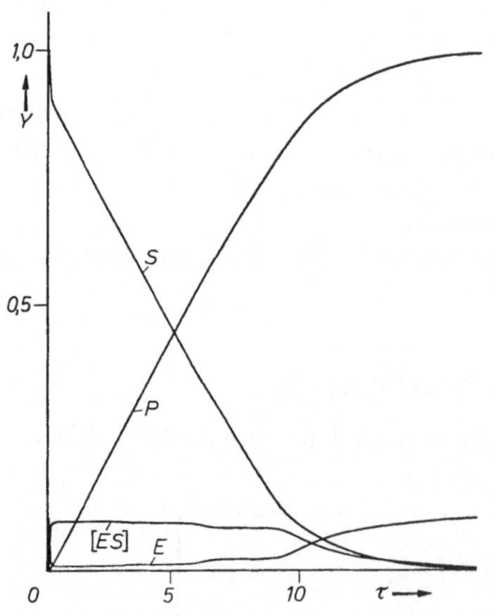

Abb. 112. Kurvenverlauf zum Mod. 28.
$\alpha_1 = 20{,}0;\ \alpha_2 = 0{,}1;\ \alpha_3 = 1{,}0;\ S_0 = 1{,}0;\ E_0 = 0{,}1.$

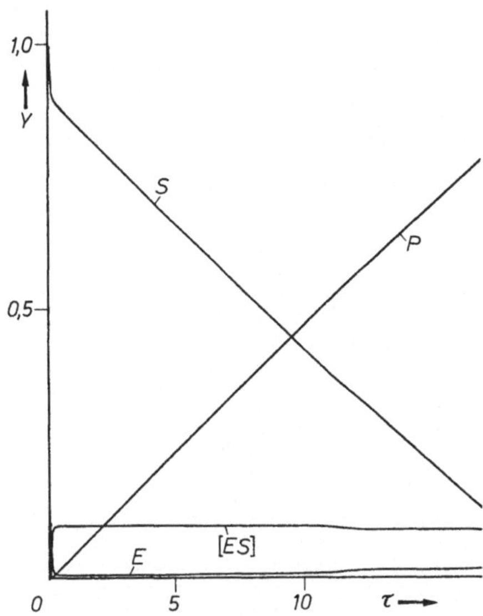

Abb. 113. Kurvenverlauf zum Mod. 28.
$\alpha_1 = 20{,}0$; $\alpha_2 = 0{,}1$; $\alpha_3 = 0{,}5$;
$S_0 = 1{,}0$; $E_0 = 0{,}1$.

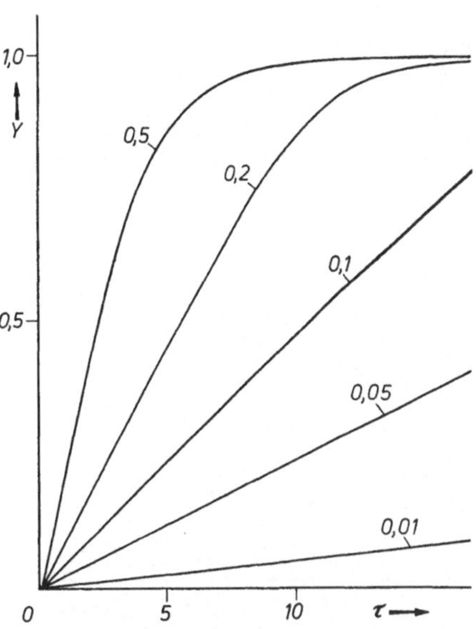

Abb. 114. Kurvenverlauf des Produktes
P (Mod. 28) für verschiedene Enzymkonzentrationen E_0.
$\alpha_1 = 20{,}0$; $\alpha_2 = 0{,}1$; $\alpha_3 = 0{,}5$; $S_0 = 1{,}0$;
$E_0 = 0{,}5$; $0{,}2$; $0{,}1$; $0{,}05$; $0{,}01$.

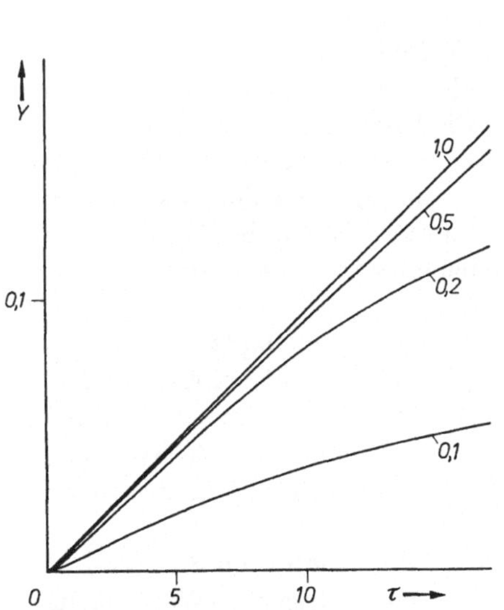

Abb. 115. Kurvenverlauf des Produktes
P (Mod. 28) für verschiedene Substratkonzentrationen S_0.
$\alpha_1 = 20{,}0$; $\alpha_2 = 0{,}1$; $\alpha_3 = 0{,}2$;
$E_0 = 0{,}05$; $S_0 = 1{,}0$; $0{,}5$; $0{,}2$; $0{,}1$.

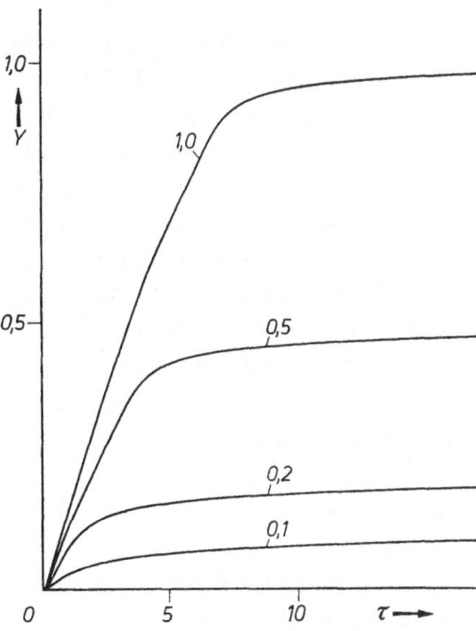

Abb. 116. Kurvenverlauf des Produktes
P (Mod. 28) für verschiedene Substratkonzentrationen S_0.
$\alpha_1 = 20{,}0$; $\alpha_2 = 0{,}1$; $\alpha_3 = 4{,}0$;
$E_0 = 0{,}05$; $S_0 = 1{,}0$; $0{,}5$; $0{,}2$; $0{,}1$.

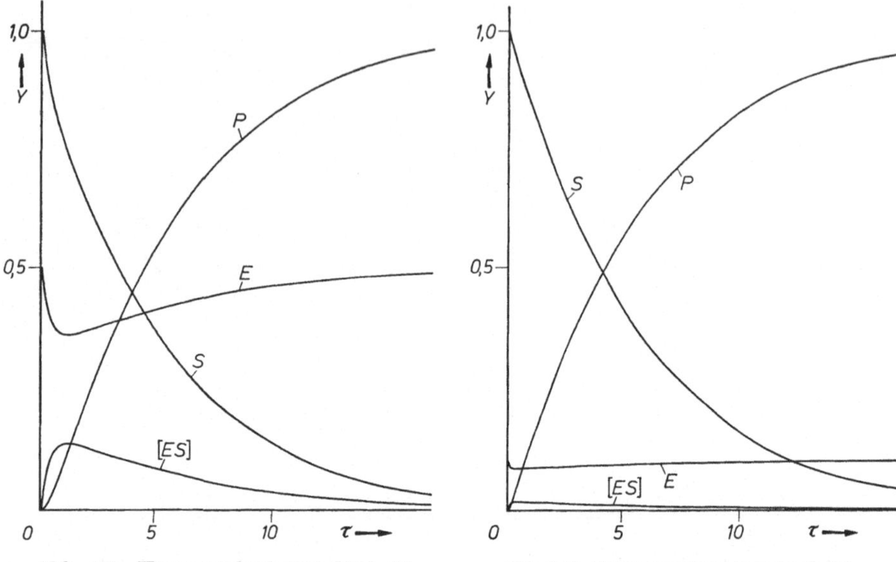

Abb. 117. Kurvenverlauf zum Mod. 28.
$\alpha_1 = \alpha_2 = \alpha_3 = 1,0$;
$S_0 = 1,0$; $E_0 = 0,5$.

Abb. 118. Kurvenverlauf zum Mod. 28.
$\alpha_1 = 2,0$; $\alpha_2 = 0,1$; $\alpha_3 = 10,0$;
$S_0 = 1,0$; $E_0 = 0,1$.

Anmerkung. Der typische Verlauf einer enzymatischen Reaktion ist in Abb. 112 zu sehen. Durch die relativ große Bildungskonstante des Enzym-Substrat-Komplexes ($^2k_1 \mathrel{\hat{=}} \alpha_1$) sinkt die Konzentration des freien Enzyms schlagartig auf nahezu Null, und die Konzentration des Komplexes erreicht gleichzeitig ein Niveau, das fast so lange erhalten bleibt, bis die Substratkonzentration auf den Wert der anfänglichen Enzymkonzentration gesunken ist[1]. Bis zu diesem Zeitpunkt verlaufen die Abnahme von S und die Bildung von P annähernd nach einem Gesetz nullter Ordnung. Danach erfolgt der Umsatz langsamer.

Bei halb so großer Zerfallskonstante des Enzymkomplexes ($^1k_3 \mathrel{\hat{=}} \alpha_3$) ist der Anstieg der P-Kurve flacher (Abb. 113). Wird bei gleicher Einstellung der Konstanten wie in Abb. 113 nur die Anfangskonzentration des Enzyms E_0 variiert, so erhält man für P eine Kurvenschar, deren Steigungen im linearen Bereich sich fast proportional mit E_0 vergrößern (Abb. 114).

Eine Variation der anfänglichen Substratkonzentration S_0 bei relativ kleinem α_3-Wert zeigt Abb. 115. Im Bereich niedriger S_0-Werte bringt eine Erhöhung der Substratkonzentration eine proportionale Steigung

---

[1] Wegen der Ungenauigkeit der verwendeten Parabelmultiplizierer weisen die E- und [ES]-Kurven in Abb. 112 und 113 Diskontinuitäten auf.

des Umsatzes. Im Bereich hoher Substratkonzentrationen hat deren Erhöhung fast keinen Einfluß mehr (Sättigung des Enzyms). Die Umsatzgeschwindigkeit wird dann ausschließlich von der Größe der Zerfallskonstante α_3 bestimmt. Vergrößert man diese um das Zwanzigfache, wird der Einfluß der Substratkonzentration verstärkt (Abb. 116). Sind die drei Geschwindigkeitskonstanten bei hohen Enzymkonzentrationen relativ klein, so sind die S- und P-Kurven gleichmäßiger gekrümmt. Ein Bereich, in dem die Gesamtreaktion nach nullter Ordnung verläuft, existiert dann nicht (Abb. 117).

In Abb. 118 sind die S- und P-Kurven nahezu identisch mit denen der Abb. 117. Die niedrigere Enzymkonzentration in Abb. 118 konnte durch höhere α_1- und α_3-Werte kompensiert werden. Diese Gegenüberstellung zeigt, daß trotz exakter Simulierung der durch Meßwerte bestimmten S- und P-Kurven keine eindeutige Aussage über die Größen α_1, α_2, α_3 und E_0 gemacht werden könnte. Dagegen würde z. B. ein einziger Meßwert für die E-Kurve eine eindeutige Entscheidung herbeiführen (s. S. 145).

Modell 29. Umkehrbare enzymatische Reaktion nach dem Michaelis-Menten-Mechanismus

$$S+E \underset{{}^1k_2}{\overset{{}^2k_1}{\rightleftharpoons}} [ES] \underset{{}^1k_4}{\overset{{}^1k_3}{\rightleftharpoons}} [EP] \underset{{}^2k_6}{\overset{{}^1k_5}{\rightleftharpoons}} E+P$$

S = Substrat; E = Enzym; $[ES]$ = Enzym-Substrat-Komplex; $[EP]$ = Enzym-Produkt-Komplex; P = Produkt.

$$\frac{\mathrm{d}s}{\mathrm{d}t} = -{}^2k_1 se + {}^1k_2[es]; \qquad \frac{\mathrm{d}e}{\mathrm{d}t} = -{}^2k_1 se + {}^1k_2[es] + {}^1k_5[ep] - {}^2k_6 pe;$$

$$\frac{\mathrm{d}[es]}{\mathrm{d}t} = {}^2k_1 se + {}^1k_4[ep] - ({}^1k_2 + {}^1k_3)\,[es];$$

$$\frac{\mathrm{d}[ep]}{\mathrm{d}t} = {}^1k_3[es] + {}^2k_6 pe - ({}^1k_4 + {}^1k_5)\,[ep];$$

$$\frac{\mathrm{d}p}{\mathrm{d}t} = {}^1k_5 - [ep]\,{}^2k_6 pe.$$

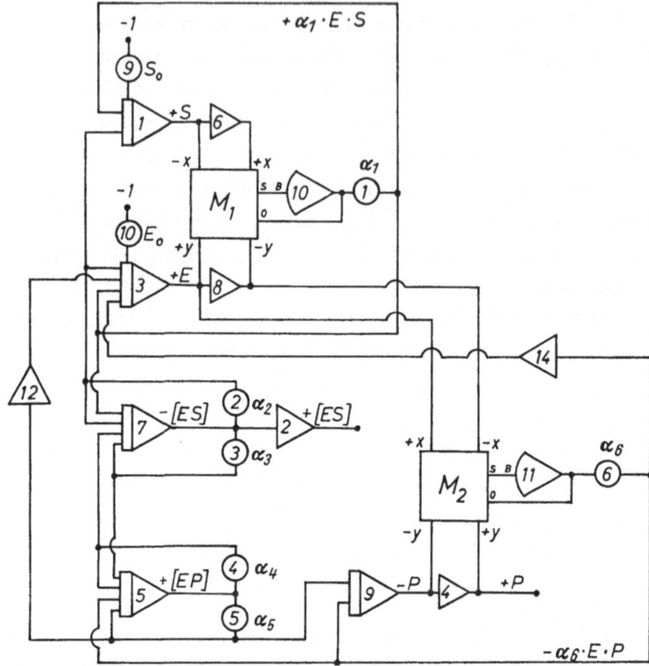

Abb. 119. Schaltbild für Mod. 29.

Tabelle 35. *Schaltliste für Mod. 29*

von	nach
I_1	S_6, $M_1(-x)$
I_3	S_8, $M_1(+y)$, $M_2(+x)$
I_5	P_4, P_5
I_7	P_2, P_3, S_2
I_9	S_4, $M_2(-y)$
$M_1(S)$	$V_{10}(B)$
$M_2(S)$	$V_{11}(B)$
P_1	I_1, I_3, I_7
P_2	I_1, I_3, I_7
P_3	I_5, I_7
P_4	I_5, I_7
P_5	I_5, I_9, S_{12}
P_6	I_5, I_9, S_{14}
P_9	$I_1(IC)$
P_{10}	$I_3(IC)$
S_4	$M_2(+y)$
S_6	$M_1(+x)$
S_8	$M_1(-y)$, $M_2(-x)$
S_{12}	I_3
S_{14}	I_3
V_{10}	P_1, $M_1(0)$
V_{11}	P_6, $M_2(0)$
-1	P_9, P_{10}

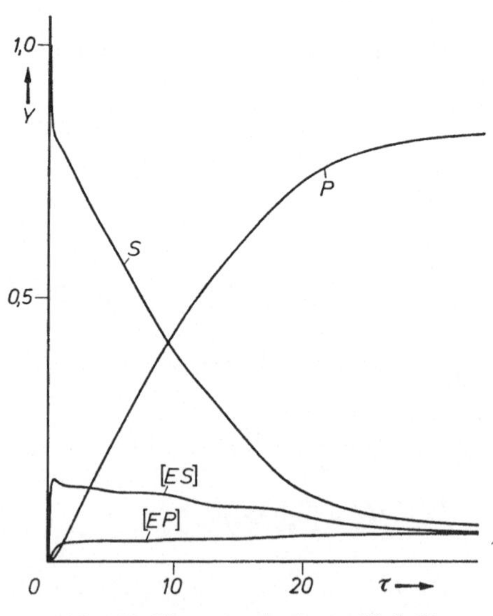

Abb. 120. Kurvenverlauf zum Mod. 29.
$\alpha_1 = 10{,}0$; $\alpha_2 = 1{,}0$; $\alpha_3 = \alpha_4 = 0{,}5$; $\alpha_5 = 1{,}5$; $\alpha_6 = 1{,}0$; $S_0 = 1{,}0$; $E_0 = 0{,}2$.

Tabelle 35
(Fortsetzung)

Konst.	an Pot.
S_0	9
E_0	10
α_1	1
α_2	2
α_3	3
α_4	4
α_5	5
α_6	6

Variable	an
S	I_1
E	I_3
$[ES]$	S_2
$[EP]$	I_5
P	S_4

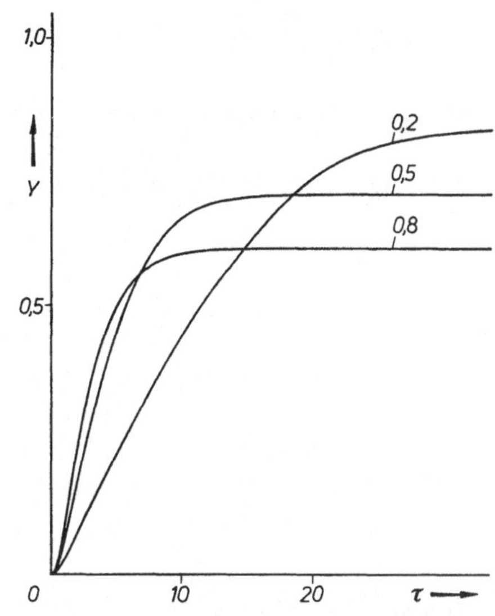

Abb. 121. Kurvenverlauf des Produktes P (Mod. 29) für verschiedene Enzymkonzentrationen E_0.
$\alpha_1 = 10,0$; $\alpha_2 = 1,0$; $\alpha_3 = \alpha_4 = 0,5$; $\alpha_5 = 1,5$; $\alpha_6 = 1,0$; $S_0 = 1,0$; $E_0 = 0,8$; $0,5$; $0,2$.

Anmerkung. Da die Reaktion umkehrbar ist, wird das Substrat S nicht vollständig in das Produkt P überführt. Es kommt entsprechend den Konstanten für die Hin- und Rückreaktionen zu einem Gleichgewicht zwischen den einzelnen Reaktionsstufen (Abb. 120). Die Diskontinuitäten der $[ES]$-Kurve sind auf die Multipliziererungenauigkeiten zurückzuführen. Je höher die Enzymkonzentration gewählt wird, desto mehr Substrat bleibt in den Zwischenstufen gebunden. Die Endausbeute des Produktes sinkt ab, obwohl die Umsatzgeschwindigkeit steigt (Abb. 121).

Modell 30. Folgereaktion in einem Doppelenzymsystem.

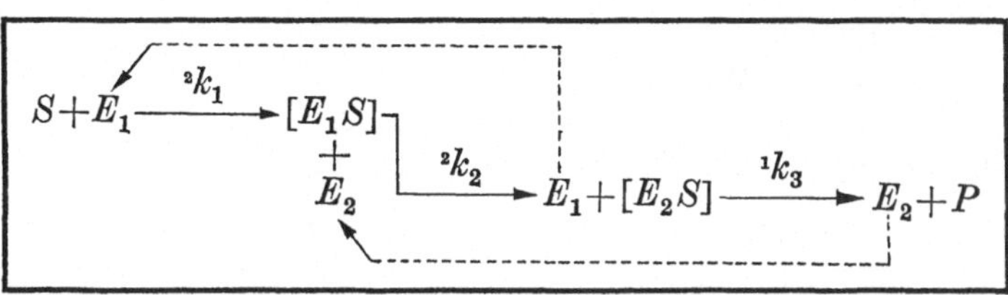

S = Substrat; E_1 = Erstes Enzym; $[E_1S]$ = Erster Enzym-Substrat-Komplex; E_2 = Zweites Enzym; $[E_2S]$ = Zweiter Enzym-Substrat-Komplex; P = Endprodukt.

$$\frac{\mathrm{d}s}{\mathrm{d}t} = -{}^2k_1 s e_1; \qquad \frac{\mathrm{d}e_1}{\mathrm{d}t} = -{}^2k_1 s e_1 + {}^2k_2[e_1 s]e_2;$$

$$\frac{\mathrm{d}[e_1 s]}{\mathrm{d}t} = {}^2k_1 s e_1 - {}^2k_2[e_1 s]e_2; \qquad \frac{\mathrm{d}e_2}{\mathrm{d}t} = -{}^2k_2[e_1 s]e_2 + {}^1k_3[e_2 s];$$

$$\frac{\mathrm{d}[e_2 s]}{\mathrm{d}t} = {}^2k_2[e_1 s]e_2 - {}^1k_3[e_2 s]; \qquad \frac{\mathrm{d}p}{\mathrm{d}t} = {}^1k_3[e_2 s].$$

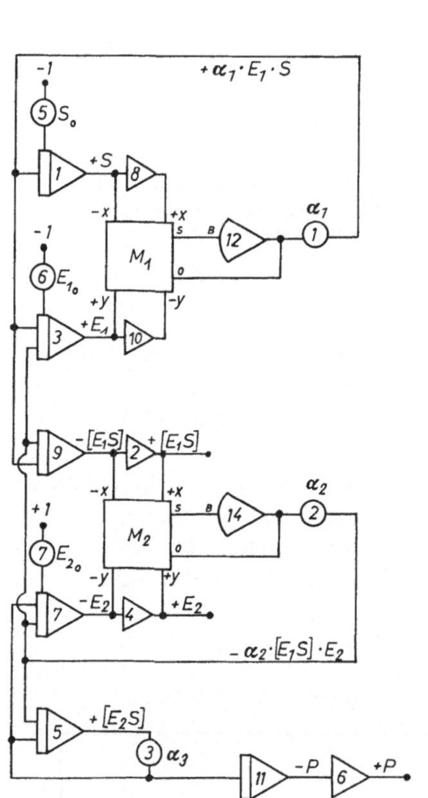

Abb. 122. Schaltbild für Mod. 30.

Tabelle 36. *Schaltliste für Mod. 30*

von	nach
I_1	S_8, $M_1(-x)$
I_3	S_{10}, $M_1(+y)$
I_5	P_3
I_7	S_4, $M_2(-y)$
I_9	S_2, $M_2(-x)$
I_{11}	S_6
$M_1(S)$	$V_{12}(B)$
$M_2(S)$	$V_{14}(B)$
P_1	I_1, I_3, I_9
P_2	I_3, I_5, I_7, I_9
P_3	I_5, I_7, I_{11}
P_5	$I_1(IC)$
P_6	$I_3(IC)$
P_7	$I_7(IC)$
S_2	$M_2(+x)$
S_4	$M_2(+y)$
S_8	$M_1(+x)$
S_{10}	$M_1(-y)$
V_{12}	P_1, $M_1(0)$
V_{14}	P_2, $M_2(0)$
-1	P_5, P_6
$+1$	P_7

Konst.	an Pot.
S_0	5
E_{1_0}	6
E_{2_0}	7
α_1	1
α_2	2
α_3	3

Variable	an
S	I_1
E_1	I_3
$[E_1 S]$	S_2
E_2	S_4
$[E_2 S]$	I_5
P	S_6

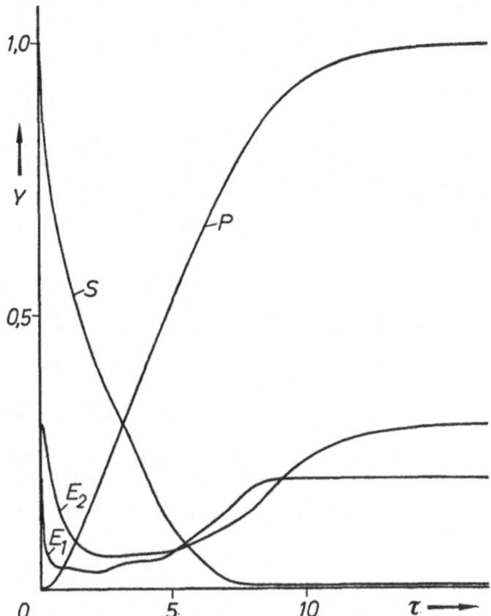

Abb. 123. Kurvenverlauf zum Mod. 30.
$\alpha_1 = 10{,}0$; $\alpha_2 = 10{,}0$; $\alpha_3 = 0{,}5$; $S_0 = 1{,}0$; $E_{1_0} = 0{,}2$; $E_{2_0} = 0{,}3$.

Anmerkung. Modell 30 ist ein Prinzipbeispiel für eine hintereinandergeschaltete mehrfache Umsetzung eines Substrates in einem Multienzymsystem. Das Symbol S in $[E_2 S]$ bedeutet nicht mehr das ursprüngliche Substrat S, da es bereits vom ersten Enzym chemisch verändert worden ist. Die Diskontinuitäten in der E_1- und E_2-Kurve sind wiederum auf die Ungenauigkeiten der Parabelmultiplizierer zurückzuführen.

Modell 31. Pharmakokinetisches Grundmodell

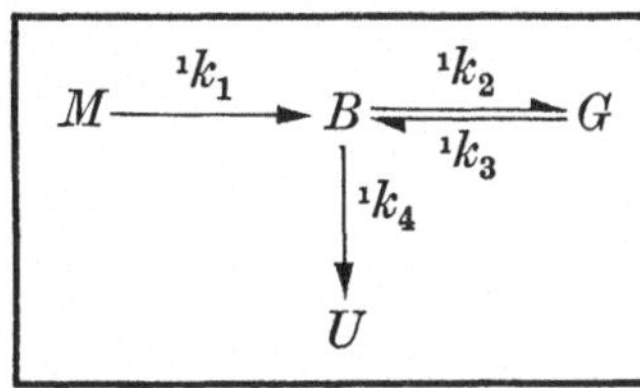

Das Schema gibt den Substanzfluß durch die einzelnen Körpercompartments an.

M = Magen-Darmkanal bzw. Muskel oder Haut (Absorptionscompartment); B = Blut; G = Allgemeines Gewebe; U = Urin.

$$\frac{\mathrm{d}m}{\mathrm{d}t} = -\,^1k_1 m\,; \quad \frac{\mathrm{d}b}{\mathrm{d}t} = {}^1k_1 m - (^1k_2 + {}^1k_4)b + {}^1k_3 g\,;$$

$$\frac{\mathrm{d}g}{\mathrm{d}t} = {}^1k_2 b - {}^1k_3 g\,; \quad \frac{\mathrm{d}u}{\mathrm{d}t} = {}^1k_4 b\,.$$

m = Menge eines Pharmakons im Magen-Darmkanal bzw. in der Muskulatur oder in der Haut, b = Menge eines Pharmakons im Blut, g = Menge eines Pharmakons im allgemeinen Gewebe, u = Kumulative Menge eines Pharmakons im Urin.

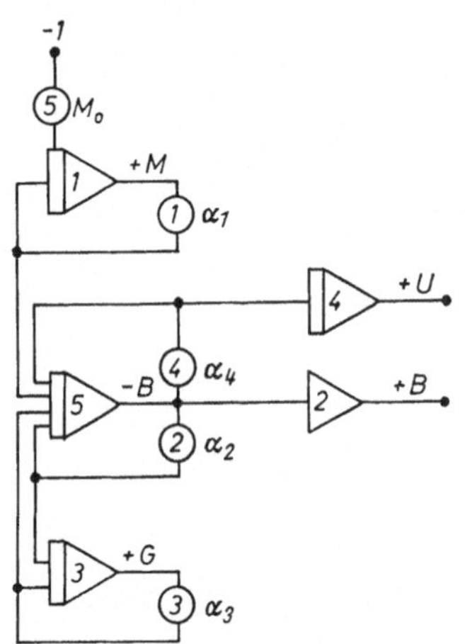

Abb. 124. Schaltbild für Mod. 31.

Tabelle 37. *Schaltliste für Mod. 31*

von	nach
I_1	P_1
I_3	P_3
I_5	P_2, P_4, S_2
P_1	I_1, I_5
P_2	I_3, I_5
P_3	I_3, I_5
P_4	I_4, I_5
P_5	$I_1 (IC)$
-1	P_5

Konst.	an Pot.
M_0	5
α_1	1
α_2	2
α_3	3
α_4	4

Variable	an
M	I_1
B	S_2
G	I_3
U	I_4

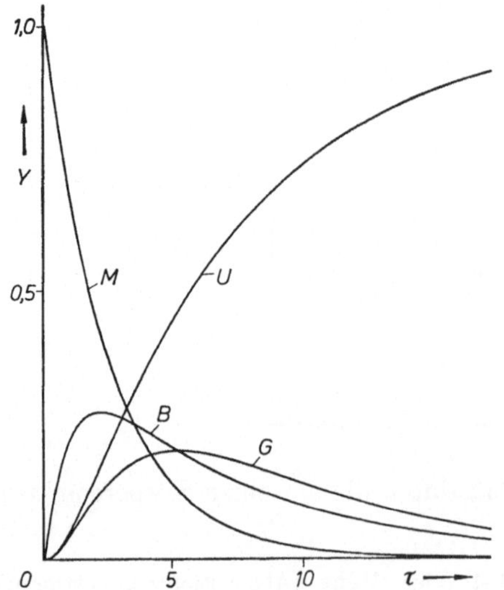

Abb. 125. Kurvenverlauf zum Mod. 31.
$\alpha_1 = \alpha_2 = \alpha_3 = \alpha_4 = 0{,}4.$

Tabelle 38. *Variation von α_1 und α_4 (Mod. 31) in den Abb. 126, 127, 128 bei $\alpha_2 = \alpha_3 = 0{,}4$*

Kurve Nr.	$\alpha_2 = \alpha_3 = 0{,}4$			
	Abb. 126	Abb. 127	Abb. 128	
	$\dfrac{\alpha_1}{\alpha_4} = 0{,}5$	$\dfrac{\alpha_1}{\alpha_4} = 1{,}0$	$\dfrac{\alpha_1}{\alpha_4} = 4{,}0$	Steigende absolute Werte
3	$\dfrac{0{,}4}{0{,}8}$	$\dfrac{0{,}4}{0{,}4}$	$\dfrac{0{,}8}{0{,}2}$	
2	$\dfrac{0{,}2}{0{,}4}$	$\dfrac{0{,}2}{0{,}2}$	$\dfrac{0{,}4}{0{,}1}$	
1	$\dfrac{0{,}1}{0{,}2}$	$\dfrac{0{,}1}{0{,}1}$	$\dfrac{0{,}2}{0{,}05}$	

Steigende Verhältnisse →

Tabelle 39. *Variation von α_2 und α_3 (Mod. 31) in den Abb. 129, 130 bei $\alpha_1 = \alpha_4 = 0{,}4$*

Kurve Nr.	$\alpha_1 = \alpha_4 = 0{,}4$		
	Abb. 129	Abb. 130	
	$\dfrac{\alpha_2}{\alpha_3} = 1{,}0$	$\dfrac{\alpha_2}{\alpha_3} = 10{,}0$	Steigende absolute Werte
3	$\dfrac{8{,}0}{8{,}0}$	$\dfrac{8{,}0}{0{,}8}$	
2	$\dfrac{0{,}4}{0{,}4}$	$\dfrac{0{,}8}{0{,}08}$	
1	$\dfrac{0{,}1}{0{,}1}$	$\dfrac{0{,}2}{0{,}02}$	

Steigende Verhältnisse →

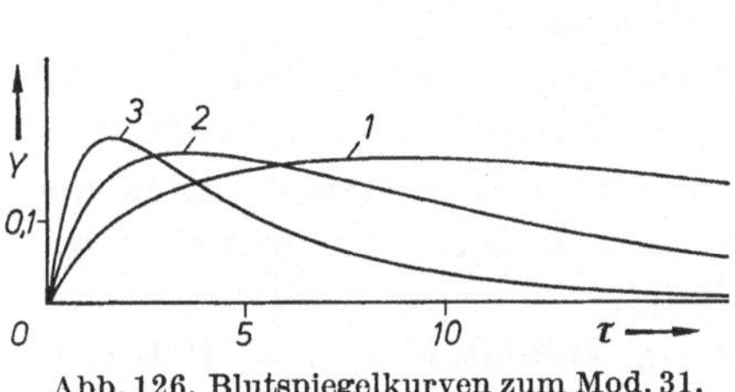

Abb. 126. Blutspiegelkurven zum Mod. 31. $\alpha_1/\alpha_4 = 0{,}5$ (α-Werte in Tab. 38).

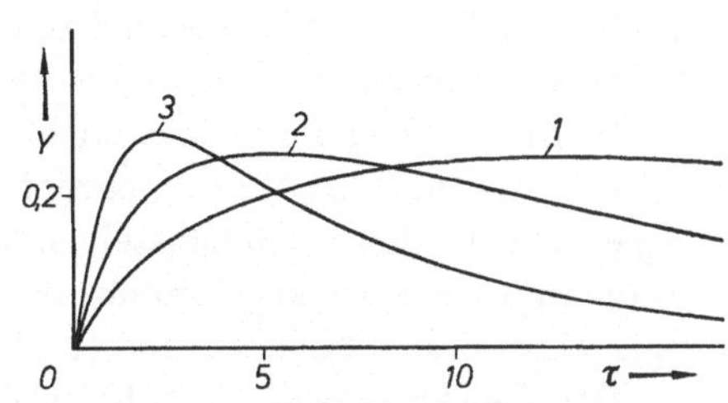

Abb. 127. Blutspiegelkurven zum Mod. 31. $\alpha_1/\alpha_4 = 1{,}0$ (α-Werte in Tab. 38).

8*

　　　　　　　8. Modellbeispiele

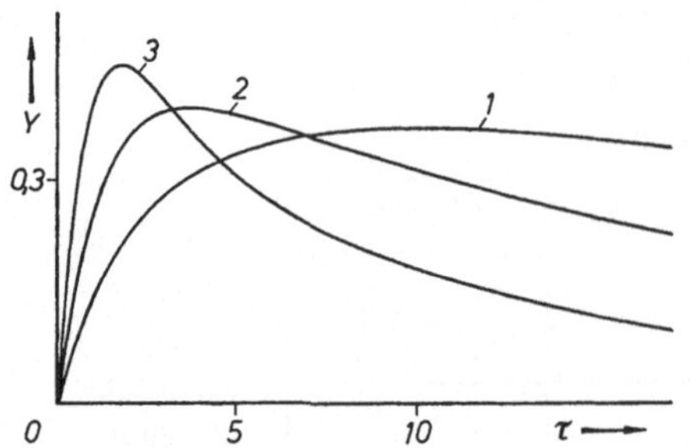

Abb. 128. Blutspiegelkurven zum Mod. 31.
$\alpha_1/\alpha_4 = 4{,}0$ (α-Werte in Tab. 38).

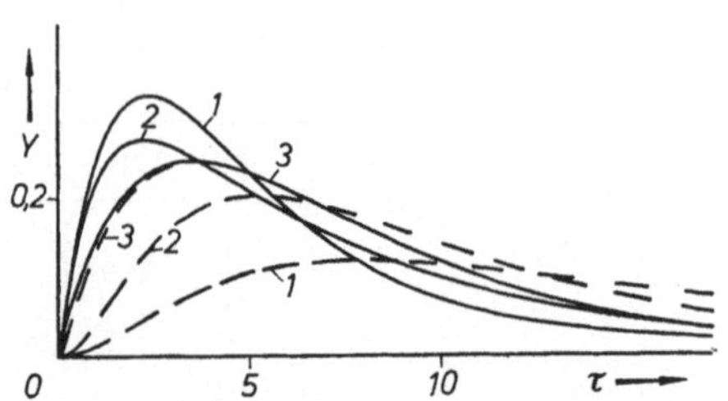

Abb. 129. Blutspiegel- und Gewebespiegelkurven (gestrichelte Linien) zum Mod. 31.
$\alpha_2/\alpha_3 = 1{,}0$ (α-Werte in Tab. 39).

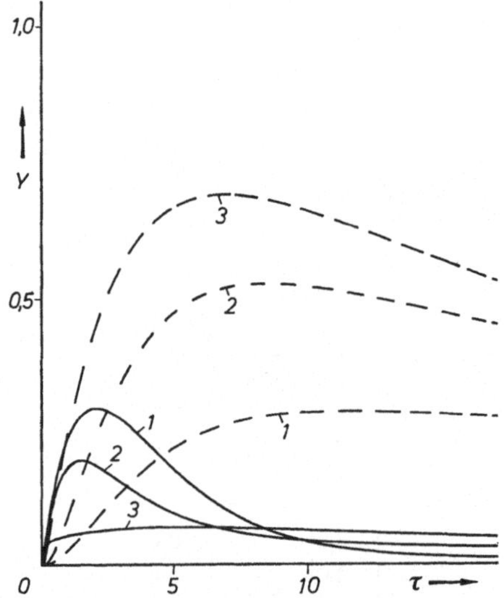

Abb. 130. Blutspiegel- und Gewebespiegelkurven (gestrichelte Linien) zum Mod. 31.
$\alpha_2/\alpha_3 = 10{,}0$ (α-Werte in Tab. 39).

Anmerkung. Ein Vergleich von Abb. 126, 127, 128 zeigt, daß sich bei
steigendem Verhältnis α_1/α_4 die Maxima der Blutspiegel erhöhen. Bei
gleichem Verhältnis von α_1/α_4 verringern sich die Maxima mit fallenden
α_1- und α_4-Werten (Unterschied zu Mod. 7). Außerdem werden die Zeiten
bis zum Erreichen der Maxima wesentlich verlängert.

In Abb. 129 und 130 werden bei gleichbleibenden Werten für α_1 und
α_4 die α_2- und α_3-Werte variiert. Bei gleichbleibendem Verhältnis
$\alpha_2/\alpha_3 = 1{,}0$ nähern sich bei steigenden absoluten Werten die Maxima von
Blut- und Gewebespiegel immer mehr, bis schließlich Blut- und Gewebespiegelkurve identisch werden (Abb. 129).

Der Gewebespiegel liegt bei größerem Verhältnis $\alpha_2/\alpha_3 = 10{,}0$ entsprechend höher als der Blutspiegel. (Abb. 130). Bei niedrigen absoluten

α_2- und α_3-Werten erscheint das Blutspiegelmaximum vor dem Gewebespiegelmaximum. Bei extrem hohen absoluten Werten jedoch ist an der Blutspiegelkurve nur noch ein Scheinmaximum zu erkennen. Der anfängliche Abfluß nach G ist groß und sehr schnell, so daß sich sofort eine beträchtliche Menge des Pharmakons in G ansammelt. Bevor der Blutspiegel sein Maximum erreicht, setzt bereits ein starker Rückfluß zum Blut ein, und das Maximum wird undeutlich. Das eigentliche Maximum erscheint erst nach dem Maximum des Gewebes und wird von dem Substanzfluß bestimmt, der aus dem Gewebe über das Blut zum Urin fließt.

Berechnung der Eliminationskonstanten k_e aus den Geschwindigkeitskonstanten

Wenn nach Verabreichung des Arzneimittels der Zufluß aus dem Compartment M vernachlässigbar klein geworden ($\mathrm{d}m/\mathrm{d}t \approx 0$) und das Maximum des Gewebespiegels überschritten ist, wird die Pharmakokinetik hauptsächlich vom Rückfluß des Arzneimittels aus dem Gewebecompartment ins Blut und von der Ausscheidung bestimmt.

Bei dem vorliegenden einfachen Modell lassen sich nun zwei typische Grenzfälle unterscheiden:

1. Ist die Abflußkonstante $^1k_4$ gegenüber der Konstanten $^1k_3$ klein, so wird es näherungsweise zu einem Verteilungsgleichgewicht kommen, bei dem wegen des relativ geringen Abflusses das Verhältnis vom Blut- zum Gewebespiegel konstant bleibt und dem Verhältnis der Konstanten entspricht:

$$\frac{b}{g} = \frac{^1k_3}{^1k_2}.$$

Weiterhin ist dann die Änderung des Urinspiegels gleich der Summe der Änderungen von Blut- und Gewebespiegel.

$$\frac{\mathrm{d}u}{\mathrm{d}t} = -\frac{\mathrm{d}b}{\mathrm{d}t} - \frac{\mathrm{d}g}{\mathrm{d}t}.$$

Setzt man in diese Gleichung für $\mathrm{d}u/\mathrm{d}t = {}^1k_4 b$ und für $g = b \cdot ({}^1k_2/{}^1k_3)$ ein, so ergibt sich:

$$^1k_4 b = -\frac{\mathrm{d}b}{\mathrm{d}t} - \frac{^1k_2}{^1k_3} \cdot \frac{\mathrm{d}b}{\mathrm{d}t}; \quad \frac{\mathrm{d}b}{\mathrm{d}t}\left[1 + \frac{^1k_2}{^1k_3}\right] = -{}^1k_4 b;$$

$$\frac{\mathrm{d}b}{\mathrm{d}t} = -\frac{^1k_4}{1 + \dfrac{^1k_2}{^1k_3}}\, b.$$

Man faßt den gleichbleibenden Ausdruck zur sogenannten Eliminationskonstanten k_e zusammen:

$$\frac{\mathrm{d}b}{\mathrm{d}t} = -k_\mathrm{e}b; \quad k_\mathrm{e} = \frac{{}^1k_4}{1 + \dfrac{{}^1k_2}{{}^1k_3}} \quad (\text{für } {}^1k_4 \ll {}^1k_3).$$

2. Falls die Abflußkonstante ${}^1k_4$ gegenüber ${}^1k_3$ groß ist, kann sich wegen des starken Abflusses kein Verteilungsgleichgewicht einstellen. Vielmehr kommt es zu einem Fließgleichgewicht zwischen G und B, bei dem die Änderung des Blutspiegels wegen seiner sehr geringen Höhe vernachlässigt werden kann. Die Zunahme der Menge im Urin ist näherungsweise gleich der Abnahme der Menge im Gewebecompartment:

$$\frac{\mathrm{d}u}{\mathrm{d}t} = -\frac{\mathrm{d}g}{\mathrm{d}t} \quad \text{bzw. } {}^1k_4 b = {}^1k_3 g - {}^1k_2 b; \quad g = \frac{{}^1k_2 + {}^1k_4}{{}^1k_3} \, b.$$

Durch Einsetzen des Ausdrucks für g in die obige Differentialgleichung erhält man:

$$ {}^1k_4 b = -\frac{{}^1k_2 + {}^1k_4}{{}^1k_3} \cdot \frac{\mathrm{d}b}{\mathrm{d}t} \, ; \quad \frac{\mathrm{d}b}{\mathrm{d}t} = -\frac{{}^1k_3 \, {}^1k_4}{{}^1k_2 + {}^1k_4} \, b; $$

$$\frac{\mathrm{d}b}{\mathrm{d}t} = -\frac{{}^1k_4}{\dfrac{{}^1k_2}{{}^1k_3} + \dfrac{{}^1k_4}{{}^1k_3}} \, b.$$

Durch Zusammenfassen der Konstanten zu k_e erhält man:

$$\frac{\mathrm{d}b}{\mathrm{d}t} = -k_\mathrm{e}b; \quad k_\mathrm{e} = \frac{{}^1k_4}{\dfrac{{}^1k_2}{{}^1k_3} + \dfrac{{}^1k_4}{{}^1k_3}} \quad (\text{für } {}^1k_4 \gg {}^1k_3).$$

Nach Erreichen eines Verteilungs- oder Fließgleichgewichts verläuft also die Abnahme des Blutspiegels, d. h. die Elimination des Pharmakons aus dem Körper, näherungsweise nach einem einfachen Gesetz erster Ordnung. Man kommt durch Umformung der obigen Gleichungen zu einem Ausdruck für die Änderung der Elimination ($\mathrm{d}u/\mathrm{d}t$), in dem die Eliminationskonstante k_e ebenfalls als Geschwindigkeitskonstante auftritt.

$$\frac{\mathrm{d}u}{\mathrm{d}t} = k_\mathrm{e}(m_0 - u).$$

$m_0 = $ Anfangsdosis; $(m_0 - u) = $ im Körper befindliche Menge des Pharmakons.

k_e ist die Ausscheidungskonstante im „steady state", wenn die gesamte noch nicht ausgeschiedene Menge des Pharmakons $(m_0 - u)$ als eine einzige Variable aufgefaßt werden darf. Die Beziehung $\mathrm{d}u/\mathrm{d}t = {}^1k_4 b$ gilt dabei weiterhin ohne Einschränkung. Aus dem Vergleich der beiden Ausdrücke für die Ausscheidungsänderung ($\mathrm{d}u/\mathrm{d}t$) geht hervor, daß die Eliminationskonstante k_e nicht mit der Abflußkonstante ${}^1k_4$ identisch ist.

k_e ist stets kleiner als $^1k_4$; denn bei Verwendung von k_e bezieht sich $\mathrm{d}u/\mathrm{d}t$ auf die größere Menge $(m_0 - u)$, bei Verwendung von $^1k_4$ auf die kleinere Menge b.

Die Berechnung der Eliminationskonstanten k_e ist jedoch nur für die Bedingungen $^1k_4 \ll {}^1k_3$ oder $^1k_4 \gg {}^1k_3$ nach den oben abgeleiteten Formeln möglich. In allen anderen Fällen — vor allem bei Modellen mit mehr als einem Verteilungscompartment — läßt sich k_e am besten empirisch ermitteln.

Hierzu werden der Logarithmus des Blutspiegels, lg b, oder der Logarithmus der Differenz zwischen Anfangsdosis m_0 und bereits ausgeschiedener Menge u, also lg $(m_0 - u)$, gegen die Zeit aufgetragen. (Es können anstelle der gemessenen Kurven auch die simulierten Kurven verwendet werden). Nach einer gewissen Zeit gehen die Kurven in eine abfallende Gerade über, deren Neigung sich auch nach längeren Zeiten nicht mehr ändert. Aus der Neigung, tan α, wird die Eliminationskonstante k_e berechnet:

$$k_e = -2{,}303 \cdot \tan \alpha.$$

Aus der Eliminationskonstanten läßt sich die Halbwertszeit der Ausscheidung berechnen. Da der Blutspiegel im Gleichgewicht mit dem Körpergewebe steht, ist die Halbwertszeit des Blutspiegels nach Erreichen des „steady state" gleichbedeutend mit der Halbwertszeit der gesamten restlichen Menge des Pharmakons im Körper.

$$t_{e_{1/2}} = \frac{\ln 2}{k_e} = \frac{0{,}6932}{k_e}.$$

Modell 32. Pharmakokinetisches Grundmodell für zeitlich unterteilte Dosisverabreichung.

$$A_1 + A_2 + A_3 \cdots + A_n \xrightarrow{\;\;^1k_1\;\;} B \underset{^1k_3}{\overset{^1k_2}{\rightleftarrows}} G$$
$$B \xrightarrow{^1k_4} U$$

$A_1, A_2, A_3, \ldots =$ Erste, zweite, dritte Verabreichung usw. einer Dosis in den Magen-Darm-Kanal bzw. die Muskulatur oder die Haut (Absorptionscompartment), $B =$ Blut, $G =$ allgemeines Gewebe, $U =$ Urin.

$$\frac{\mathrm{d}a}{\mathrm{d}t} = - {}^1k_1 a; \qquad \frac{\mathrm{d}b}{\mathrm{d}t} = {}^1k_1 a - ({}^1k_2 + {}^1k_4)b + {}^1k_3 g;$$

$$\frac{\mathrm{d}g}{\mathrm{d}t} = {}^1k_2 b - {}^1k_3 g; \qquad \frac{\mathrm{d}u}{\mathrm{d}t} = {}^1k_4 b.$$

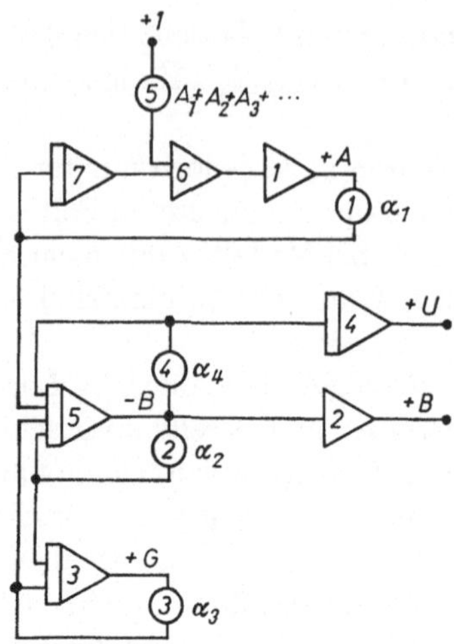

Abb. 131. Schaltbild für Mod. 32.

Tabelle 40. *Schaltliste für Mod. 32*

von	nach
I_3	P_3
I_5	P_2, P_4, S_2
I_7	S_6
P_1	I_5, I_7
P_2	I_3, I_5
P_3	I_3, I_5
P_4	I_4, I_5
P_5	S_6
S_1	P_1
S_6	S_1
$+1$	P_5

Konst.	an Pot.
$A_1 + A_2 \cdots$	5
α_1	1
α_2	2
α_3	3
α_4	4

Variable	an
A	S_1
B	S_2
G	I_3
U	I_4

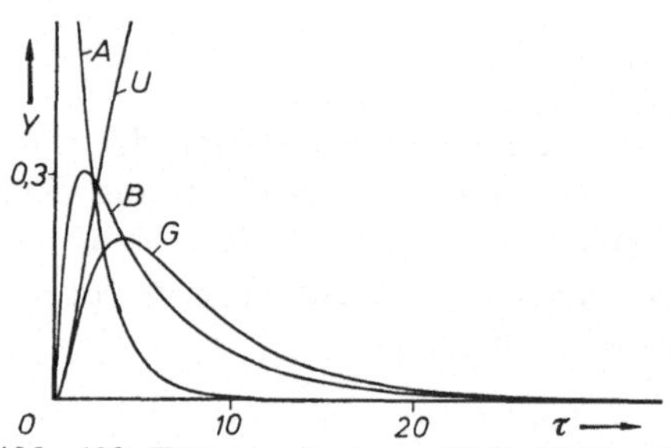

Abb. 132. Kurvenverlauf zum Mod. 32 für eine
einmalige Dosisverabreichung (s. Abb. 125).
$\alpha_1 = 0{,}6$; $\alpha_2 = \alpha_3 = \alpha_4 = 0{,}5$; $A_0 = 1{,}0$.

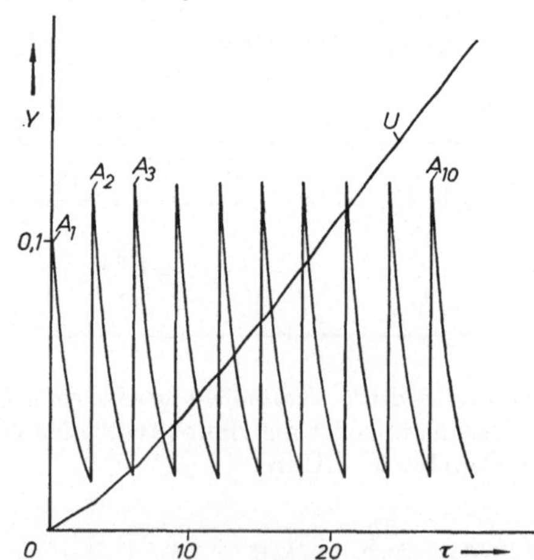

Abb. 133. Kurvenverlauf (Mod. 32) des Absorptionscompartments und der kumulativen
Urinausscheidung für zehnmalige Verabreichung einer gleich großen Dosis in gleichen Zeitabständen.
$\alpha_1 = 0{,}6$; $\alpha_2 = \alpha_3 = \alpha_4 = 0{,}5$; $A_1 = A_2 = A_3 \ldots = A_{10} = 0{,}1$.

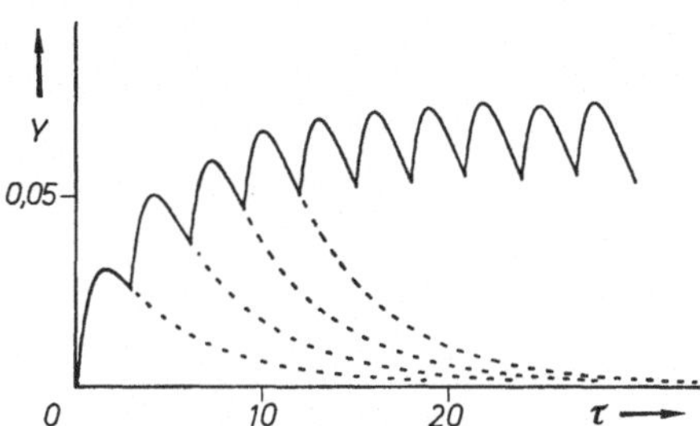

Abb. 134. Kurvenverlauf (Mod. 32) des Blutspiegels für zehnmalige Verabreichung einer gleich großen Dosis in gleichen Zeitabständen.
$\alpha_1 = 0{,}6$; $\alpha_2 = \alpha_3 = \alpha_4 = 0{,}5$;
$A_1 = A_2 = A_3 \ldots = A_{10} = 0{,}1$.

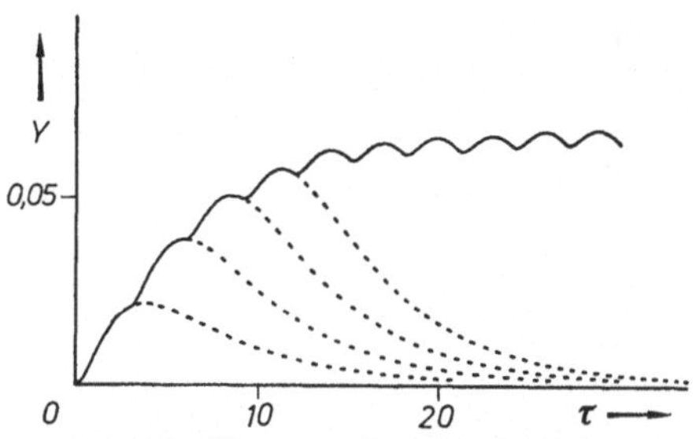

Abb. 135. Kurvenverlauf (Mod. 32) des Gewebespiegels für zehnmalige Verabreichung einer gleich großen Dosis in gleichen Zeitabständen.
$\alpha_1 = 0{,}6$; $\alpha_2 = \alpha_3 = \alpha_4 = 0{,}5$;
$A_1 = A_2 = A_3 \ldots = A_{10} = 0{,}1$.

Anmerkung. Die in Abb. 133—135 dargestellten Kurven können folgendermaßen erhalten werden: Die erste Dosis wird als normierte Größe (A_1) am Potentiometer 5 eingestellt. Zum Zeitpunkt der nächsten Verabreichung wird der Computer auf „Hold" bzw. „Halten" gestellt, die nächste normierte Dosis (A_2) an Potentiometer 5 zur bereits vorher eingestellten Dosis addiert und der Computer wieder auf „Operate" bzw. „Rechnen" geschaltet. Die „Verabreichung" weiterer Dosen erfolgt in gleicher Weise. Die Summe der einzelnen normierten Dosen darf nicht größer 1,0 sein, falls man darauf Wert legt, auch die kumulative Urinkurve zu erfassen. Bei höherem Wert der Summe würde man den Integrierer 4 (Abb. 131) überladen. Verzichtet man auf den Integrierer 4, so kann man die Kurven theoretisch für eine unbegrenzte Anzahl von Verabreichungen verfolgen. Es muß dann nur noch darauf geachtet werden, daß die einzelnen Mengen in den restlichen Compartments zwischenzeitlich nicht über den Wert 1,0 steigen.

Am Beispiel in Abb. 135 ist deutlich eine fortschreitende Kumulation des Pharmakons im Körpergewebe zu erkennen. Die Kumulation endet, wenn sich ein Gleichgewicht zwischen dem diskontinuierlichen Zufluß und der Ausscheidung eingestellt hat. Dieses Gleichgewicht besteht erst dann, wenn die Maxima der Gewebespiegelkurve stets die gleiche Höhe erreichen (Grenzmaximum).

Modell 33. Pharmakokinetisches Modell für zwei verschiedene Verabreichungsarten, welche zum gleichen Zeitpunkt vorgenommen werden.

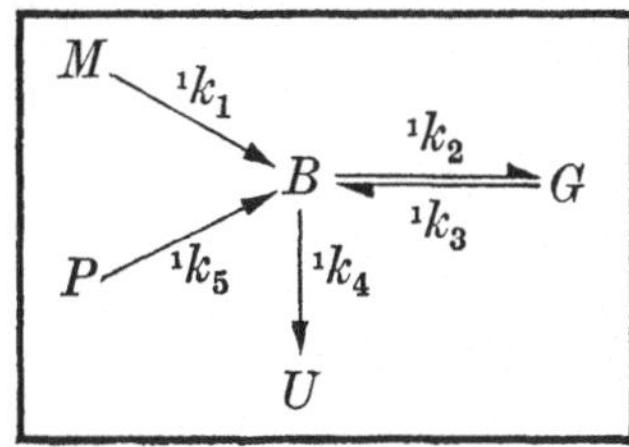

$$\frac{\mathrm{d}m}{\mathrm{d}t} = -{}^1k_1 m\,; \qquad \frac{\mathrm{d}p}{\mathrm{d}t} = -{}^1k_5 p\,;$$

$$\frac{\mathrm{d}b}{\mathrm{d}t} = {}^1k_1 m + {}^1k_5 p + {}^1k_3 g - ({}^1k_2 + {}^1k_4)b\,; \qquad \frac{\mathrm{d}g}{\mathrm{d}t} = {}^1k_2 b - {}^1k_3 g\,;$$

$$\frac{\mathrm{d}u}{\mathrm{d}t} = {}^1k_4 b\,.$$

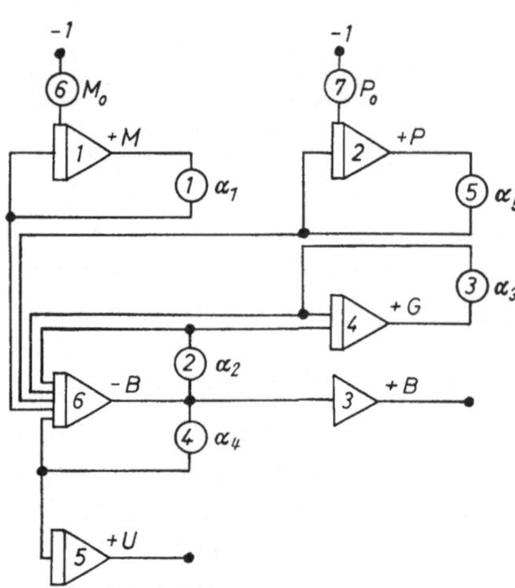

Abb. 136. Schaltbild für Mod. 33.

Tabelle 41. *Schaltliste für Mod. 33*

von	nach
I_1	P_1
I_2	P_5
I_4	P_3
I_6	P_2, P_4, S_3
P_1	I_1, I_6
P_2	I_4, I_6
P_3	I_4, I_6
P_4	I_5, I_6
P_5	I_2, I_6
P_6	$I_1(IC)$
P_7	$I_2(IC)$
-1	P_6, P_7

Konst.	an Pot.
M_0	6
P_0	7
α_1	1
α_2	2
α_3	3
α_4	4
α_5	5

Variable	an
M	I_1
P	I_2
B	S_3
G	I_4
U	I_5

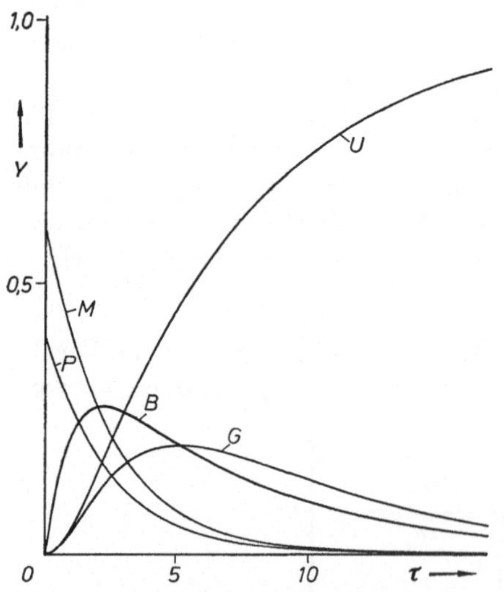

Abb. 137. Kurvenverlauf zum Mod. 33.
$$\alpha_1 = \alpha_2 = \alpha_3 = \alpha_4 = \alpha_5 = 0{,}4\,;$$
$$M_0 = 0{,}6\,;\; P_0 = 0{,}4\,.$$

Anmerkung. Modell 33 könnte z. B. für die Simulierung der Pharmako-kinetik bei gleichzeitiger oraler (M) und intramuskulärer (P) Verabrei-chung eines Pharmakons verwendet werden. Sind die beiden Absorptions-konstanten $^1k_1$ und $^1k_5$ durch Simulierung mit einfacher Verabreichung nach Modell 31 bestimmt worden, so können mit Modell 33 Vorhersagen über den zeitlichen Verlauf von Blut- und Gewebespiegel bei verschiede-nen Dosen M_0 und P_0 gemacht werden.

Modell 34. Pharmakokinetisches Modell für ein Präparat mit protra-hierender Wirkung.

$$P \xrightarrow{\;^1k_5\;} M \xrightarrow{\;^1k_1\;} B \underset{^1k_3}{\overset{^1k_2}{\rightleftharpoons}} G$$

$$B \xrightarrow{\;^1k_4\;} U$$

$$\frac{\mathrm{d}p}{\mathrm{d}t} = -\,^1k_5 p; \quad \frac{\mathrm{d}m}{\mathrm{d}t} = \,^1k_5 p - \,^1k_1 m;$$

$$\frac{\mathrm{d}b}{\mathrm{d}t} = \,^1k_1 m - (^1k_2 + \,^1k_4)b + \,^1k_3 g; \quad \frac{\mathrm{d}g}{\mathrm{d}t} = \,^1k_2 b - \,^1k_3 g;$$

$$\frac{\mathrm{d}u}{\mathrm{d}t} = \,^1k_4 b.$$

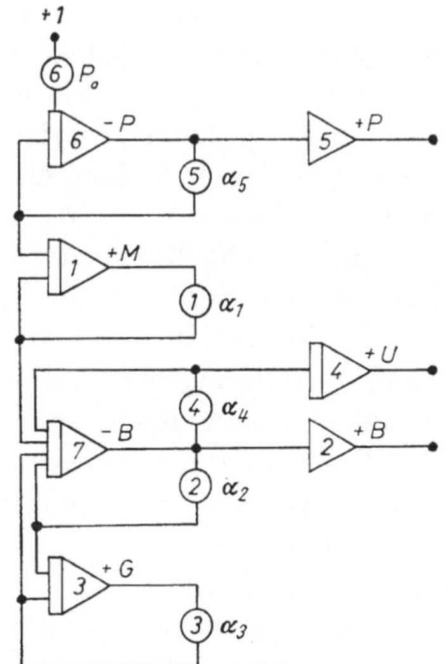

Abb. 138. Schaltbild für Mod. 34.

Tabelle 42. *Schaltliste für Mod. 34*

von	nach
I_1	P_1
I_3	P_3
I_6	$P_5,\ S_5$
I_7	$P_2,\ P_4,\ S_2$
P_1	$I_1,\ I_7$
P_2	$I_3,\ I_7$
P_3	$I_3,\ I_7$
P_4	$I_4,\ I_7$
P_5	$I_1,\ I_6$
P_6	$I_6\,(IC)$
$+1$	P_6

8. Modellbeispiele

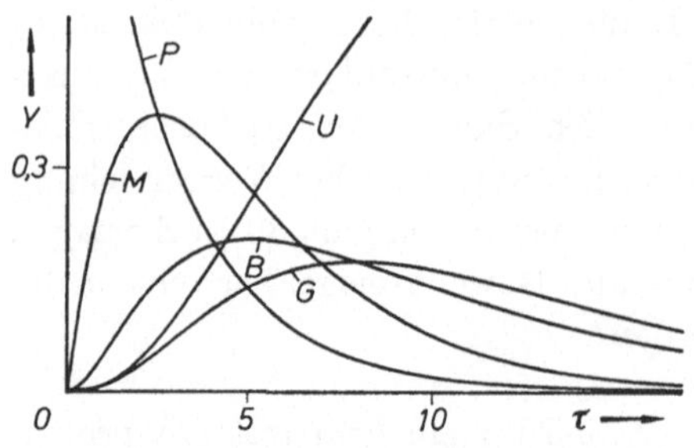

Abb. 139. Kurvenverlauf zum Mod. 34.
$\alpha_1 = \alpha_2 = \alpha_3 = \alpha_4 = \alpha_5 = 0{,}4$; $P_0 = 1{,}0$.

Tabelle 42 (Fortsetzung)

Konst.	an Pot.
P_0	6
α_1	1
α_2	2
α_3	3
α_4	4
α_5	5

Variable	an
M	I_1
B	S_2
G	I_3
U	I_4
P	S_5

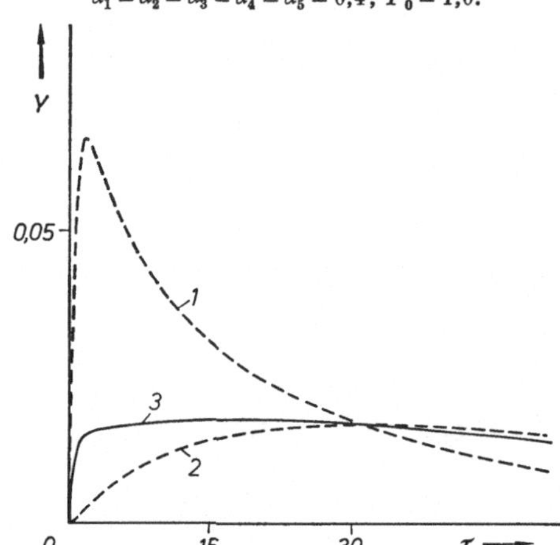

Abb. 140. Blutspiegelkurven (Mod. 34) für unterschiedliche Aufteilung einer Dosis in sofort absorbierbare Menge (M_0) und Präparat (P_0) mit protrahierender Wirkung.
1: $P_0 = 0$; $M_0 = 1{,}0$; 2: $P_0 = 1{,}0$, $M_0 = 0$; 3: $P_0 = 0{,}8$, $M_0 = 0{,}2$.

Anmerkung. Die Menge des Pharmakons in M kann sofort absorbiert werden. Dagegen unterliegt das Präparat in P einer langsamen Auflösung, die angenähert durch die Geschwindigkeitskonstante $^1k_5 \mathrel{\widehat{=}} \alpha_5$ charakterisiert wird. Erst die aus P nach M freigesetzte Menge kann absorbiert werden. Abb. 140 zeigt ein Beispiel, wie durch günstige Aufteilung einer Dosis in eine sich schnell auflösende, d. h. sofort absorbierbare Menge, und ein Präparat mit protrahierender Wirkung, ein schnelles Ansteigen des Blutspiegels auf einen gewünschten Wert erreicht werden kann, der auch über den erforderlichen Zeitraum konstant bleibt (Kurve 3). Wird die gesamte Menge dagegen schnell absorbierbar in M eingegeben, so erhält man einen Blutspiegel, der unnötig und unter Umständen gefährlich hoch ansteigt und sehr schnell wieder absinkt (Kurve 1). Liegt die gesamte Dosis in Form von Präparat P vor, dann verstreicht eine zu lange Zeit, bis der Blutspiegel die gewünschte Höhe erreicht (Kurve 2).

P und M können auch zwei verschieden schnell absorbierbare Substanzen darstellen wie z. B. ein Ester und der entsprechende Alkohol, wobei der Ester langsam zum wirksamen und schnell absorbierbaren Alkohol verseift wird.

Modell 35. Pharmakokinetisches Modell für eine intravenöse Dauerinfusion.

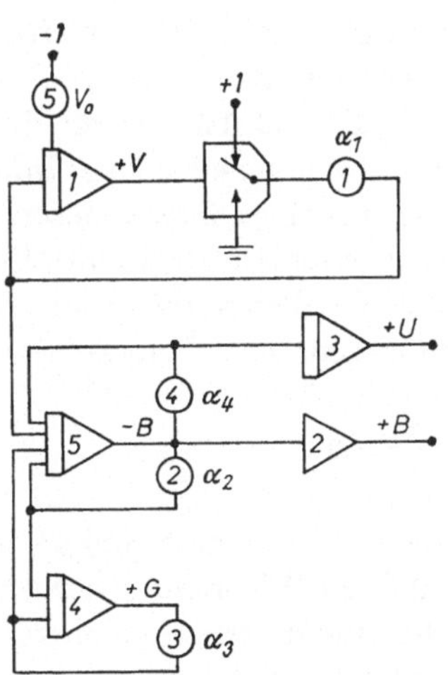

$$\frac{dv}{dt} = -{}^{0}k_1; \qquad \frac{db}{dt} = {}^{0}k_1 - ({}^{1}k_2 + {}^{1}k_4)b + {}^{1}k_3 g;$$

$$\frac{dg}{dt} = {}^{1}k_2 b - {}^{1}k_3 g; \qquad \frac{du}{dt} = {}^{1}k_4 b.$$

Abb. 141. Schaltbild für Mod. 35.

Tabelle 43. *Schaltliste für Mod. 35*

von	nach
I_1	K
I_4	P_3
I_5	P_2, P_4, S_2
K	P_1
P_1	I_1, I_5
P_2	I_5, I_4
P_3	I_5, I_4
P_4	I_3, I_5
P_5	I_1(IC)
Erde	K
$+1$	K
-1	P_5

Konst.	an Pot.
V_0	5
α_1	1
α_2	2
α_3	3
α_4	4

Variable	an
V	I_1
B	S_2
G	I_4
U	I_3

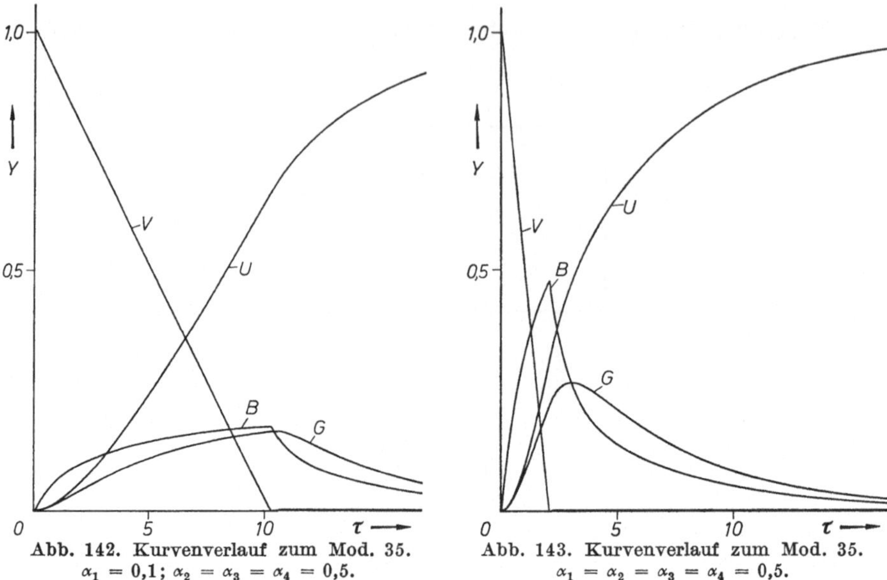

Abb. 142. Kurvenverlauf zum Mod. 35.
$\alpha_1 = 0,1$; $\alpha_2 = \alpha_3 = \alpha_4 = 0,5$.

Abb. 143. Kurvenverlauf zum Mod. 35.
$\alpha_1 = \alpha_2 = \alpha_3 = \alpha_4 = 0,5$.

Anmerkung. Eine intravenöse Dauerinfusion aus einem Vorratsgefäß V verläuft im allgemeinen mit konstanter Geschwindigkeit, also nach einem Zeitgesetz nullter Ordnung. Abb. 142 und 143 zeigen die Zeitkurven der einzelnen Compartments für zwei verschiedene Infusionsgeschwindigkeiten ($^0k_1 \triangleq \alpha_1$). Bei einer kurzzeitigen intravenösen Injektion ist $^0k_1$ extrem groß. Damit kann das Compartment V entfallen und man kann näherungsweise annehmen, daß zu Beginn die gesamte Dosis als B_0 im Blut vorliege. Das Modell vereinfacht sich dann zu:

$$U \xleftarrow{\;^1k_4\;} B \underset{^1k_3}{\overset{^1k_2}{\rightleftharpoons}} G$$

Die Schaltung für das einfachere Modell erhält man, indem man in Abb. 141 I_1, K und P_1 wegfallen läßt und P_5 zur Einstellung der Anfangsmenge im Blut B_0 auf den IC-Eingang des Integrierers 5 schaltet. Für P_5 muß dann als Referenzgröße $+1$ verwendet werden.

Modell 36. Pharmakokinetisches Modell für lineare Elimination (Abbau des Äthylalkohols).

$$M \xrightarrow{\;^1k_1\;} B \underset{^1k_3}{\overset{^1k_2}{\rightleftharpoons}} G$$
$$\downarrow{^0k_4}$$
$$L$$

$$\frac{\mathrm{d}m}{\mathrm{d}t} = -{}^1k_1 m; \qquad \frac{\mathrm{d}b}{\mathrm{d}t} = {}^1k_1 m - {}^1k_2 b + {}^1k_3 g - {}^0k_4;$$

$$\frac{\mathrm{d}g}{\mathrm{d}t} = {}^1k_2 b - {}^1k_3 g; \qquad \frac{\mathrm{d}l}{\mathrm{d}t} = {}^0k_4.$$

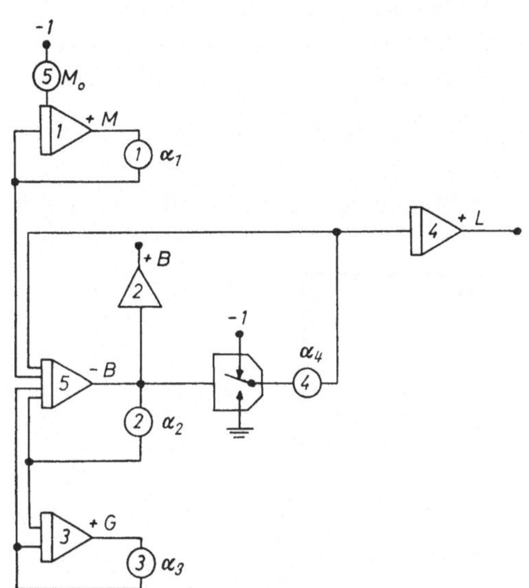

Abb. 144. Schaltbild für Mod. 36.

Tabelle 44. *Schaltliste für Mod. 36*

von	nach
I_1	P_1
I_3	P_3
I_5	P_2, S_2, K
K	P_4
P_1	I_1, I_5
P_2	I_3, I_5
P_3	I_3, I_5
P_4	I_4, I_5
P_5	I_1(IC)
Erde	K
-1	K, P_5

Konst.	an Pot.
M_0	5
α_1	1
α_2	2
α_3	3
α_4	4

Variable	an
M	I_1
B	S_2
G	I_3
L	I_4

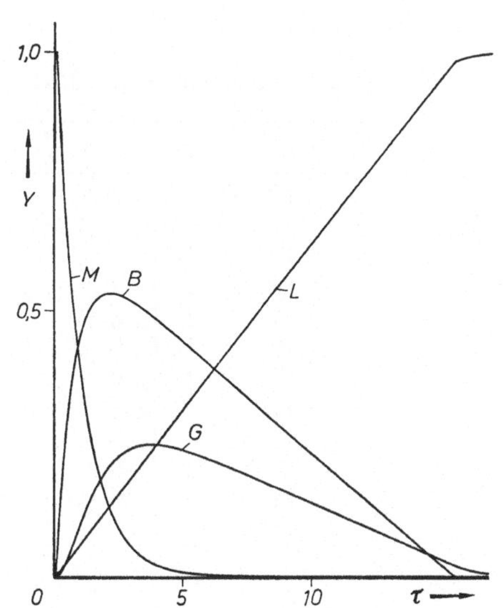

Abb. 145. Kurvenverlauf zum Mod. 36.
$\alpha_1 = \alpha_3 = 1{,}0$; $\alpha_2 = 0{,}5$; $\alpha_4 = 0{,}065$.

Anmerkung. Der enzymatische Abbau des Blutalkohols in der Leber verläuft im Gegensatz zum Abbau der meisten Pharmaka unabhängig vom Blutalkoholspiegel, also mit konstanter Geschwindigkeit, und somit nach einem Zeitgesetz nullter Ordnung. Die Ursache hierfür liegt darin, daß nach Genuß von alkoholischen Getränken die Konzentration des Alkohols Werte im Körper erreicht, die bis zu zwei Zehnerpotenzen höher liegen als übliche Arzneimittelkonzentrationen. Infolgedessen werden die abbauenden Enzyme der Leber gesättigt und der Abbau verläuft nach nullter Ordnung (vgl. Mod. 28).

Modell 37. Pharmakokinetisches Modell mit zwei parallelen Verteilungsräumen.

$$\frac{\mathrm{d}m}{\mathrm{d}t} = -{}^1k_1 m; \quad \frac{\mathrm{d}b}{\mathrm{d}t} = {}^1k_1 m + {}^1k_3 g + {}^1k_6 l - ({}^1k_2 + {}^1k_4 + {}^1k_5)b;$$

$$\frac{\mathrm{d}g}{\mathrm{d}t} = {}^1k_2 b - {}^1k_3 g; \quad \frac{\mathrm{d}l}{\mathrm{d}t} = {}^1k_5 b - {}^1k_6 l; \quad \frac{\mathrm{d}u}{\mathrm{d}t} = {}^1k_4 b.$$

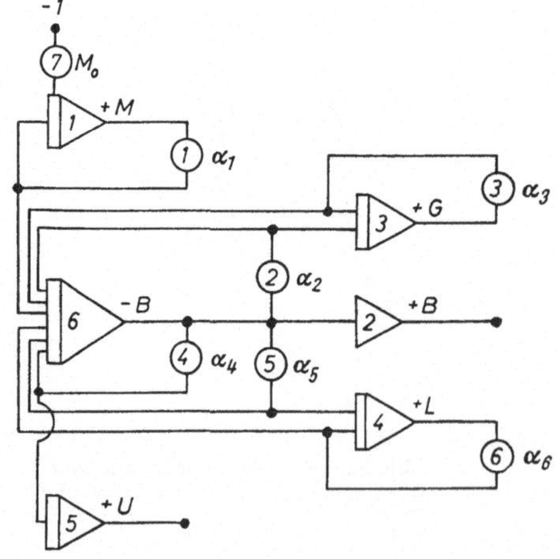

Abb. 146. Schaltbild für Mod. 37.

Tabelle 45. *Schaltliste für Mod. 37*

von	nach
I_1	P_1
I_3	P_3
I_4	P_6
I_6	P_2, P_4, P_5, S_2
P_1	I_1, I_6
P_2	I_3, I_6
P_3	I_3, I_6
P_4	I_5, I_6
P_5	I_4, I_6
P_6	I_4, I_6
P_7	$I_1 (IC)$
-1	P_7

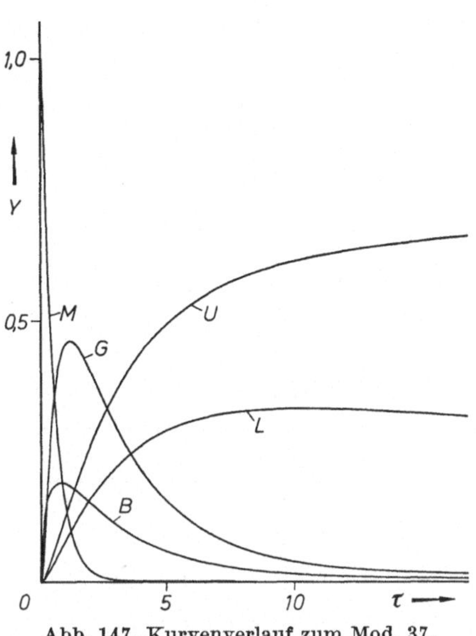

Tabelle 45 (Fortsetzung)

Konst.	an Pot.
M_0	7
α_1	1
α_2	2
α_3	3
α_4	4
α_5	5
α_6	6

Variable	an
M	I_1
B	S_2
G	I_3
L	I_4
U	I_5

Abb. 147. Kurvenverlauf zum Mod. 37.
$\alpha_1 = 2{,}0;\ \alpha_2 = 10{,}0;\ \alpha_3 = 4{,}0;\ \alpha_4 = 0{,}8;$
$\alpha_5 = 0{,}5;\ \alpha_6 = 20{,}0.$

Anmerkung. Oft ist es notwendig, das als eine Einheit aufgefaßte Körpergewebe in zwei oder mehrere spezifische Compartments aufzuteilen, und zwar dann, wenn Meßwerte von besonderen Verteilungsräumen vorliegen, die relativ groß sind und in bezug auf das Pharmakon andere Eigenschaften aufweisen, als das übrige Gewebe. Selbst wenn keine Meßwerte von besonderen Verteilungsräumen vorliegen, muß das pharmakokinetische Modell zuweilen erweitert werden, um überhaupt die übrigen gemessenen Kurven simulieren zu können. Modell 37 wird vielfach verwendet, wenn die Ausscheidungskurve zu Beginn schnell ansteigt und danach außergewöhnlich flach verläuft.

Modell 38. Pharmakokinetisches Modell mit zwei hintereinanderliegenden Verteilungsräumen.

$$M \xrightarrow{\ {}^1k_1\ } B \underset{{}^1k_3}{\overset{{}^1k_2}{\rightleftharpoons}} G \underset{{}^1k_6}{\overset{{}^1k_5}{\rightleftharpoons}} L$$

$$B \xrightarrow{\ {}^1k_4\ } U$$

$$\frac{\mathrm{d}m}{\mathrm{d}t} = -{}^1k_1 m; \quad \frac{\mathrm{d}b}{\mathrm{d}t} = {}^1k_1 m - ({}^1k_2 + {}^1k_4)b + {}^1k_3 g;$$

$$\frac{\mathrm{d}g}{\mathrm{d}t} = {}^1k_2 b - ({}^1k_3 + {}^1k_5)g + {}^1k_6 l; \quad \frac{\mathrm{d}l}{\mathrm{d}t} = {}^1k_5 g - {}^1k_6 l; \quad \frac{\mathrm{d}u}{\mathrm{d}t} = {}^1k_4 b.$$

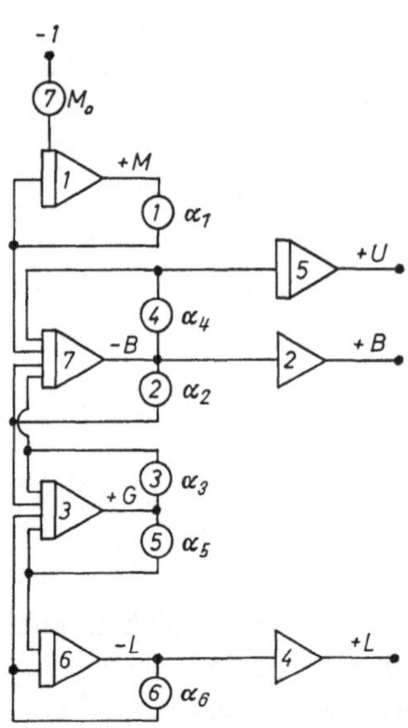

Abb. 148. Schaltbild für Mod. 38.

Tabelle 46. *Schaltliste für Mod. 38*

von	nach
I_1	P_1
I_3	P_3, P_5
I_6	P_6, S_4
I_7	P_2, P_4, S_2
P_1	I_1, I_7
P_2	I_3, I_7
P_3	I_3, I_7
P_4	I_5, I_7
P_5	I_3, I_6
P_6	I_3, I_6
P_7	I_1(IC)
-1	P_7

Konst.	an Pot.
M_0	7
α_1	1
α_2	2
α_3	3
α_4	4
α_5	5
α_6	6

Variable	an
M	I_1
B	S_2
G	I_3
L	S_4
U	I_5

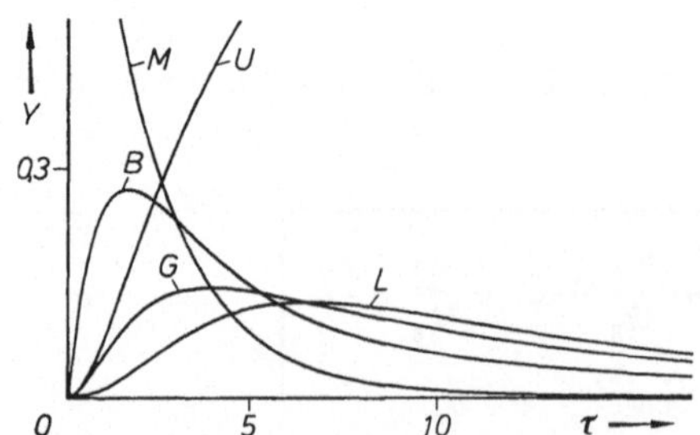

Abb. 149. Kurvenverlauf zum Mod. 38.
$\alpha_1 = \alpha_2 = \alpha_3 = \alpha_4 = \alpha_5 = \alpha_6 = 0{,}5; \ M_0 = 1{,}0.$

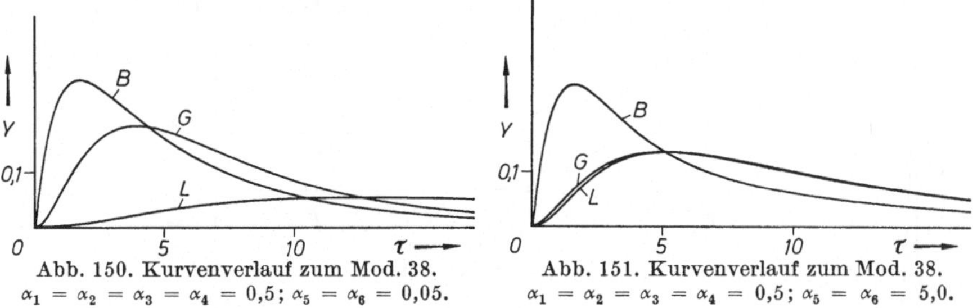

Abb. 150. Kurvenverlauf zum Mod. 38.
$\alpha_1 = \alpha_2 = \alpha_3 = \alpha_4 = 0,5$; $\alpha_5 = \alpha_6 = 0,05$.

Abb. 151. Kurvenverlauf zum Mod. 38.
$\alpha_1 = \alpha_2 = \alpha_3 = \alpha_4 = 0,5$; $\alpha_5 = \alpha_6 = 5,0$.

Anmerkung. In Abb. 151 sind die Konstanten des Hin- und Rückflusses von G nach L hundertmal größer als in Abb. 150, so daß die Kurven von G und L fast identisch werden. In diesem Falle könnte man G und L wieder zu einem Verteilungsraum zusammenfassen.

Modell 39. Pharmakokinetisches Modell mit zwei Ausscheidungswegen.

$$\frac{\mathrm{d}b}{\mathrm{d}t} = {}^1k_2 g - ({}^1k_1 + {}^1k_3 + {}^1k_4)b; \quad \frac{\mathrm{d}g}{\mathrm{d}t} = {}^1k_1 b - {}^1k_2 g;$$

$$\frac{\mathrm{d}u}{\mathrm{d}t} = {}^1k_3 b; \quad \frac{\mathrm{d}f}{\mathrm{d}t} = {}^1k_4 b.$$

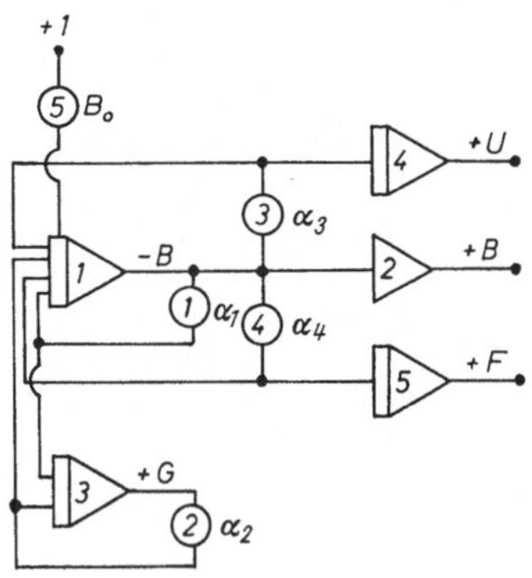

Abb. 152. Schaltbild für Mod. 39.

Tabelle **47.** *Schaltliste für Mod. 39*

von	nach
I_1	P_1, P_3, P_4, S_2
I_3	P_2
P_1	I_1, I_3
P_2	I_1, I_3
P_3	I_1, I_4
P_4	I_1, I_5
P_5	$I_1\,(\mathrm{IC})$
$+1$	P_5

Konst.	an Pot.
B_0	5
α_1	1
α_2	2
α_3	3
α_4	4

9*

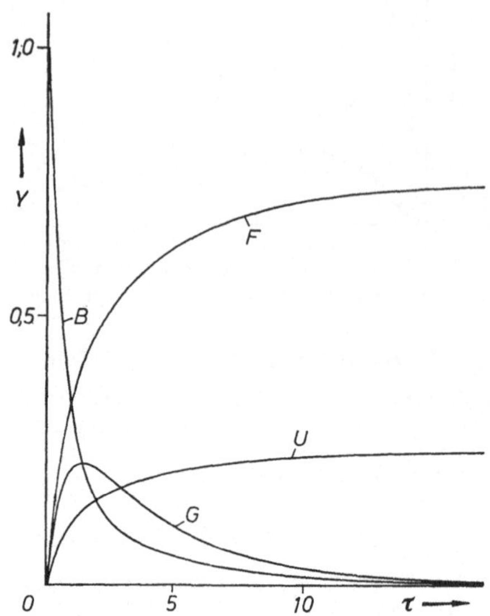

Tabelle 47 (Fortsetzung)

Variable	an
B	S_2
G	I_3
U	I_4
F	I_5

Abb. 153. Kurvenverlauf zum Mod. 39.
$\alpha_1 = \alpha_2 = 0{,}5;\ \alpha_3 = 0{,}2;\ \alpha_4 = 0{,}6.$

Anmerkung. Modell 39 kann für die Pharmakokinetik eines Röntgenkontrastmittels verwendet werden, das intravenös appliziert wird. Ein Präparat, das hauptsächlich über die Galle ausgeschieden wird, ist in Abb. 153 dargestellt. Die Ausscheidung über die Galle in die Fäkalien F ist wesentlich stärker als die Ausscheidung über die Niere und den Urin. Vertauscht man die Werte von α_3 und α_4, bzw. die Bezeichnung der Kurven von F und U, so erhält man das Kurvenbild eines Präparates, das vorzugsweise über die Niere ausgeschieden wird.

Modell 40. Pharmakokinetisches Modell mit zwei Ausscheidungswegen und unvollständiger Magen-Darm-Absorption.

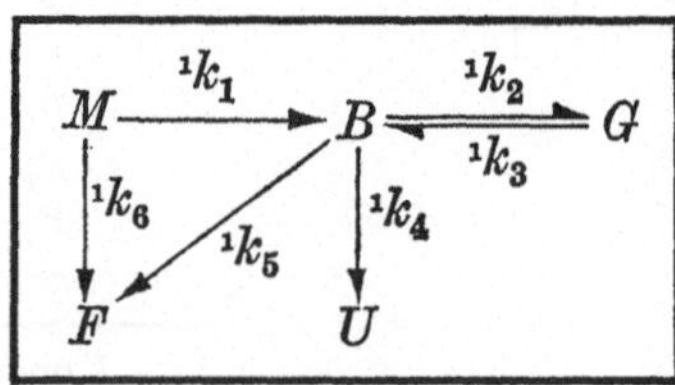

$$\frac{\mathrm{d}m}{\mathrm{d}t} = -({}^1k_1 + {}^1k_6)\,m; \qquad \frac{\mathrm{d}b}{\mathrm{d}t} = {}^1k_1 m - ({}^1k_2 + {}^1k_4 + {}^1k_5)\,b + {}^1k_3 g;$$

$$\frac{\mathrm{d}g}{\mathrm{d}t} = {}^1k_2 b - {}^1k_3 g; \qquad \frac{\mathrm{d}u}{\mathrm{d}t} = {}^1k_4 b; \qquad \frac{\mathrm{d}f}{\mathrm{d}t} = {}^1k_5 b + {}^1k_6 m.$$

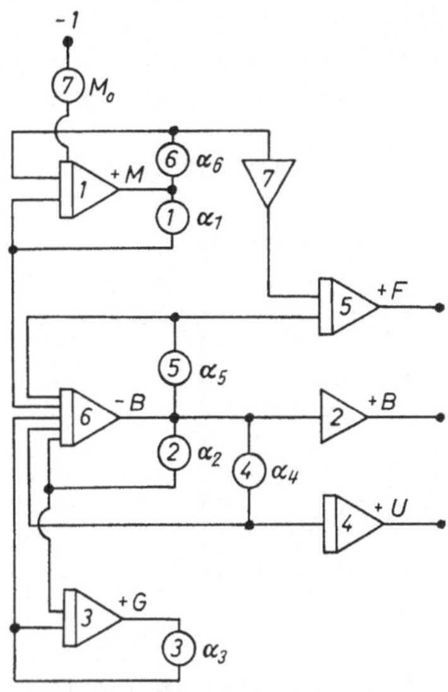

Abb. 154. Schaltbild für Mod. 40.

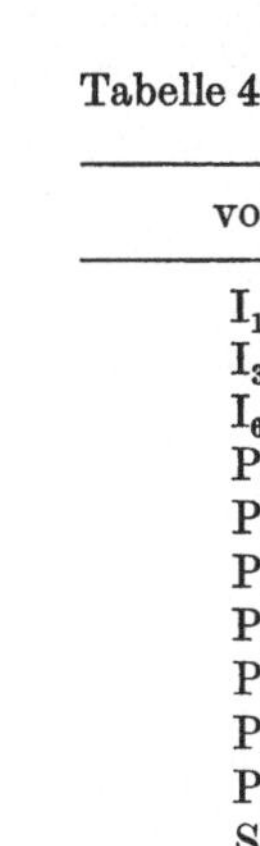

Tabelle 48. *Schaltliste für Mod. 40*

von	nach
I_1	P_1, P_6
I_3	P_3
I_6	P_2, P_4, P_5, S_2
P_1	I_1, I_6
P_2	I_3, I_6
P_3	I_3, I_6
P_4	I_4, I_6
P_5	I_5, I_6
P_6	I_1, S_7
P_7	$I_1 (IC)$
S_7	I_5
-1	P_7

Konst.	an Pot.
M_0	7
α_1	1
α_2	2
α_3	3
α_4	4
α_5	5
α_6	6

Variable	an
M	I_1
B	S_2
G	I_3
U	I_4
F	I_5

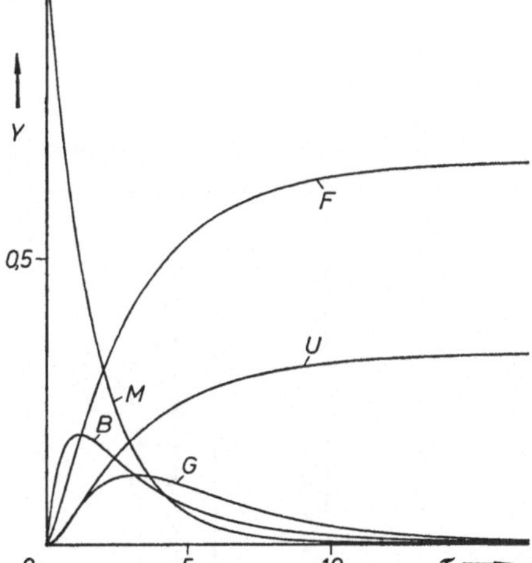

Abb. 155. Kurvenverlauf zum Mod. 40.
$\alpha_1 = \alpha_2 = \alpha_3 = 0{,}5;\ \alpha_4 = 0{,}4;$
$\alpha_5 = 0{,}6;\ \alpha_6 = 0{,}1.$

Anmerkung. Den Übergang des im Magen-Darmtrakt M nicht absorbierten Substanzanteils zu den Fäkalien F als einen Vorgang erster Ordnung anzusehen, ist nur eine grobe Annäherung. Die verabreichte Stoffmenge wird sich nicht immer wie ein Pfropfen in einem engen Rohr verhalten, sondern sich mehr oder weniger mit der übrigen Füllmenge im Magen mischen und mit neu hinzukommender Füllmenge rückvermischen, deshalb kann man für die mechanische Abwanderung des Stoffes mit der

Füllmenge aus dem absorbierenden Magen näherungsweise ein Zeitgesetz erster Ordnung verwenden. (Allerdings läßt sich auch ein anderes Modell finden, durch das derartige Probleme darstellbar sind; s. S. 164).

Modell 41. Pharmakokinetisches Modell mit enterohepatischem Kreislauf.

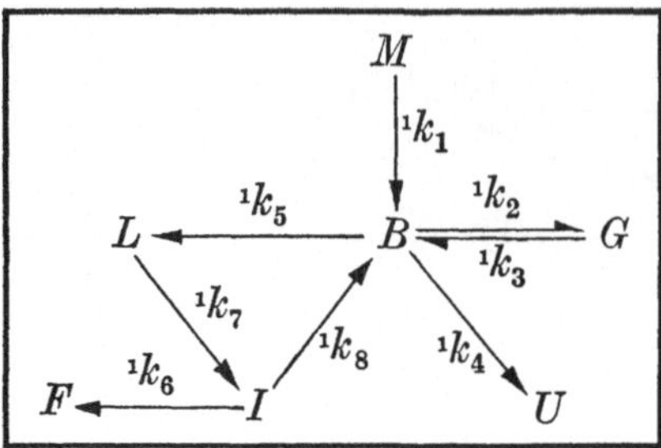

L = Leber-Gallen-Compartment; I = Intestinum.

$$\frac{\mathrm{d}m}{\mathrm{d}t} = -^1k_1 m; \qquad \frac{\mathrm{d}b}{\mathrm{d}t} = {}^1k_1 m - (^1k_2 + {}^1k_4 + {}^1k_5)b + {}^1k_3 g + {}^1k_8 i;$$

$$\frac{\mathrm{d}g}{\mathrm{d}t} = {}^1k_2 b - {}^1k_3 g; \qquad \frac{\mathrm{d}u}{\mathrm{d}t} = {}^1k_4 b; \qquad \frac{\mathrm{d}l}{\mathrm{d}t} = {}^1k_5 b - {}^1k_7 l;$$

$$\frac{\mathrm{d}i}{\mathrm{d}t} = {}^1k_7 l - (^1k_6 + {}^1k_8)i; \qquad \frac{\mathrm{d}f}{\mathrm{d}t} = {}^1k_6 i.$$

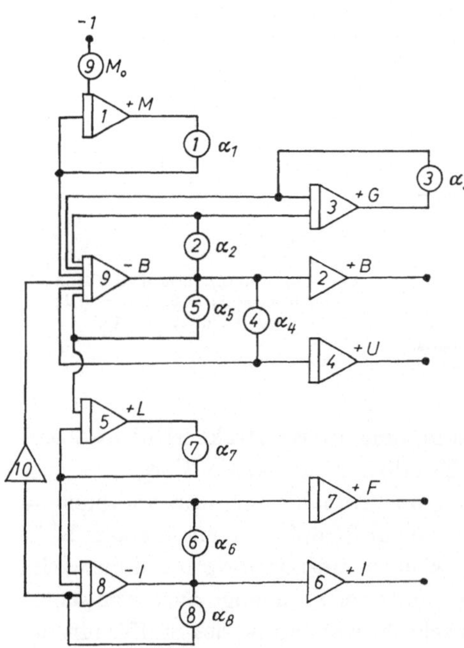

Tabelle 49. *Schaltliste für Mod. 41*

von	nach
I_1	P_1
I_3	P_3
I_5	P_7
I_8	P_6, P_8, S_6
I_9	P_2, P_4, P_5, S_2
P_1	I_1, I_9
P_2	I_3, I_9
P_3	I_3, I_9
P_4	I_4, I_9
P_5	I_5, I_9
P_6	I_7, I_8
P_7	I_5, I_8
P_8	I_8, S_{10}
P_9	$I_1 (IC)$
S_{10}	I_9
-1	P_9

Abb. 156. Schaltbild für Mod. 41.

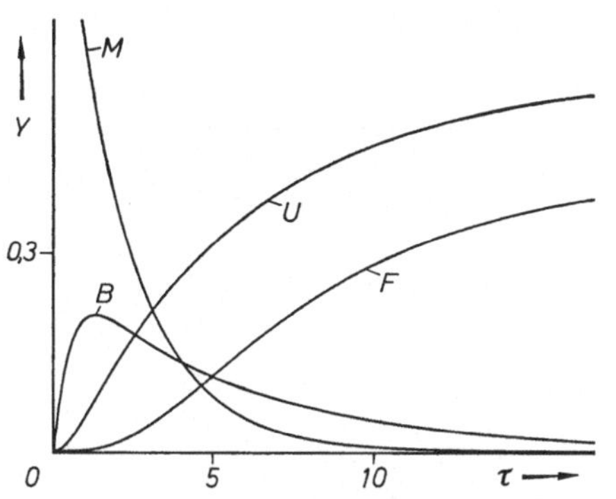

Abb. 157. Kurvenverlauf zum Mod. 41.
$\alpha_1 = \alpha_2 = \alpha_3 = \alpha_6 = \alpha_7 = \alpha_8 = 0{,}5$; $\alpha_4 = 0{,}4$;
$\alpha_5 = 0{,}6$; $M_0 = 1{,}0$.

Tabelle 49 (Fortsetzung)

Konst.	an Pot.
M_0	9
α_1	1
α_2	2
α_3	3
α_4	4
α_5	5
α_6	6
α_7	7
α_8	8

Variable	an
M	I_1
B	S_2
G	I_3
U	I_4
L	I_5
I	S_6
F	I_7

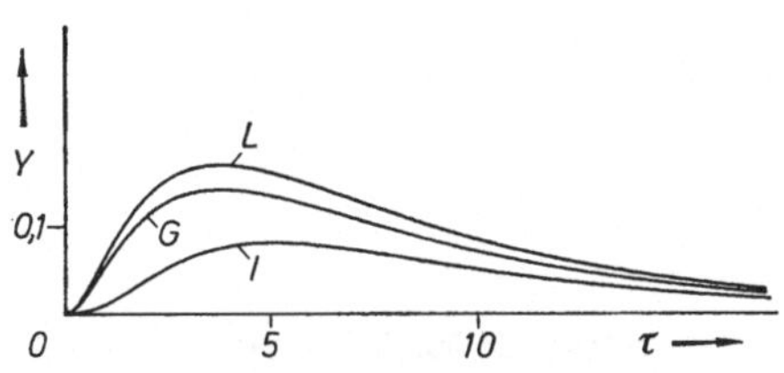

Abb. 158. Kurvenverlauf zum Mod. 41.
$\alpha_1 = \alpha_2 = \alpha_3 = \alpha_6 = \alpha_7 = \alpha_8 = 0{,}5$;
$\alpha_4 = 0{,}4$; $\alpha_5 = 0{,}6$.

Anmerkung. Der Abfluß des Stoffes aus dem Leber-Gallen-Compartment L nach I muß für die Betrachtung von kurzen Zeiträumen (bis zu zwei Stunden) entsprechend den Gallenblasenentleerungen diskontinuierlich gestaltet werden. Dies läßt sich mit Hilfe eines Komparators und eines einstellbaren Impulsgebers erreichen. Bei Simulierung einer einzigen Gallenblasenentleerung genügt ein Komparator. Die Gallenblasenentleerung wird dann so simuliert, daß sich in bestimmten Zeitabständen der Weg $L \longrightarrow I$ kurzzeitig öffnet und ein schneller Abfluß nach nullter Ordnung einsetzt. Für die Betrachtung längerer Zeiträume kann (wie in Mod. 41) für den Vorgang $L \longrightarrow I$ ein Zeitgesetz erster Ordnung verwendet werden. Falls man weiterhin mit einem Fließgleichgewicht von B über L nach I rechnet, bei dem $\mathrm{d}l/\mathrm{d}t$ annähernd Null ist, kann man auf das Compartment L verzichten. Man rechnet dann nur mit einer Verteilung zwischen B und I.

Modell 42. Pharmakokinetisches Modell für eine einfache Metabolisierung des Ausgangsstoffes.

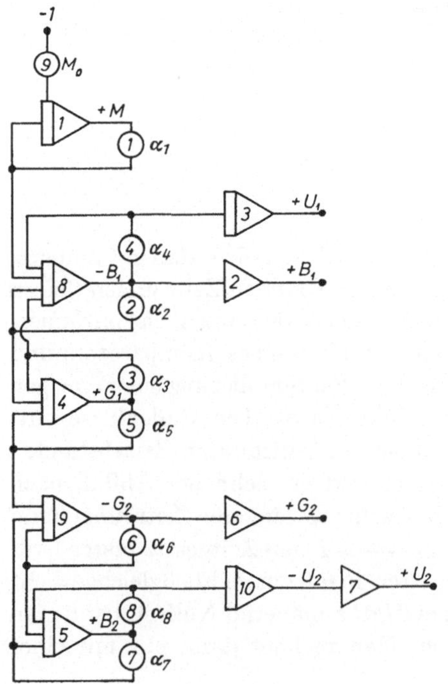

M = Absorptionscompartment der Substanz 1, B_1 = Substanz 1 im Blut, U_1 = Substanz 1 im Urin, G_1 = Substanz 1 im Gewebe, G_2 = Substanz 2 im Gewebe, B_2 = Substanz 2 im Blut, U_2 = Substanz 2 im Urin, ------→ = Umwandlungsschritt von Substanz 1 nach Substanz 2.

$$\frac{\mathrm{d}m}{\mathrm{d}t} = -{}^1k_1 m; \qquad \frac{\mathrm{d}b_1}{\mathrm{d}t} = {}^1k_1 m - ({}^1k_2 + {}^1k_4)b_1 + {}^1k_3 g_1;$$

$$\frac{\mathrm{d}g_1}{\mathrm{d}t} = {}^1k_2 b_1 - ({}^1k_3 + {}^1k_5)g_1; \qquad \frac{\mathrm{d}g_2}{\mathrm{d}t} = {}^1k_5 g_1 - {}^1k_6 g_2 + {}^1k_7 b_2;$$

$$\frac{\mathrm{d}b_2}{\mathrm{d}t} = {}^1k_6 g_2 - ({}^1k_7 + {}^1k_8)b_2; \qquad \frac{\mathrm{d}u_1}{\mathrm{d}t} = {}^1k_4 b_1; \qquad \frac{\mathrm{d}u_2}{\mathrm{d}t} = {}^1k_8 b_2.$$

Tabelle 50. *Schaltliste für Mod. 42*

von	nach
I_1	P_1
I_4	$P_3,\ P_5$
I_5	$P_7,\ P_8$
I_8	$P_2,\ P_4,\ S_2$
I_9	$P_6,\ S_6$
I_{10}	S_7
P_1	$I_1,\ I_8$
P_2	$I_4,\ I_8$
P_3	$I_4,\ I_8$
P_4	$I_3,\ I_8$
P_5	$I_4,\ I_9$
P_6	$I_5,\ I_9$
P_7	$I_5,\ I_9$
P_8	$I_5,\ I_{10}$
P_9	$I_1\,(\mathrm{IC})$
-1	P_9

Abb. 159. Schaltbild für Mod. 42.

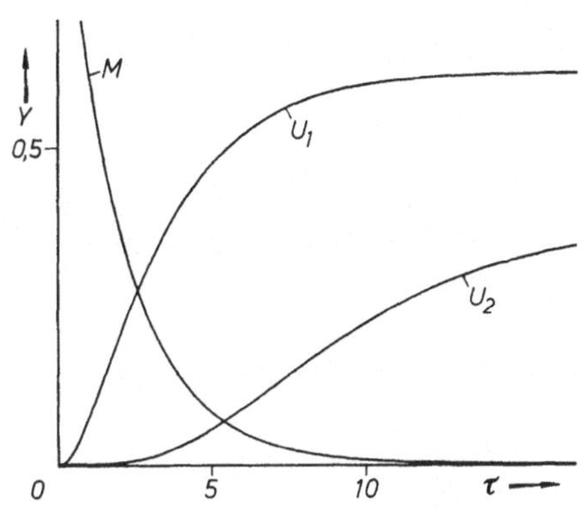

Abb. 160. Kurvenverlauf für Mod. 42.
$$\alpha_1 = \alpha_2 = \alpha_4 = \alpha_5 = \alpha_6 = \alpha_8 = 0{,}5;$$
$$\alpha_3 = \alpha_7 = 0{,}3; \; M_0 = 1{,}0.$$

Abb. 161. Kurvenverlauf für Mod. 42.
$$\alpha_1 = \alpha_2 = \alpha_4 = \alpha_5 = \alpha_6 = \alpha_8 = 0{,}5;$$
$$\alpha_3 = \alpha_7 = 0{,}3.$$

Tabelle 50 (Fortsetzung)

Konst.	an Pot.
M_0	9
α_1	1
α_2	2
α_3	3
α_4	4
α_5	5
α_6	6
α_7	7
α_8	8

Variable	an
M	I_1
B_1	S_2
U_1	I_3
G_1	I_4
G_2	S_6
B_2	I_5
U_2	S_7

Anmerkung. Modell 42 zeigt nur eine einfache Möglichkeit zur Simulierung einer Metabolisierung. Der Schritt $G_1 \dashrightarrow G_2$ umfaßt einen sehr komplexen Vorgang, der hier nur durch eine einzige Geschwindigkeitskonstante ($^1k_5$) charakterisiert wird. An welcher Stelle eines pharmakokinetischen Modells ein Metabolisierungsschritt am zweckmäßigsten angenommen werden muß, kann nur am praktischen Beispiel entschieden werden.

Modell 43. Regulierung des Glucosespiegels durch Insulin bei erhöhter kontinuierlicher Glucosezufuhr.

Es werden folgende Annahmen gemacht:

1. Die Zunahmegeschwindigkeit der Glucosemenge ist proportional einem ständigen Zufluß $^0k_1$.

2. Die Abnahmegeschwindigkeit der Glucosemenge ist proportional der Glucosemenge g und der Insulinmenge i.

Es folgt somit: $\mathrm{d}g/\mathrm{d}t = {}^0k_1 - {}^1k_2 g - {}^1k_5 i$.

3. Die Zunahmegeschwindigkeit der Insulinmenge ist proportional der Glucosemenge g.

4. Die Abnahmegeschwindigkeit der Insulinmenge ist proportional der Insulinmenge i.

Hieraus folgt: $\mathrm{d}i/\mathrm{d}t = {}^1k_4 g - {}^1k_3 i$.

g = Glucosemenge im Blut, i = Insulinmenge im Blut, ${}^0k_1$ = Glucosezuflußkonstante, ${}^1k_2$ = Glucoseabbaukonstante, ${}^1k_3$ = Insulinabbaukonstante, ${}^1k_4$ = Konstante für den Einfluß der Glucosemenge auf die Insulinmenge, ${}^1k_5$ = Konstante für den Einfluß der Insulinmenge auf die Glucosemenge.

Die Kombination beider Gleichungen führt zur Schaltung in Abb. 162.

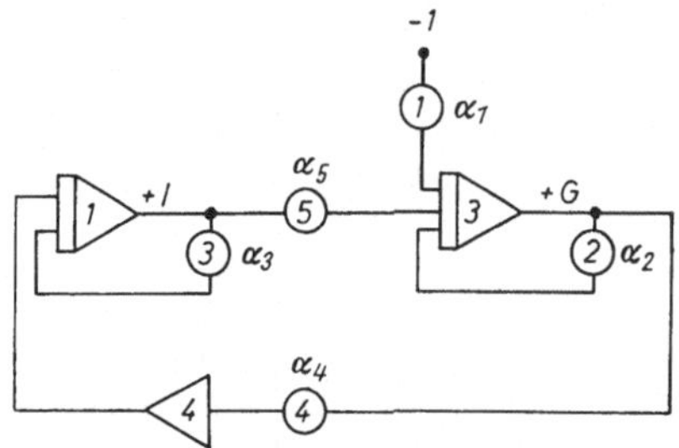

Abb. 162. Schaltbild für Mod. 43.

Abb. 163. Kurvenverlauf des Glucosespiegels zum Mod. 43 bei dreimaliger Erhöhung des Glucosezuflusses.
$\alpha_1 = 0;\ 0,2;\ 0,6;\ 1,0;\ \alpha_2 = 0,1;\ \alpha_3 = 0,55;$
$\alpha_4 = \alpha_5 = 1,5.$

Tabelle 51. *Schaltliste für Mod. 43*

von	nach
I_1	P_3, P_5
I_3	P_2, P_4
P_1	I_3
P_2	I_3
P_3	I_1
P_4	S_4
P_5	I_3
S_4	I_1
-1	P_1

Konst.	an Pot.
α_1	1
α_2	2
α_3	3
α_4	4
α_5	5

Variable	an
I	I_1
G	I_3

Anmerkung. Die gegenseitige Regulierung des Glucose- und Insulinspiegels führt gemäß den Annahmen für das Modell 43 zu einem gedämpft schwingenden System.

In Abb. 163 ist ersichtlich, wie sich das System bei Erhöhung des Zuflusses (Zeitgesetz nullter Ordnung) vom Nullniveau auf ein höheres Niveau einschwingt. Ohne die Rückkopplung mit dem Insulin würde sich der Glucosespiegel auf ein weit höheres Niveau einstellen. Die Kurve soll hier nur die Eigenschaften des Systems hervorheben und ist nicht identisch mit einer aus Meßwerten erhaltenen Kurve. Praktische Messungen bestätigen jedoch, daß sich der Glucosespiegel bei plötzlichen Glucosebelastungen in der Art einer gedämpften Schwingung einpendelt, daß also das obige Modell durchaus das Verhalten des Glucosespiegels wiedergibt (s. Lit. 154).

Modell 44. Regulierung des Glucosespiegels bei kurzzeitiger oraler Glucosebelastung.

Das Modell 44 ist in bezug auf die Rückkopplung von Glucose- und Insulinspiegel identisch mit Modell 43, enthält jedoch zusätzlich die Kinetik der Glucoseabsorption durch den Magen-Darm-Kanal. Mit der Schaltung in Abb. 164 lassen sich auch mehrere zwischenzeitliche Glucoseverabreichungen simulieren (vgl. Mod. 32).

Modellgleichungen:

$$\frac{\mathrm{d}g'}{\mathrm{d}t} = -{}^1k_6 g'; \quad \frac{\mathrm{d}g}{\mathrm{d}t} = {}^1k_6 g' + {}^0k_1 - {}^1k_2 g - {}^1k_5 i; \quad \frac{\mathrm{d}i}{\mathrm{d}t} = {}^1k_4 g - {}^1k_3 i.$$

Zusatz zu den Definitionen auf S. 138:

g'_0 = Glucosedosis; g' = Glucosemenge im Intestinum; ${}^1k_6$ = Absorptionskonstante der Glucose.

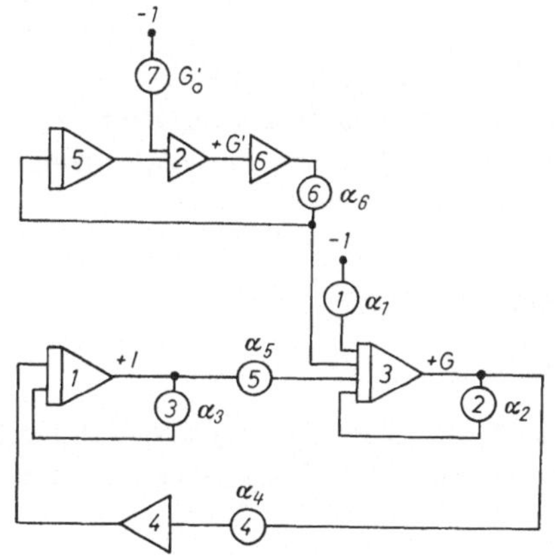

Abb. 164. Schaltbild für Mod. 44.

Tabelle 52. *Schaltliste für Mod. 44*

von	nach
I_1	P_3, P_5
I_3	P_2, P_4
I_5	S_2
P_1	I_3
P_2	I_3
P_3	I_1
P_4	S_4
P_5	I_3
P_6	I_3, I_5
P_7	S_2
S_2	S_6
S_4	I_1
S_6	P_6
-1	P_1, P_7

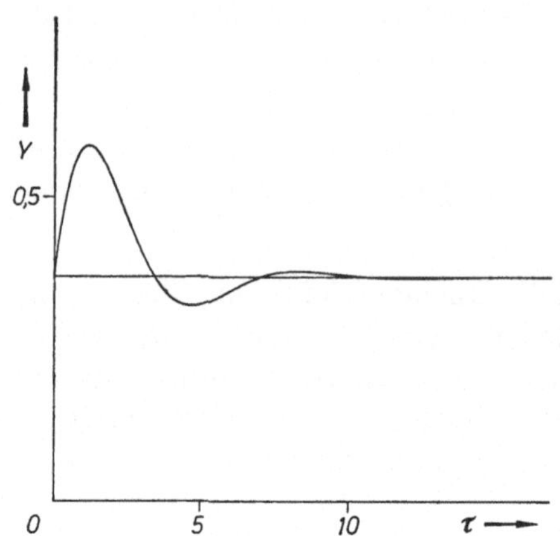

Abb. 165. Glucosekurve bei einmaliger Glucosebelastung.
$\alpha_1 = \alpha_3 = 0,6$; $\alpha_2 = 0,3$; $\alpha_4 = 0,8$; $\alpha_5 = 1,0$;
$\alpha_6 = 0,65$; $G_0' = 0,6$.

Tabelle 52 (Fortsetzung)

Konst.	an Pot.
G_0'	7
α_1	1
α_2	2
α_3	3
α_4	4
α_5	5
α_6	6

Variable	an
G	I_3
G'	S_2
I	I_1

Anmerkung. Unter Fließgleichgewichtsbedingungen stellt sich ein
bestimmtes Niveau des Glucosespiegels ein, das bei Belastung jedoch ansteigt. Bei nachlassender Absorption fällt die Kurve wieder und sinkt
unter dem Einfluß eines erhöhten Insulinspiegels sogar unter das ursprüngliche Niveau (Überkompensation). Der niedrige Glucosespiegel
bewirkt dann, daß auch der Insulinspiegel unter sein ursprüngliches
Niveau sinkt. Hierdurch kommt es wieder zum Ansteigen des Glucosespiegels. Die Vorgänge wiederholen sich nun in stark gedämpfter Form,
bis der Glucosespiegel schließlich wieder sein Ursprungsniveau erreicht
(Abb. 165).

Modell 45. Ein Wirt-Parasit-System.

Es wurden folgende Annahmen gemacht:

1. In Abwesenheit von Parasiten ist die Wachstumsgeschwindigkeit
der Wirtzellen proportional zu ihrer Anzahl; der Ernährungsvorrat ist
unbegrenzt.

2. In Abwesenheit von Wirtzellen zerfallen die Parasitenzellen nach
einem Zeitgesetz erster Ordnung, d. h., die Zerfallsgeschwindigkeit ist
proportional der Anzahl der Parasitenzellen.

3. Die Zerfallsgeschwindigkeit der Wirtzellen und die Wachstumsgeschwindigkeit der Parasiten sind proportional dem Produkt aus der Anzahl der Wirtzellen und der Anzahl der Parasitenzellen, entsprechen also
einem Zeitgesetz zweiter Ordnung.

Aufgrund dieser Annahmen lassen sich folgende Gleichungen aufstellen:

$$\frac{\mathrm{d}w}{\mathrm{d}t} = {}^1k_1 w - {}^2k_2 wp; \quad \frac{\mathrm{d}p}{\mathrm{d}t} = - {}^1k_3 p + {}^2k_4 wp.$$

w = Anzahl der Wirtzellen, p = Anzahl der Parasitenzellen, ${}^1k_1$ = Wachstumskonstante der Wirtzellen, ${}^1k_3$ = Zerfallskonstante der Parasitenzellen, ${}^2k_2$ = Wechselwirkungskonstante zwischen Wirt- und Parasitenzellen für den Zerfall der Wirtzellen, ${}^2k_4$ = Wechselwirkungskonstante zwischen Wirt- und Parasitenzellen für die Bildung der Parasitenzellen.

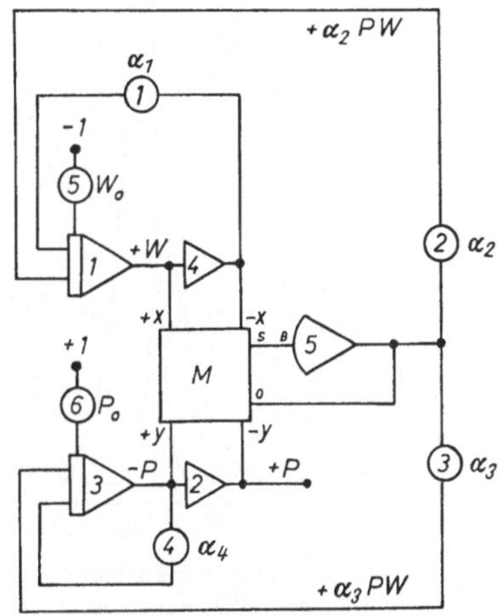

Abb. 166. Schaltbild für Mod. 45.

Tabelle 53. *Schaltliste für Mod. 45*

von	nach
I_1	S_4, M(+x)
I_3	P_4, S_2, M(+y)
M(S)	V_5 (B)
P_1	I_1
P_2	I_1
P_3	I_3
P_4	I_3
P_5	I_1(IC)
P_6	I_3(IC)
S_2	M(−y)
S_4	P_1, M(−x)
V_5	P_2, P_3, M(0)
−1	P_5
+1	P_6

Konst.	an Pot.
W_0	5
P_0	6
α_1	1
α_2	2
α_3	3
α_4	4

Variable	an
W	I_1
P	S_2

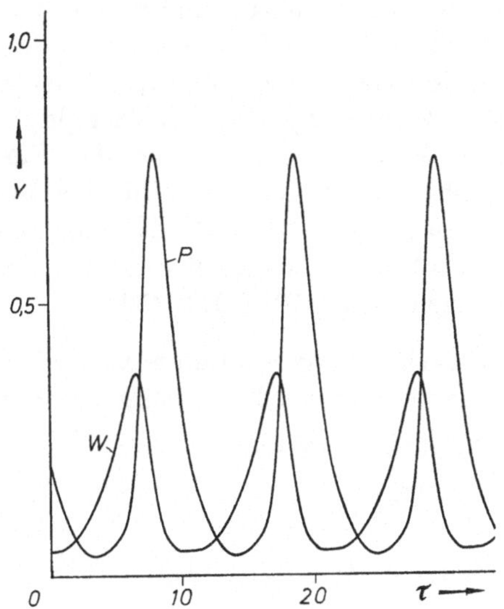

Abb. 167. Kurvenverlauf zum Mod. 45.
$\alpha_1 = 0,5$; $\alpha_2 = 2,0$; $\alpha_3 = 6,0$; $\alpha_4 = 0,9$;
$W_0 = 0,042$; $P_0 = 0,2$.

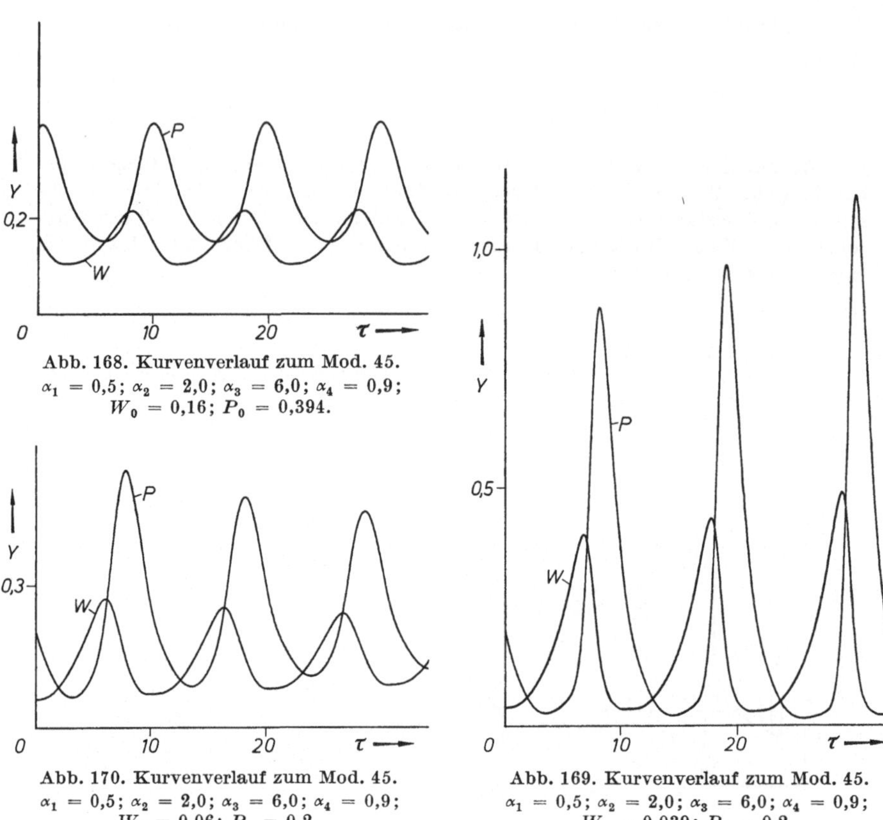

Abb. 168. Kurvenverlauf zum Mod. 45.
$\alpha_1 = 0,5$; $\alpha_2 = 2,0$; $\alpha_3 = 6,0$; $\alpha_4 = 0,9$;
$W_0 = 0,16$; $P_0 = 0,394$.

Abb. 170. Kurvenverlauf zum Mod. 45.
$\alpha_1 = 0,5$; $\alpha_2 = 2,0$; $\alpha_3 = 6,0$; $\alpha_4 = 0,9$;
$W_0 = 0,06$; $P_0 = 0,2$.

Abb. 169. Kurvenverlauf zum Mod. 45.
$\alpha_1 = 0,5$; $\alpha_2 = 2,0$; $\alpha_3 = 6,0$; $\alpha_4 = 0,9$;
$W_0 = 0,039$; $P_0 = 0,2$.

Anmerkung. Bei gleichbleibender Konstanteneinstellung werden verschiedene Lösungen gefunden, wenn allein W_0 und P_0 verändert werden. Die Abb. 167 und 168 zeigen zwei verschiedene Lösungen, bei denen sowohl die Parasitenzellen als auch die Wirtzellenpopulation einer gleichbleibenden Schwingung unterliegen. Verkleinert man (von der Einstellung in Abb. 167 ausgehend) W_0 geringfügig, so wird das System instabil. Die Schwingungen steigern sich so stark, daß die Integratoren überladen werden (Abb. 169). Wird W_0 dagegen vergrößert, so kommt es zu gedämpften Schwingungen (Abb. 170; s. Lit. 159).

Modell 46. Simulierung einer chemischen Folgereaktion anhand einer spektrophotometrischen Absorptionsänderung des Reaktionsgemisches.
Für Modell 46 wurde Modell 7 zugrunde gelegt.

$$A \xrightarrow{\;{}^1k_1\;} B \xrightarrow{\;{}^1k_2\;} C$$

$$\frac{\mathrm{d}a}{\mathrm{d}t} = -{}^1k_1 a; \qquad \frac{\mathrm{d}b}{\mathrm{d}t} = {}^1k_1 a - {}^1k_2 b; \qquad \frac{\mathrm{d}c}{\mathrm{d}t} = {}^1k_2 b.$$

Es wird angenommen, daß jede der drei Substanzen an einer bestimmten Wellenlänge eine deutliche Absorption aufweist. Die zu den Substanzen A, B und C gehörigen Extinktionskoeffizienten an der bestimmten Wellenlänge seien ε_a, ε_b und ε_c.

Die Gesamtextinktion E der Reaktionsmischung in der Einheitsschichtdicke ist dann nach dem Beerschen Gesetz gegeben durch:

$$E = \varepsilon_a a + \varepsilon_b b + \varepsilon_c c.$$

Die Gesamtextinktion ändert sich je nach Veränderung der Konzentrationen a, b und c während der Reaktion. Durch Multiplikation der normierten Konzentrationswerte A, B, und C mit den entsprechenden normierten Extinktionskoeffizienten ε_A, ε_B und ε_C und anschließende Addition der Produkte resultiert die normierte Gesamtextinktion E_n als Funktion der Zeit (Abb. 171).

In der Praxis läßt sich die Gesamtextinktion während einer Reaktion meist gut messen. Unterscheiden sich die Extinktionskoeffizienten deutlich voneinander, so erhält man sehr charakteristische Kurven. Bei genauer Kenntnis der Extinktionskoeffizienten können dann durch genaue Nachbildung der gemessenen Extinktionskurve mit dem Analogcomputer die Geschwindigkeitskonstanten $^1k_1$ und $^1k_2$ ermittelt werden, so daß sich mühselige Bestimmungen der Kurven für B oder C zum Zwecke der Simulation erübrigen. Abb. 172 zeigt die für ein Beispiel zugrundegelegten Konzentrationskurven, Abb. 173 die dazugehörigen Gesamtextinktionskurven für vier verschiedene Kombinationen von willkürlich gewählten normierten Extinktionskoeffizienten.

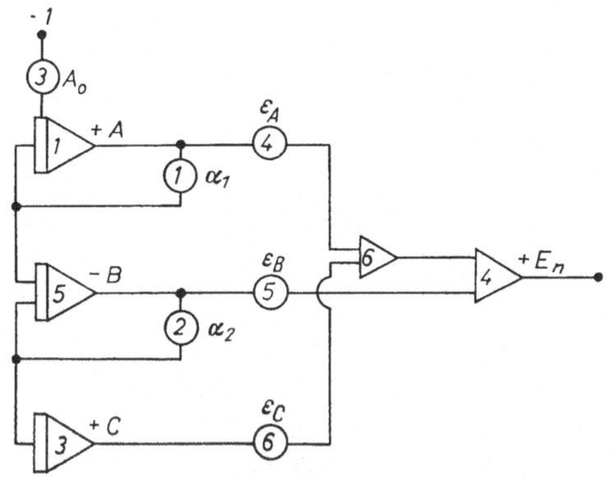

Abb. 171. Schaltbild für Mod. 46.

Tabelle 54. *Schaltliste für Mod. 46*

von	nach
I_1	P_1, P_4
I_3	P_6
I_5	P_2, P_5
P_1	I_1, I_5
P_2	I_3, I_5
P_3	$I_1 (IC)$
P_4	S_6
P_5	S_4
P_6	S_6
S_6	S_4
-1	P_3

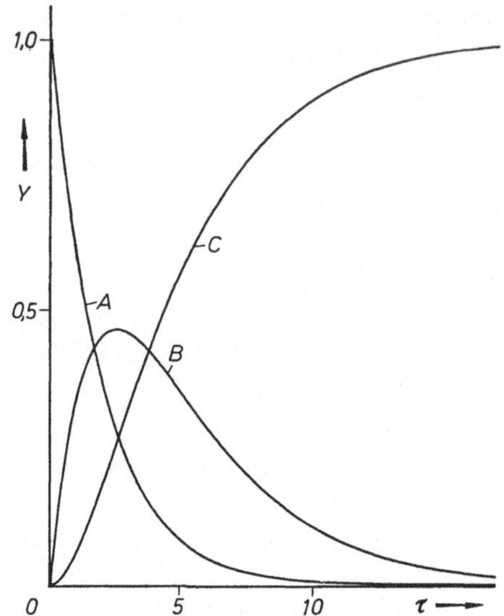

Abb. 172. Konzentrationskurven zum Mod. 46
$\alpha_1 = 0,5$; $\alpha_2 = 0,3$.

Tabelle 54 (Fortsetzung)

Konst.	an Pot.
A_0	3
α_1	1
α_2	2
ε_A	4
ε_B	5
ε_C	6

Variable	an
A	I_1
$-B$	I_5
C	I_3
E_n	S_4

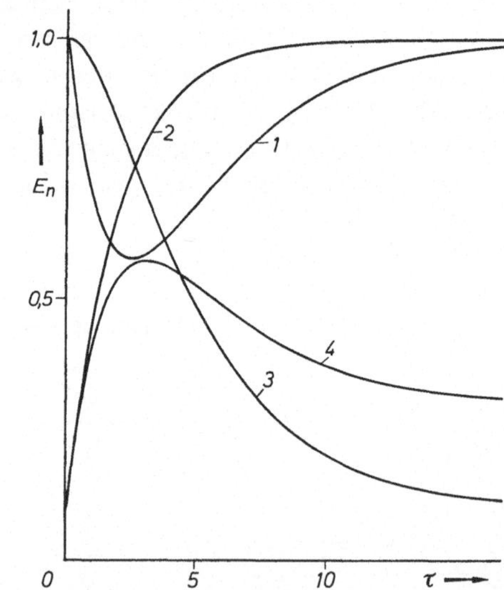

Abb. 173. Gesamtextinktionskurven zum Mod. 46.
$\alpha_1 = 0,5$; $\alpha_2 = 0,3$; 1: $\varepsilon_A = \varepsilon_C = 1,0$; $\varepsilon_B = 0,1$; 2: $\varepsilon_A = 0,1$; $\varepsilon_B = \varepsilon_C = 1,0$;
3: $\varepsilon_A = \varepsilon_B = 1,0$; $\varepsilon_C = 0,1$; 4: $\varepsilon_A = 0,1$; $\varepsilon_B = 1,0$; $\varepsilon_C = 0,3$.

Mehrdeutigkeit eines Kurvenverlaufes

Eine Analogcomputersimulation kann zwei verschiedene Aufgaben
haben: die Reaktionen bei bekannten oder angenommenen Gesetzmäßigkeiten entsprechend nachzubilden oder für bereits experimentell ermittelte
Kurven anhand eines bekannten oder zu erstellenden Modells die charak-

teristischen Konstanten zu bestimmen. Die erste Aufgabe ist relativ einfach erfüllbar, die zweite dagegen in mehrfacher Hinsicht recht problematisch. Selbst bei Vorhandensein eines eindeutigen, gültigen Modells kann ein bestimmter Kurvenverlauf aufgrund verschiedener k-Wertkombinationen errechnet werden, wie beim Modell 28 gezeigt wurde (Abb. 117 u. 118). Hier konnten bei völlig verschiedenen Parametereinstellungen dieselben S- und P-Kurven nachgebildet werden.

Ist man sich aber nicht einmal genau über das Reaktionsmodell im klaren, so erhöht sich die Gefahr einer Fehlinterpretation beträchtlich. Wir wollen dies an zwei schon besprochenen Modellen demonstrieren, und zwar an den Modellen 22 und 31:

$$A \xrightarrow{\ ^1k_1\ } B \underset{^1k_3}{\overset{^1k_2}{\rightleftharpoons}} C \xrightarrow{\ ^1k_4\ } D \quad ; \quad A \xrightarrow{\ ^1k_1\ } B \underset{^1k_3}{\overset{^1k_2}{\rightleftharpoons}} C$$

$$\downarrow {}^1k_4$$

$$D$$

Modell 22   Modell 31

Bei diesen beiden Modellen gelingt es, durch geeignete Koeffizienteneinstellungen (s. Tab. 55) jeweils zwei Kurven (A und B; A und C oder A und D) zu erzeugen, die für beide Modelle praktisch identisch sind. Allerdings liegt die Identität nur in der Analogcomputergenauigkeit, doch ist sie ja für diese Fragestellungen maßgebend. Die B-Kurven sind nur bis zu dem in Abb. 174 dargestellten Punkt gleichlaufend, danach fällt die des Modells 22 etwas stärker ab. Die A-Kurven sind bei gleicher Geschwindigkeitskonstante ($^1k_1$) selbstverständlich identisch.

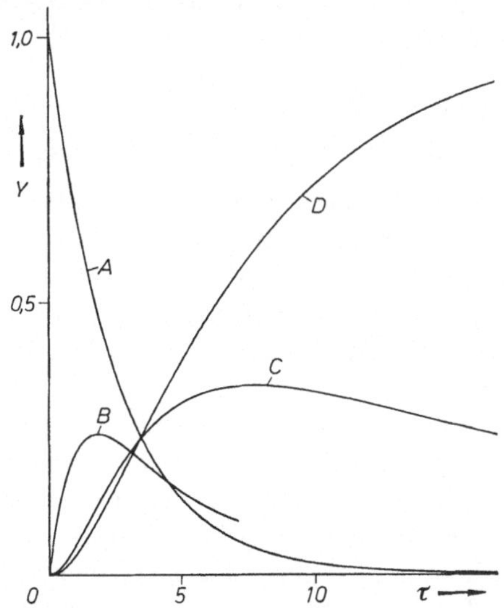

Abb. 174. Kurvenverlauf zum Mod. 22 und 31 bei Koeffizientenwerten nach Tab. 55.

Tabelle 55. *Koeffizientenwerte, bei denen je zwei entsprechende Kurvenverläufe der Modelle 22 und 31 identisch sind.*

	Identische A- und B-Kurven
Mod. 22	$\alpha_1 = \alpha_4 = 0,4$; $\alpha_2 = 0,832$; $\alpha_3 = 0,137$
Mod. 31	$\alpha_1 = \alpha_2 = \alpha_4 = 0,4$; $\alpha_3 = 0,1$
	Identische A- und C-Kurven
Mod. 22	$\alpha_1 = 0,4$; $\alpha_2 = 0,365$; $\alpha_3 = 0,35$; $\alpha_4 = 0,102$
Mod. 31	$\alpha_1 = \alpha_2 = \alpha_4 = 0,4$; $\alpha_3 = 0,1$
	Identische A- und D-Kurven
Mod. 22	$\alpha_1 = 0,4$; $\alpha_2 = 2,91$; $\alpha_3 = 10,0$; $\alpha_4 = 0,894$
Mod. 31	$\alpha_1 = \alpha_2 = 0,4$; $\alpha_3 = 1,0$; $\alpha_4 = 0,264$

Diese Beispiele mögen genügen, um zu verdeutlichen, daß es nicht immer gelingt, zwischen zwei möglichen Modellen zu unterscheiden. Es wäre deshalb besser, noch mehr als die zwei Variablen experimentell zu ermitteln, doch ist dies oftmals nicht realisierbar. Somit sollte man immer versuchen, entweder die Konsequenzen des angenommenen Modells zu beweisen, oder es selbst zu widerlegen. Auf jeden Fall sollte man aber eine durch ein Modell simulierbare Kurve noch nicht als Beweis für dieses Modell betrachten. Man sollte bestrebt sein, das einfachste Modell zu benutzen, so daß die Zahl der Variablen bzw. der Deutungsmöglichkeiten relativ gering bleibt. Bestehen dennoch verschiedene Möglichkeiten, so sollte man stets diejenige in Betracht ziehen, welche durch den natürlichen Prozeß am besten interpretierbar ist.

9. Praktische Anwendungsbeispiele

Es wurde bisher mehr oder weniger allgemeinverbindlich gezeigt, welche Probleme der Chemie und Biologie mit dem Analogcomputer bearbeitet werden können, wie man sie angeht und welche Informationen man bestenfalls durch die Simulationstechnik erwarten darf. Diese Ausführungen sollen nun noch durch fünf praktische Anwendungsbeispiele konkretisiert werden.

Die Beispiele wurden aus unserem eigenen Problemkreis ausgewählt, doch hätten sie ebensogut aus der Literatur herangezogen werden können. Im anschließenden Literaturverzeichnis wurde eine detaillierte Unterteilung in einzelne Sachgebiete vorgenommen, so daß der Leser einen schnellen Überblick erhält, welche der möglichen Analogcomputeranwendungen bereits bekannt sind.

Die fünf ausgewählten praktischen Beispiele sollen im einzelnen folgendes veranschaulichen:

1. *Verseifung von Bilivistan.* Ein Säurediamid wird in zwei Stufen verseift und das entstehende Amin als Funktion der Zeit gemessen.

Dies ist ein relativ einfaches Beispiel für die mühelose, schnelle Simulierung einer Folgereaktion anhand von bereits vorliegenden Meßdaten. Aufgrund der hieraus schnell zu bestimmenden Reaktionsgeschwindigkeitskonstanten lassen sich leicht Aussagen über die Arzneimittelstabilität für alle interessierenden Bedingungen vornehmen (s. S. 148).

2. *Diels-Alder-Reaktion.* Aufgrund der bekannten Reaktionsgeschwindigkeitskonstanten zweiter Ordnung, der kalorischen Daten und der Temperaturabhängigkeit einer Diels-Alder-Reaktion wird die Reaktion unter verschiedenen Bedingungen simuliert, um die günstigsten betrieblichen Arbeitsprinzipien auswählen zu können. Hierbei werden nicht nur die Umsetzungen als Funktion der Zeit, sondern auch in Abhängigkeit von apparativen, wie z. B. adiabatischen und realen Bedingungen behandelt (s. S. 152).

3. *Mikrobiologische Hydroxylierung.* Am Beispiel einer speziellen 11β-Hydroxylierung an einem Steroid wird gezeigt, wie sich die Simulierungstechnik selbst auf sehr komplexe enzymatische Reaktionen mit mehreren Neben- und Folgereaktionen anwenden läßt, obwohl bei dieser mikrobiologischen Oxydation 11 Parameter variiert wurden (s. S. 158).

4. *Pharmakokinetik von Cyproteronacetat.* Als typisches Beispiel für die Simulierung pharmakokinetischer Untersuchungen an Tier und Mensch werden die experimentellen Daten von Cyproteronacetat herangezogen. Es wird gezeigt, daß sich die Modellvorstellungen für die verschiedenen Applikationsformen und einen großen Dosisbereich mit den Meßdaten in Einklang bringen lassen (s. S. 162).

5. *Metabolisierung und Elimination von Glycodiazin.* Die blutzuckersenkende Substanz Glycodiazin wird im Körper in zwei Stufen metabolisiert und über den Harn eliminiert. Dieser komplizierte Mechanismus läßt sich mit einem relativ einfachen Modell quantitativ korrekt darstellen. Es ermöglicht auch Vorhersagen über eine theoretisch mögliche Kumulierung des Präparates oder seiner Metaboliten im Körper. Das ist im Hinblick auf die tägliche Verabreichung dieses Präparates von außerordentlicher Wichtigkeit (s. S. 168).

Alle Beispiele werden eingehend beschrieben, so daß sie ohne weiteres nachgearbeitet werden können. Auf eine ausführliche Durchführung von Zwischenrechnungen oder Wiederholungen der schon im früheren Text gegebenen Erklärungen wurde verzichtet.

10*

1. Verseifung von Bilivistan

Das Röntgenkontrastmittel Bilivistan, Di[2,4,6-trijod-3-carboxyani-lid]-diglykolsäure, (A), wird im alkalischen Medium und bei erhöhten Temperaturen zu 2,4,6-Trijod-3-aminobenzoesäure (D) verseift. Da dieses Amin relativ toxisch und auch sehr reaktionsfähig ist, muß der Gehalt an dieser Verunreinigung extrem klein gehalten werden. Hierzu ist die Kenntnis der Reaktionsgeschwindigkeitskonstanten der Hydrolyse unter verschiedenen Bedingungen erforderlich, da nur mit ihrer Hilfe zuverlässige Aussagen über die Stabilität der Ausgangslösungen gemacht werden können (s. Lit. 166).

Chemische Umsetzungen:

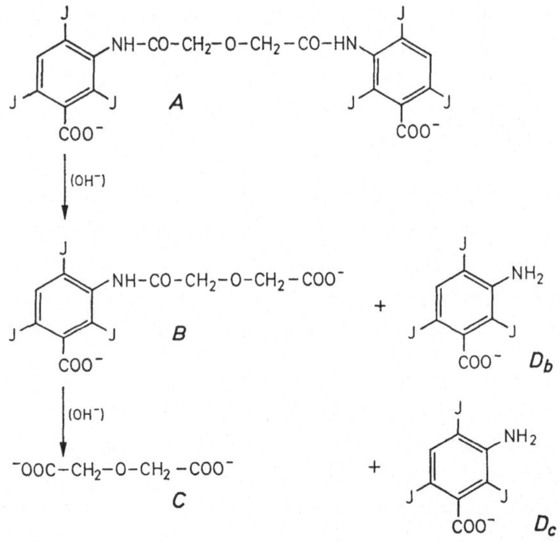

Diese Umsetzungen verlaufen unter Normalbedingungen, d. h. im neutralen Medium und bei ca. 20 °C, äußerst langsam, so daß eine direkte Untersuchung der hydrolytischen Spaltung viele Jahre beanspruchen würde. Deshalb wurden diese Experimente im alkalischen Bereich (p_H 8—10) und bei erhöhten Temperaturen (70—100 °C) vorgenommen und die erhaltenen Reaktionsgeschwindigkeitskonstanten nach der bekannten Arrheniusgleichung (s. S. 28) auf die Normalbedingungen extrapoliert.

Die obigen Umsetzungen sind typische Reaktionen 2. Ordnung. Sie wurden jedoch dadurch zu Reaktionen quasi-erster Ordnung, daß bei praktisch konstanten p_H-Werten gearbeitet wurde, indem der OH-Ionenverbrauch ständig durch Zugabe von NaOH kompensiert worden ist. Auf diese Weise vereinfachen sich sowohl die Rechnungen als auch die Simulierungstechnik (Verzicht auf Multiplizierer).

Da wir es im vorliegenden Falle mit einer Haupt- und einer Folgereaktion zu tun haben, bei denen in beiden Stufen das gleiche Reaktionsprodukt D, 2,4,6-Trijod-3-aminobenzoesäure, auftritt, ließe sich eine Differenzierung der Teilreaktionen nur vornehmen, wenn man außer der Aminbestimmung auch eine exakte Bestimmung der Zwischenverbindung B, Mono-[2,4,6-Trijod-3-carboxyanilid]-diglykolsäure, in Abhängigkeit der Zeit vornähme.

Eine zuverlässige Analysenmethode stand für diese Substanz jedoch nicht zur Verfügung, so daß statt dessen eine zweite Versuchsreihe durchgeführt worden ist, bei der direkt von dieser Zwischenverbindung B ausgegangen wurde.

Reaktionsmodell:

$$A \xrightarrow{\ ^1k_1\ } B + D_b$$
$$\downarrow ^1k_2$$
$$C + D_c$$

Mathematische Formulierungen:

Wird das Diamid A als Ausgangssubstanz verwendet, dann gilt für die Konzentrationsvariablen:

$$\frac{da}{dt} = -\,^1k_1 a; \quad \frac{db}{dt} = \,^1k_1 a - \,^1k_2 b; \quad \frac{dc}{dt} = \,^1k_2 b; \quad \frac{dd}{dt} = \,^1k_1 a + \,^1k_2 b.$$

$d = d_b + d_c$ (die Konzentration des Amins d ist hier in die Anteile d_b und d_c unterteilt worden; d_b entsteht aus der Verseifung des Diamids zum Monoamid; d_c aus der darauf folgenden Verseifung des Monoamids).

Die Konzentrationsvariablen a, b, c und d wurden zur Normierung auf die Ausgangsgröße $a_0 = 48,5$ [m mol/l] bezogen. Für den Zeitfaktor wurde $\lambda = 2,78 \cdot 10^{-5}$ [sec^{-1}] gewählt. Aus den Substitutionsgleichungen $a/a_0 = A$; $b/a_0 = B$; $c/a_0 = C$; $d/a_0 = D$ und $\lambda t = \tau$ ergeben sich die Maschinengleichungen:

$$\frac{dA}{d\tau} = -\alpha_1 A; \quad \frac{dB}{d\tau} = \alpha_1 A - \alpha_2 B; \quad \frac{dC}{d\tau} = \alpha_2 B; \quad \frac{dD}{dt} = \alpha_1 A + \alpha_2 B;$$

$$D = D_b + D_c;$$

wobei
$$\alpha_1 = \frac{^1k_1}{\lambda}, \tag{41}$$

$$\alpha_2 = \frac{^1k_2}{\lambda}. \tag{42}$$

Bei alleinigem Einsatz des Monoamids B gilt:

$$\frac{\mathrm{d}b}{\mathrm{d}t} = -\frac{\mathrm{d}c}{\mathrm{d}t} = -\frac{\mathrm{d}d'}{\mathrm{d}t} = -{}^1k_2 b; \quad d' = d_c.$$

Die Variablen b, c und d' wurden hier auf die Ausgangskonzentration $b_0 = 50{,}0\ [\mathrm{m\,mol/l}]$ bezogen.

Die Maschinengleichungen lauten:

$$\frac{\mathrm{d}B}{\mathrm{d}\tau} = -\frac{\mathrm{d}C}{\mathrm{d}\tau} = -\frac{\mathrm{d}D'}{\mathrm{d}\tau} = -\alpha_2 B; \quad D' = D_c.$$

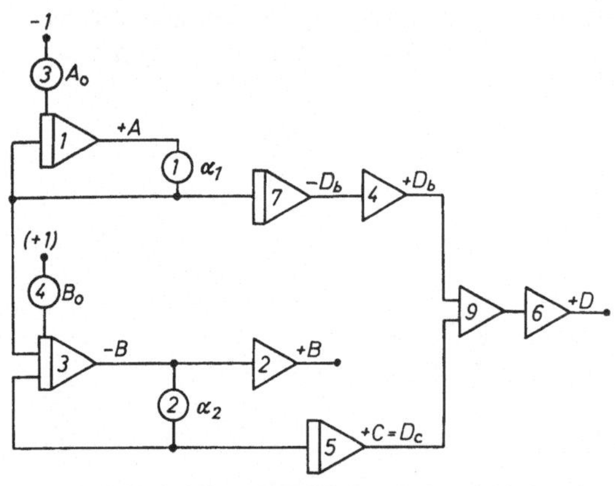

Abb. 175. Schaltbild zur Simulation der Verseifung von Bilivistan.

Tabelle 56. *Schaltliste für das Schaltbild in Abb. 175*

von	nach
I_1	P_1
I_3	P_2, S_2
I_5	S_9
I_7	S_4
P_1	I_1, I_3, I_7
P_2	I_3, I_5
P_3	I_1 (IC)
P_4	I_3 (IC)
S_4	S_9
S_9	S_6
-1	P_3
$(+1)$	P_4

Konst.	an Pot.
A_0	3
B_0	4
α_1	1
α_2	2

Variable	an
A	I_1
B	S_2
$C = D_c$	I_5
D_b	S_4
$D_b + D_c$	S_6

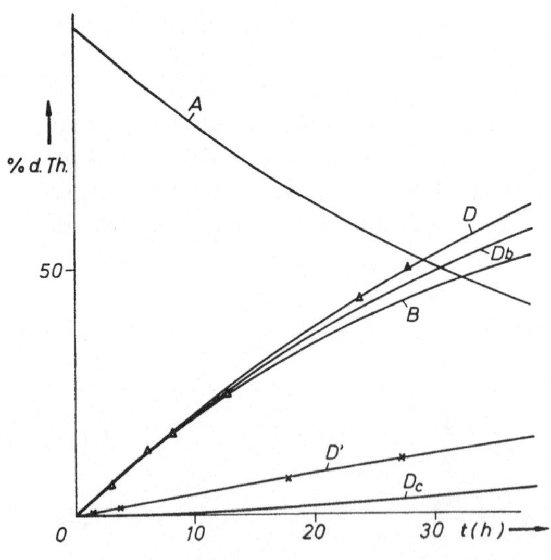

Abb. 176. Meßpunkte und simulierte Kurven der Verseifung von Bilivistan.

Ergebnisse:

Obwohl viele Versuche unter verschiedenen Bedingungen durchgeführt wurden, soll als Beispiel für die Simulierung nur die Versuchsreihe bei $p_H = 9{,}0$ und $T = 90$ °C angeführt werden (Tab. 57).

Tabelle 57. *Aminkonzentration während der Verseifung von Bilivistan (A) und von Monoamid (B) bei $p_H = 9{,}0$ und 90 °C in wäßriger Lösung*

Zeit [Stunden]	Aminkonzentration [m mol/l] eingesetzt: A
3,0	3,13
6,1	6,53
8,3	8,13
12,8	12,09
24,0	21,42
28,0	24,40
	eingesetzt: B
1,5	0,358
3,75	0,871
18,0	3,681
27,5	5,910

Zunächst wurde mit den Analogcomputer die Aminkurve D' in Abb. 176 bei Einsatz von B durch Variation des Koeffizienten α_2 simuliert. Das Ergebnis war: $\alpha_2 = 0{,}0435$ und damit nach Gl. (42) für die zweite Geschwindigkeitskonstante $^1k_2 = 1{,}21 \cdot 10^{-6} [\text{sec}^{-1}]$. Der für α_2 gefundene Wert wurde nun für die Simulierung der Aminkurve bei Einsatz von A als Konstante verwendet (s. Kurve D in Abb. 176). Dadurch ergab sich für den ersten Koeffizienten $\alpha_1 = 0{,}228$ und nach Gl. (41) für die erste Geschwindigkeitskonstante $^1k_1 = 6{,}34 \cdot 10^{-6} [\text{sec}^{-1}]$.

Für die anderen Versuchsbedingungen zeigten sich analoge Verhältnisse.

Aufgrund der leicht zu ermittelnden Reaktionsgeschwindigkeitskonstanten konnten nach der Arrheniusgleichung die entsprechenden Werte für ~ 20 °C ermittelt werden, so daß nach Umrechnung auf den neutralen p_H-Bereich die gesuchten Reaktionsgeschwindigkeitskonstanten erhalten wurden. Hieraus ließ sich wiederum errechnen, daß eine hydrolytische Spaltung der Ausgangssubstanz unter Normalbedingungen zu 0,1% erst nach ca. 50 Jahren zu erwarten ist.

2. Diels-Alder-Reaktion

Die Umsetzung von 9,10-Dimethylanthracen und Maleinsäureanhydrid zum Dienaddukt ist stark exotherm, so daß die Geschwindigkeit dieser Reaktion von den apparativen Bedingungen, wie z. B. Kühlung, abhängig ist. Da die kinetischen Daten bekannt sind (s. Lit. 165) und sich die kalorischen Werte leicht abschätzen lassen, können die Reaktionen unter verschiedenen Annahmen simuliert werden, so daß die besten Bedingungen für die reale Reaktionsführung ausgewählt werden können.

Chemische Umsetzung:

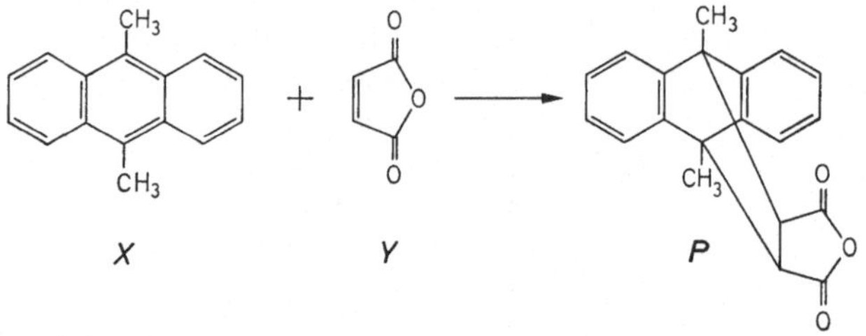

$$X \quad + \quad Y \quad \longrightarrow \quad P$$

Versuchsbedingungen:

Die Anfangskonzentrationen von 9,10-Dimethylanthracen (X) und von Maleinsäureanhydrid (Y) betragen je 0,6571 [mol·l^{-1}] in Dioxan. Die Endkonzentration des Dienadduktes (P) beträgt demnach 0,6571 [mol·l^{-1}] $\triangleq$ 20 Gew.%, wenn ein spezifisches Gewicht der Lösung von 1,0 [g·ml^{-1}] angenommen wird. Die Anfangstemperaturen sollen 0°, 5°, 10°, 20° und 25° C betragen.

Aufgabenstellung:

Es sollen der adiabatische Temperatur- und Konzentrationsverlauf sowie die Prozesse bei einer Kühlleistung von 10,05 bzw. 20,1 [cal·grad^{-1}·sec^{-1}] simuliert werden, wobei angenommen wird, daß die Ausgangstemperatur des Kühlwassers gleich der Anfangstemperatur der Reaktionslösung ist (25 °C) und sich praktisch nicht nennenswert verändert.

Die kinetischen Konstanten dieser Reaktion zweiter Ordnung wurden aus der Literatur entnommen (s. Lit. 165):

$$^2k = 0{,}016 \ [\text{l·mol}^{-1}\text{·sec}^{-1}] \text{ bei } 30 \text{ °C};$$

$$^2k = 1{,}410 \ [\text{l·mol}^{-1}\text{·sec}^{-1}] \text{ bei } 130 \text{ °C}.$$

Aus diesen Daten lassen sich die Aktivierungsenergie E_A und der Frequenzfaktor A aus der Arrheniusgleichung berechnen.

$$E_A = 1{,}084 \cdot 10^4 \ [\text{cal·mol}^{-1}]; \ A = 1{,}098 \cdot 10^6 \ [\text{l·mol}^{-1}\text{·sec}^{-1}].$$

Gemäß der Arrheniusgleichung ergibt sich die Beziehung zwischen der Geschwindigkeitskonstanten und der absoluten Temperatur:

$$^2k = 1{,}098 \cdot 10^6 \cdot e^{-(5{,}461 \cdot 10^{-3}/T)}. \tag{43}$$

Die thermodynamischen Bedingungen sind:

Reaktionsenthalpie $\qquad \Delta H \approx 40\,000$ [cal·mol^{-1}];

Spezifische Wärme $\qquad c_p \;\approx 0{,}415$ [cal·grd^{-1}·g^{-1}];

Spezifisches Gewicht der
Lösung $\qquad\qquad\quad \gamma \;\approx 1000$ [g·l^{-1}].

Für den vollständigen Umsatz unter adiabatischen Bedingungen, bei dem das Reaktionsprodukt die Konzentration $p = 0{,}6571$ [mol·l^{-1}] erreicht, errechnet sich folgende Temperaturerhöhung:

$$\Delta T = \frac{p \cdot \Delta H}{c_p \cdot \gamma} = \frac{0{,}6571 \cdot 40\,000}{0{,}415 \cdot 1000} = 63{,}3 \;[^\circ C].$$

Da ΔH, c_p und γ nahezu konstant bleiben, lassen sie sich zu einer Konstanten zusammenfassen: $F = \Delta H / c_p \cdot \gamma$. Somit ist $\Delta T = F \cdot p$, und die Temperatur der Lösung ergibt sich dann nach Gl. (44), wobei T_A die Anfangstemperatur ist.

$$T\,[^\circ K] = T_A + \Delta T = T_A + F \cdot p. \tag{44}$$

Reaktionsmodell:

$$X + Y \xrightarrow{\;^2k\;} P; \quad ^2k = f(T).$$

Mathematische Formulierungen:

(x, y, p sind jeweils die Konzentrationen von X, Y und P)

$$\frac{dx}{dt} = \frac{dy}{dt} = -{}^2k\,xy; \quad \frac{dp}{dt} = {}^2k\,xy; \quad \frac{d(\Delta T)}{dt} = F\,\frac{dp}{dt}\,.$$

$$^2k = f(T); \; T = T_A + \Delta T = T_A + F \cdot p.$$

Normierung:

$$X = \frac{x}{x_{max}}; \quad Y = \frac{y}{x_{max}}; \quad P = \frac{p}{x_{max}}; \quad T_n = \frac{T - 273}{T_{max} - 273}; \quad \tau = \lambda \cdot t.$$

(T_n = Normierte Temperatur)

Die Maschinengleichungen lauten:

$$\frac{dP}{d\tau} = -\frac{dX}{d\tau} = -\frac{dY}{d\tau} = \alpha_1 XY; \quad \frac{d(\Delta T_n)}{d\tau} = \alpha_2 \frac{dP}{d\tau} = \alpha_1 \alpha_2 XY;$$

$$\alpha_1 = f(T_n); \quad T_n = T_{A_n} + \Delta T_n.$$

Die Werte der Normierungsgrößen wurden so gewählt, daß sich für α_2 der Wert 1,0 ergab und somit das Potentiometer 2 für diesen speziellen Fall fortgelassen werden könnte.

$$x_{\mathrm{max}} = 1,0 \; [\mathrm{mol}\cdot\mathrm{l}^{-1}]; \quad T_{\mathrm{max}} = 369,5 \; °\mathrm{K} \; (96,5 \; °\mathrm{C}); \quad \lambda = 0,318 \; [\mathrm{sec}^{-1}].$$

Für die dimensionslosen Koeffizienten ergaben sich dann folgende Werte:

$$\alpha_1 = \frac{{}^2k \cdot x_{\mathrm{max}}}{\lambda} = \frac{{}^2k}{0,318} \; ;$$

$$\alpha_2 = \frac{\Delta H \cdot x_{\mathrm{max}}}{c_p \cdot \gamma \cdot (T_{\mathrm{max}} - 273)} = \frac{40\,000 \cdot 1,0}{0,415 \cdot 1000 \cdot (369,5 - 273)} = 1,0.$$

Die Werte für α_1 werden als Funktion der normierten Temperatur T_{n} für den Bereich von 0° bis 90 °C von einem Funktionsgenerator erzeugt (Tab. 58 und Abb. 177).

Da die maximale Temperaturerhöhung bei adiabatischer Reaktionsführung 63,3 °C beträgt, sollte man für diese Simulierung keine höhere Anfangstemperatur als $90° - 63,3° = 26,7$ °C wählen, da sonst α_1 über den Wert 1,0 steigen und den Multiplizierer überlasten würde.

Tabelle 58. *Tabelle zur Einstellung des Funktionsgenerators. Die Geschwindigkeitskonstante als Funktion der absoluten Temperatur, ${}^2k = f(T)$, wird ersetzt durch α_1 als Funktion der normierten Temperatur, $\alpha_1 = f(T_{\mathrm{n}})$*

$T - 273$ [°C]	${}^2k$ [l·mol^{-1}·sec^{-1}]	T_{n} [ME]	α_1 [ME]
0	0,00218	0,0	0,00686
5	0,00310	0,0518	0,00975
10	0,00455	0,1038	0,01462
20	0,00870	0,2075	0,0274
25	0,0119	0,2592	0,0374
30	0,0160	0,311	0,0503
36	0,0222	0,373	0,0698
42	0,032	0,435	0,1007
50	0,050	0,518	0,157
56	0,067	0,580	0,2103
62	0,091	0,6425	0,286
70	0,129	0,725	0,406
75	0,165	0,777	0,519
80	0,210	0,829	0,660
85	0,260	0,881	0,818
90	0,318	0,933	1,000

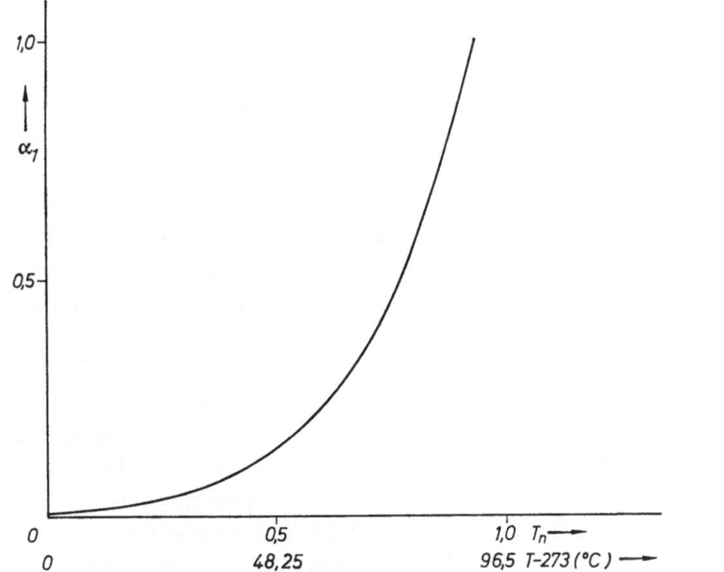

Abb. 177. Diagramm der auf dem Funktionsgenerator gebildeten Funktion. $\alpha_1 = f(T_\mathrm{n})$.

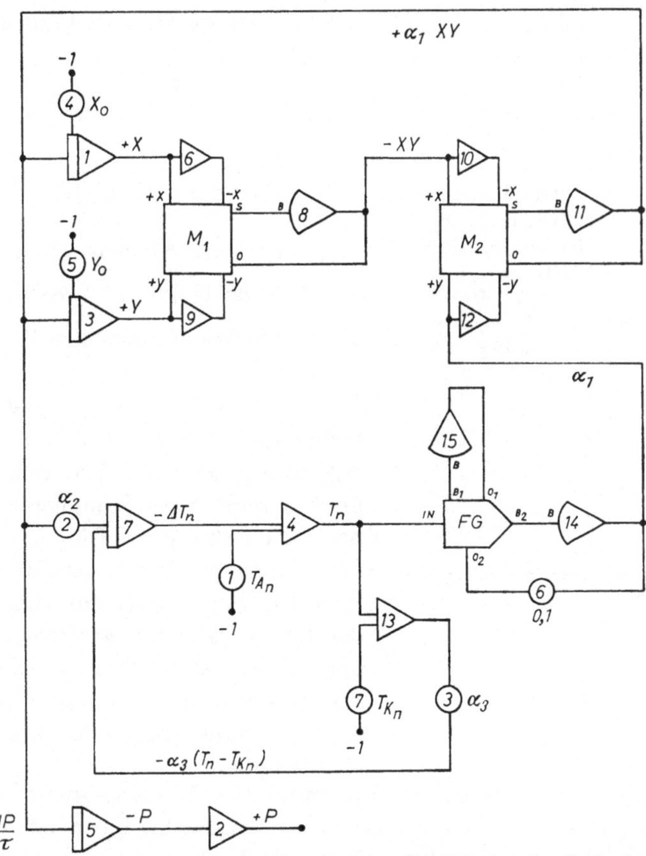

Abb. 178. Schaltbild zur nicht-isothermen Reaktion zweiter Ordnung.

Tabelle 59. *Schaltliste für das Schaltbild Abb. 178*

von	nach
$FG(B_1)$	$V_{15}(B)$
$FG(B_2)$	$V_{14}(B)$
I_1	$M_1(+x)$, S_6
I_3	$M_1(+y)$, S_9
I_5	S_2
I_7	S_4
$M_1(S)$	$V_8(B)$
$M_2(S)$	$V_{11}(B)$
P_1	S_4
P_2	I_7
P_3	I_7
P_4	$I_1(IC)$
P_5	$I_3(IC)$
P_6	$FG(O_2)$
P_7	S_{13}
S_4	$FG(IN)$, S_{13}
S_6	$M_1(-x)$
S_9	$M_1(-y)$
S_{10}	$M_2(-x)$
S_{12}	$M_2(-y)$
S_{13}	P_3
V_8	$M_1(O)$, $M_2(+x)$, S_{10}
V_{11}	$M_2(O)$, I_1, I_3, P_2, I_5
V_{14}	$M_2(+y)$, P_6, S_{12}
V_{15}	$FG(O_1)$
-1	P_1, P_4, P_5, P_7

Konst.	an Pot.
T_{A_n}	1
T_{K_n}	7
X_0	4
Y_0	5
α_2	2
α_3	3
$0,1$	6

Variable	an
X	I_1
Y	I_3
P	S_2
T_n	S_4

Ergebnisse:

Die Reaktionen wurden sowohl für den streng adiabatischen Fall als auch für nicht adiabatische, d. h. reale Abläufe simuliert. Bei adiabatischer Reaktionsführung wird am Potentiometer 1 die normierte Anfangstemperatur zwischen $0°$ und $26°C$ eingestellt. $\alpha_2 = 1,0$; $\alpha_3 = 0,0$; $X_0 = Y_0 = 0,6571$. Der Konzentrationsverlauf für das entstehende Produkt P wird am Umkehrer 2 abgenommen. Er ist in Abb. 179 für die Anfangstemperaturen $0°$, $5°$, $10°$, $20°$ und $25°C$ dargestellt.

Wird während der Reaktion Wärme abgeführt, so erhält man als Ausdruck für die Temperatur-Zeit-Funktion:

$$\frac{d(\Delta T_n)}{d\tau} = \alpha_2 \frac{dP}{d\tau} - \alpha_3(T_n - T_{K_n}),$$

$$\text{wobei } \alpha_3 = \frac{K}{c_p \cdot G \cdot \lambda} \text{ ist.}$$

T_{K_n} = normierte Kühlwassertemperatur;

K = Kühlung $[\text{cal} \cdot \text{grd}^{-1} \cdot \text{sec}^{-1}]$;

G = Gewicht der Lösung = $1521,75$ [g].

Aufgrund der gewählten Versuchsbedingungen ist $T_K = T_A$ (25 °C) bzw. $T_{K_n} = T_{A_n} = 0,259$. Die Temperaturkurven werden am Summierer 4 abgenommen (Abb. 180). Die entsprechenden Konzentrationsverläufe sind in Abb. 181 dargestellt. Zur Simulierung der Reaktion unter isothermen Bedingungen müssen die Eingänge zum Integrierer 7 und die Verbindung von Integrierer 7 zum Summierer 4 unterbrochen werden.

Alle Simulierungen gelten nur unter der Voraussetzung, daß die Wärmekapazität des Reaktionsgefäßes vernachlässigbar ist und die Kühlwassertemperatur praktisch konstant bleibt.

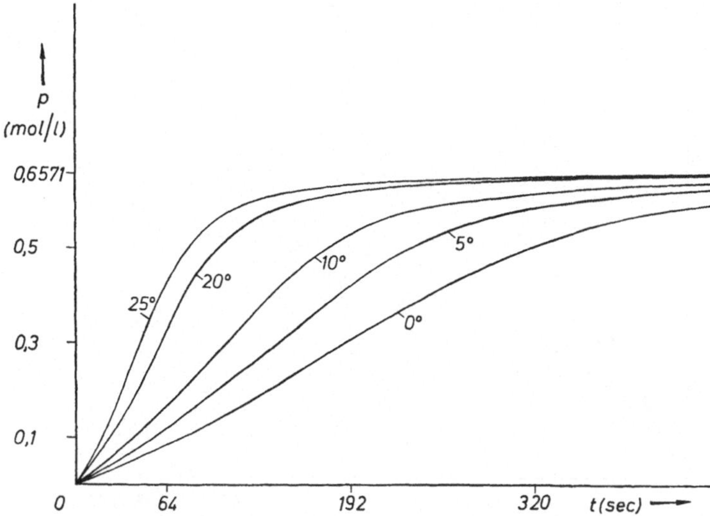

Abb. 179. Konzentrations-Zeit-Kurven des Dienadduktes P bei adiabatischer Reaktionsführung und unterschiedlichen Anfangstemperaturen.

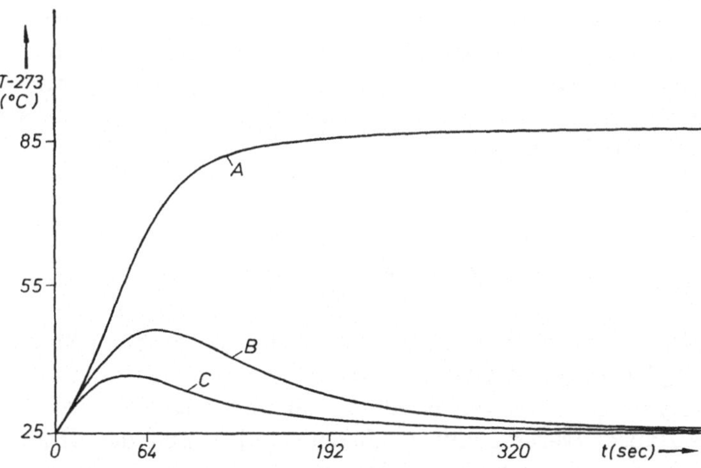

Abb. 180. Temperaturverlauf während der Reaktion bei einer Anfangstemperatur von 25 °C.

A: $\alpha_3 = 0$ (adiabatische Bedingung);

B: $\alpha_3 = 0{,}05 =$ Wärmeabgang $K = 10{,}05$ [cal·grd^{-1}·sec^{-1}];

C: $\alpha_3 = 0{,}1 = K = 20{,}1$ [cal·grd^{-1}·sec^{-1}].

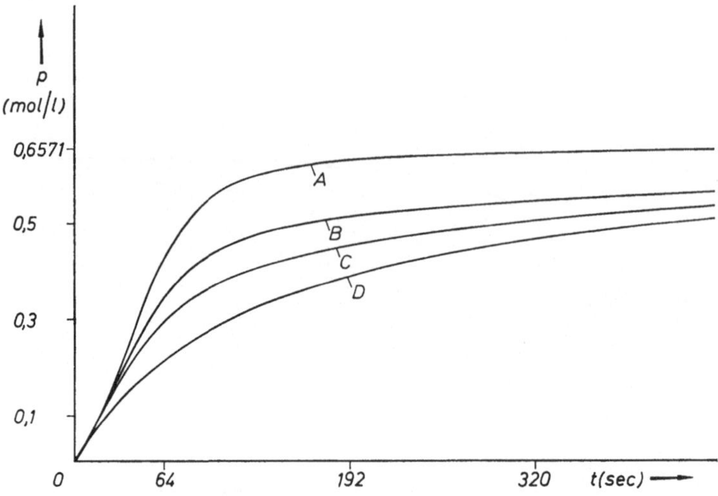

Abb. 181. Konzentrationsverlauf des Dienadduktes P bei einer Anfangstemperatur von 25 °C.

A: $\alpha_3 = 0$ (adiabatische Bedingung); B: $\alpha_3 = 0,05$ (Kühlung);

C: $\alpha_3 = 0,1$ (Kühlung); D: isotherme Bedingung.

Selbstverständlich können anhand dieses Modells auch Simulierungen für andere Reaktionsbedingungen durchgeführt werden, sofern die veränderten Bedingungen entsprechend berücksichtigt worden sind. Durch Anlehnung an praxisbezogene Voraussetzungen (z. B. apparative Gegebenheiten) werden die durch Simulierung erhaltenen Informationen dann besonders instruktiv.

3. Mikrobiologische Hydroxylierung

Bei der mikrobiologischen Hydroxylierung von 6α-Fluor-21-acetoxy-16α-methyl-4-pregnen-3,20-dion wird als Hauptprodukt die entsprechende 11β-Hydroxyverbindung erhalten, während außerdem die 9α- und die 14α-Hydroxyverbindungen gebildet werden und das Hauptreaktionsprodukt in einer Folgereaktion zu unbekannten Stoffen zersetzt wird. Diese Reaktionen sind weiterhin von verschiedenen Variablen abhängig, so daß wir es mit äußerst komplexen Reaktionen zu tun haben (s. Lit. 62).

Chemische Umsetzungen:

Für die kinetische Behandlung dieser enzymatischen Reaktion kann man die Verseifung von $S \longrightarrow Z$ unberücksichtigt lassen und für die 11β-Hydroxylierung den vereinfachten Michaelis-Menten-Mechanismus zugrunde legen (s. S. 105), der jedoch infolge der Folge- und Parallelreaktionen etwas erweitert werden muß.

Reaktionsmodell:

Mathematische Formulierungen:

$s, e, [es], p, a, b$ und f sind die molaren Konzentrationen des Substrates S, des freien Enzyms E, des gebundenen Enzyms $[ES]$ und der Reak-

tionsprodukte P, A, B und F. Somit lauten die Geschwindigkeits-
gleichungen:

$$- \frac{\mathrm{d}s}{\mathrm{d}t} = {}^2k_1 se - {}^1k_2 [es];$$

$$- \frac{\mathrm{d}e}{\mathrm{d}t} = \frac{\mathrm{d}[es]}{\mathrm{d}t} = {}^2k_1 se - ({}^1k_2 + {}^1k_3 + {}^1k_4 + {}^1k_5)\,[es];$$

$$\frac{\mathrm{d}p}{\mathrm{d}t} = {}^1k_3 [es] - {}^1k_6 p; \quad \frac{\mathrm{d}a}{\mathrm{d}t} = {}^1k_4 [es]; \quad \frac{\mathrm{d}b}{\mathrm{d}t} = {}^1k_5 [es]; \quad \frac{\mathrm{d}f}{\mathrm{d}t} = {}^1k_6 p.$$

Zur Übertragung dieser Gleichungen auf den Analogcomputer mußten
die Konzentrationsvariablen s, e, p usw. in die dimensionslosen Größen
S, E, P usw. umgewandelt werden. Hierbei genügte es, sämtliche Variablen auf die anfängliche Substratkonzentration s_0 zu beziehen.

$$S = \frac{s}{s_0}; \quad E = \frac{e}{s_0}; \quad P = \frac{p}{s_0} \text{ usw. und}$$

$$\mathrm{d}s = s_0\,\mathrm{d}S; \quad \mathrm{d}e = s_0\,\mathrm{d}E; \quad \mathrm{d}p = s_0\,\mathrm{d}P \text{ usw.}$$

Mit 100 multipliziert, ergeben diese dimensionslosen Variablen zwischen
0 und 1 die Prozente der Theorie (% d. Th.) bezogen auf s_0.

Nach der Substitution $\lambda t = \tau$ und Einführung der α-Werte gemäß
der Gleichung $\alpha = k/\lambda$, erhält man folgende Maschinengleichungen:

$$- \frac{\mathrm{d}S}{\mathrm{d}\tau} = \alpha_1 SE - \alpha_2 [ES];$$

$$- \frac{\mathrm{d}E}{\mathrm{d}\tau} = \frac{\mathrm{d}[ES]}{\mathrm{d}\tau} = \alpha_1 SE - (\alpha_2 + \alpha_3 + \alpha_4 + \alpha_5)\,[ES];$$

$$\frac{\mathrm{d}P}{\mathrm{d}\tau} = \alpha_3 [ES] - \alpha_6 P; \quad \frac{\mathrm{d}A}{\mathrm{d}\tau} = \alpha_4 [ES]; \quad \frac{\mathrm{d}B}{\mathrm{d}\tau} = \alpha_5 [ES]; \quad \frac{\mathrm{d}F}{\mathrm{d}\tau} = \alpha_6 P.$$

Für die Simulierung wurde der Zeitfaktor $\lambda = 1{,}11 \cdot 10^{-4}$ [sec^{-1}] gewählt.

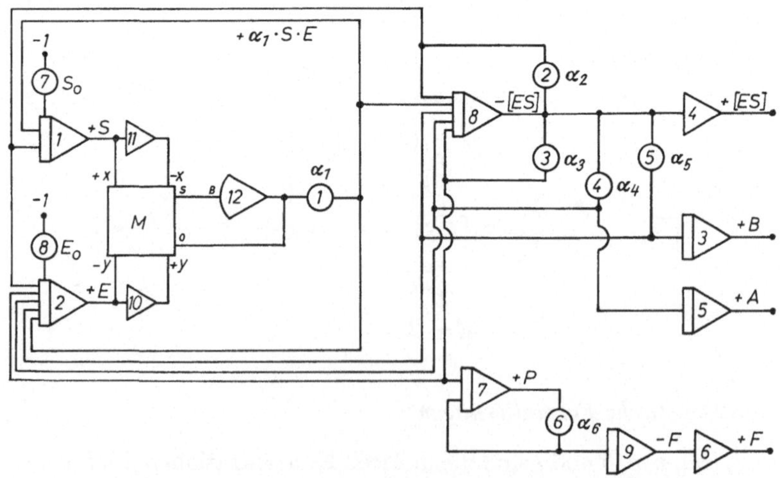

Abb. 182. Schaltbild zur Simulierung der mikrobiologischen 11β-Hydroxylierung.

Tabelle 60. *Schaltliste für das Schaltbild in Abb. 182*

von	nach
I_1	$M(+x)$, S_{11}
I_2	$M(-y)$, S_{10}
I_7	P_6
I_8	P_2, P_3, P_4, P_5, S_4
I_9	S_6
$M(S)$	$V_{12}(B)$
P_1	I_1, I_2, I_8
P_2	I_1, I_2, I_8
P_3	I_2, I_7, I_8
P_4	I_2, I_5, I_8
P_5	I_2, I_3, I_8
P_6	I_7, I_9
P_7	$I_1(IC)$
P_8	$I_2(IC)$
S_{10}	$M(+y)$
S_{11}	$M(-x)$
V_{12}	P_1, $M(O)$
-1	P_7, P_8

Konst.	an Pot.
S_0	7
E_0	8
α_1	1
α_2	2
α_3	3
α_4	4
α_5	5
α_6	6

Variable	an
S	I_1
E	I_2
B	I_3
$[ES]$	S_4
A	I_5
F	S_6
P	I_7

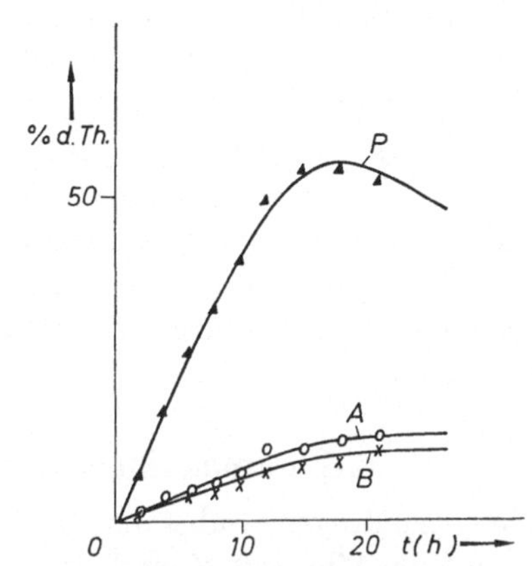

Abb. 183. Meßpunkte und simulierte Kurven für die mikrobiologische Hydroxylierung.
$E_0 = 0{,}235$; $\alpha_4 = 0{,}095$; $\alpha_5 = 0{,}077$; $\alpha_6 = 0{,}069$.

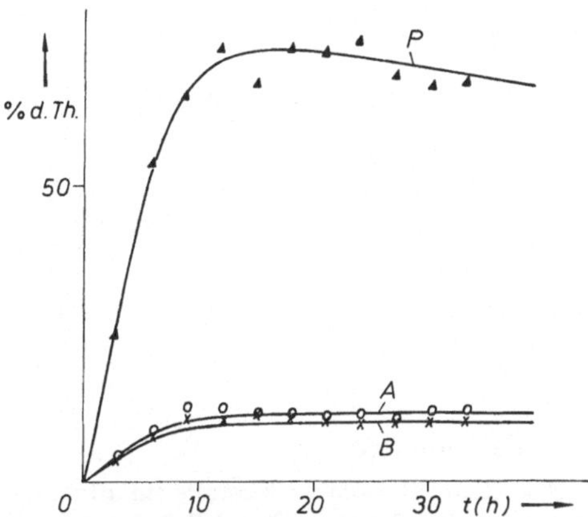

Abb. 184. Meßpunkte und simulierte Kurven für die mikrobiologische Hydroxylierung.
$E_0 = 0{,}530$; $\alpha_4 = 0{,}081$; $\alpha_5 = 0{,}070$; $\alpha_6 = 0{,}011$.

Ergebnisse:

Bei den Versuchen zur Ausbeuteerhöhung der Substanz P wurden insgesamt elf Einflußgrößen variiert und die Konzentrationen der Substanzen P, A und B als Funktion der Zeit bestimmt. Die Simulierung der Kurven gelang durch „trial and error method", indem hauptsächlich die fiktive Gesamtkonzentration des Enzyms als Anfangswert E_0 am Potentiometer 8 und die Geschwindigkeitskonstante der Folgereaktion zur Substanz F (α_6) am Potentiometer 6 variiert wurden. Die Geschwindigkeitskonstanten α_1, α_2 und α_3 blieben bei jedem Versuch konstant, $\alpha_1 = 20{,}0$; $\alpha_2 = 0{,}0075$; $\alpha_3 = 0{,}56$. Die Geschwindigkeitskonstanten α_4 und α_5 für die Nebenreaktionen zu A und B wurden nur geringfügig verändert. Dennoch gelang es, den Kurvenverlauf der Substanzen P, A und B anhand des Reaktionsmodells für alle Versuchsbedingungen richtig darzustellen. Dies ist durch zwei Beispiele (Abb. 183 und 184) demonstriert worden.

4. Pharmakokinetik von Cyproteronacetat

Die antiandrogene Substanz Cyproteronacetat wurde radioaktiv markiert und an Affe und Mensch in verschiedener Form appliziert (oral, intramuskulär, intraduodenal und intravenös). Die Blutspiegelkurven sind in üblicher Weise bestimmt und in eine Mengen-Zeitfunktion umgerechnet worden (% vom Einsatz), während die Ergebnisse der Harn- und Faecesanalysen zwar in der gleichen Dimension, jedoch jeweils kumulativ aufgezeichnet wurden (s. Lit. 114).

Pharmakokinetisches Modell:

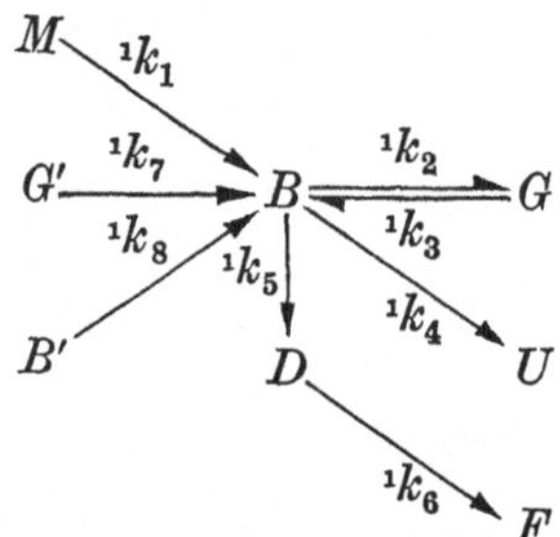

Es bedeuten:

B = Blut; B' = Mikrokristalle im Blut; G = Gewebecompartments; G' = Injektionsort (i.m.); U = Urin; F = Faeces; M = Magen-Darm (Absorptionsraum); D = Dickdarm (ohne Absorption).

Mathematische Formulierungen:

$$\frac{dM}{dt} = -{}^1k_1 M\,; \quad \frac{dG'}{dt} = -{}^1k_7 G'\,; \quad \frac{dB'}{dt} = -{}^1k_8 B'\,;$$

$$\frac{dB}{dt} = {}^1k_1 M + {}^1k_7 G' + {}^1k_8 B' + {}^1k_3 G - ({}^1k_2 + {}^1k_4 + {}^1k_5)\,B\,;$$

$$\frac{dG}{dt} = {}^1k_2 B - {}^1k_3 G\,; \quad \frac{dU}{dt} = {}^1k_4 B\,; \quad \frac{dD}{dt} = {}^1k_5 B - {}^1k_6 D\,; \quad \frac{dF}{dt} = {}^1k_6 D.$$

Eine spezielle Normierung ist nicht mehr notwendig, da sie bereits durch die Wahl der Ordinateneinheit (% Dosis) erfolgt ist. Als Zeitfaktor wurde

$\lambda = 9{,}54 \cdot 10^{-5}$ [sec^{-1}] gewählt. Die k-Werte lassen sich durch die Gleichungen

$$\alpha_1 = \frac{{}^1k_1}{\lambda}\,; \quad \alpha_2 = \frac{{}^1k_2}{\lambda}\,; \text{ usw.}$$

in die entsprechenden α-Werte umformen, so daß sich nach Substitution von $\lambda t = \tau$ folgende Maschinengleichungen ergeben:

$$\frac{\mathrm{d}M}{\mathrm{d}\tau} = -\alpha_1 M\,; \quad \frac{\mathrm{d}G'}{\mathrm{d}\tau} = -\alpha_7 G'\,; \quad \frac{\mathrm{d}B'}{\mathrm{d}\tau} = -\alpha_8 B'\,;$$

$$\frac{\mathrm{d}B}{\mathrm{d}\tau} = \alpha_1 M + \alpha_7 G' + \alpha_8 B' + \alpha_3 G - (\alpha_2 + \alpha_4 + \alpha_5) B\,;$$

$$\frac{\mathrm{d}G}{\mathrm{d}\tau} = \alpha_2 B - \alpha_3 G\,; \quad \frac{\mathrm{d}U}{\mathrm{d}\tau} = \alpha_4 B\,; \quad \frac{\mathrm{d}D}{\mathrm{d}\tau} = \alpha_5 B - \alpha_6 D\,; \quad \frac{\mathrm{d}F}{\mathrm{d}\tau} = \alpha_6 D\,.$$

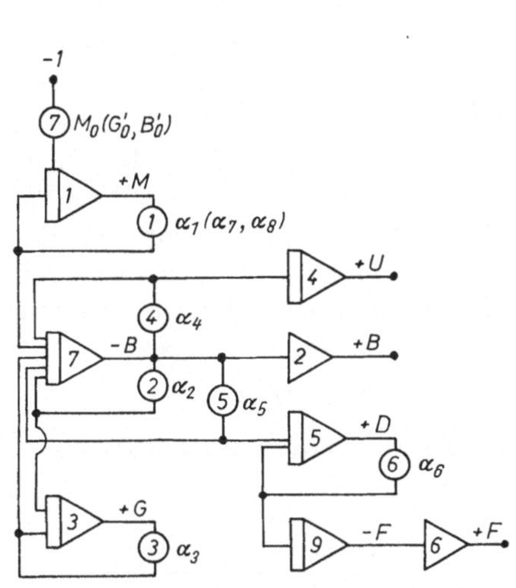

Abb. 185. Schaltbild zur Simulierung des pharmakokinetischen Modells für Cyproteronacetat.

Tabelle 61. *Schaltliste für das Schaltbild in Abb. 185*

von	nach
I_1	P_1
I_3	P_3
I_5	P_6
I_7	P_2, P_4, P_5, S_2
I_9	S_6
P_1	I_1, I_7
P_2	I_3, I_7
P_3	I_3, I_7
P_4	I_4, I_7
P_5	I_5, I_7
P_6	I_5, I_9
P_7	$I_1 (\mathrm{IC})$
-1	P_7

Konst.	an Pot.
$M_0(G_0', B_0')$	7
$\alpha_1(\alpha_7, \alpha_8)$	1
α_2	2
α_3	3
α_4	4
α_5	5
α_6	6

Variable	an
$M(G', B')$	I_1
B	S_2
G	I_3
U	I_4
D	I_5
F	S_6

11*

Ergebnisse:

Ausgehend vom i.v.-Versuch wurden für die Daten aus den Affenexperimenten durch systematische Variation der α-Werte Computerbedingungen erarbeitet, unter denen die simulierten Kurven mit den experimentell ermittelten gut übereinstimmen. Hierbei wurde besonders darauf geachtet, daß die so erhaltenen α-Werte für die einzelnen Transportreaktionen praktisch unabhängig von der Applikationsart wurden. Wie Tab. 62 zeigt, konnte dies auch annähernd erreicht werden. Bei der i.m.-Applikation wurde ein Tier nach fünf Tagen getötet und auf den noch im Körper verbliebenen Cyproteronacetatanteil untersucht. Durch die sehr gute Übereinstimmung der dabei gefundenen Werte mit den simulierten (s. Abb. 187) sind nicht nur die betreffenden α-Werte, sondern auch die Gültigkeit des zugrunde gelegten pharmakologischen Modells wahrscheinlich gemacht worden. Mit Hilfe von Spezialuntersuchungen (Gallenfistelexperimente) wurde nachgewiesen, daß die oral oder intraduodenal verabreichten Mengen von Cyproteronacetat nur zum Teil absorbiert werden. Dieser Erscheinung ist bei der Analogcomputersimulierung dadurch Rechnung getragen worden, daß die Initial Condition (IC) nicht nur am Integrierer 1 (M) eingegeben, sondern zwischen (M) und (D) aufgeteilt wurde. Die prozentuale Verteilung zwischen den beiden Compartments entspricht demzufolge auch derjenigen zwischen dem absorbierten und nicht absorbierten Anteil des oral oder intraduodenal applizierten Pharmakons. Der prozentuale Anteil ergab sich dadurch, daß die aus den i.m.- und i.v.-Versuchen ermittelten α-Werte für die Simulierung der p.o- und i.d.-Experimente übernommen wurden. Trägt man nun den im Magen-Darmkanal absorbierten Anteil gegen die applizierte Dosis auf, so ergibt sich für die pharmakokinetischen Untersuchungen an Affen eine einfache e-Funktion (Abb. 191), aus der man

Tabelle 62. *Geschwindigkeitskonstanten für die einzelnen Applikationsformen von Cyproteronacetat*

$10^2 \cdot {}^1k_n$ [h^{-1}]	Affe				Mensch
	Abb. 186 i.v.	Abb. 187 i.m.	Abb. 188 i.d.	Abb. 189 p.o.	Abb. 190 p.o.
$n = 1$	—	—	4,2	3,7	3,4
2	98,3	111,7	99,0	114,4	118,5
3	0,30	0,24	0,30	0,24	0,35
4	38,0	42,2	42,3	38,3	47,8
5	178,8	161,7	172,3	162,3	162,5
6	6,7	1,1	6,0	5,9	7,1
7	—	1,7	—	—	—
8	2,9	—	—	—	—

die für eine Therapie günstige Dosis und Applikationsfrequenz herleiten kann.

Bei Menschen liegen bislang noch keine Meßdaten über einen größeren Dosisbereich vor, doch ist es durchaus wahrscheinlich, daß hier ähnliche Verhältnisse auftreten. Eine Übertragung der Zahlenwerte vom Affen auf den Menschen ist nicht möglich, zumal sich die Absorptionsquoten bei den vergleichbaren Versuchen sehr stark voneinander unterscheiden (vgl. Abb. 189 und 190).

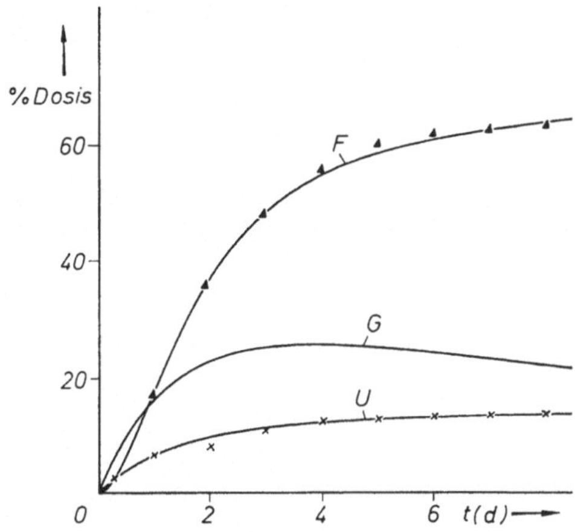

Abb. 186. Meßpunkte und simulierte Kurven zur Pharmakokinetik von Cyproteronacetat (Affe; 23,8 mg i.v., 2,5% gelöst und 97,5% als Mikrokristall).

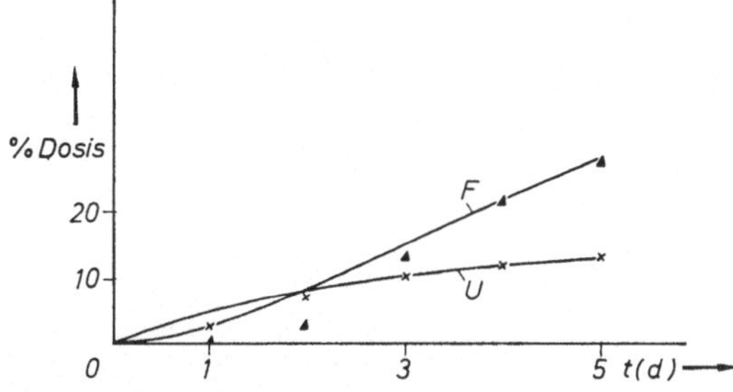

Abb. 187. Meßpunkte und simulierte Ausscheidungskurven (U und F) zur Pharmakokinetik von Cyproteronacetat (Affe, 20 mg i.m.).

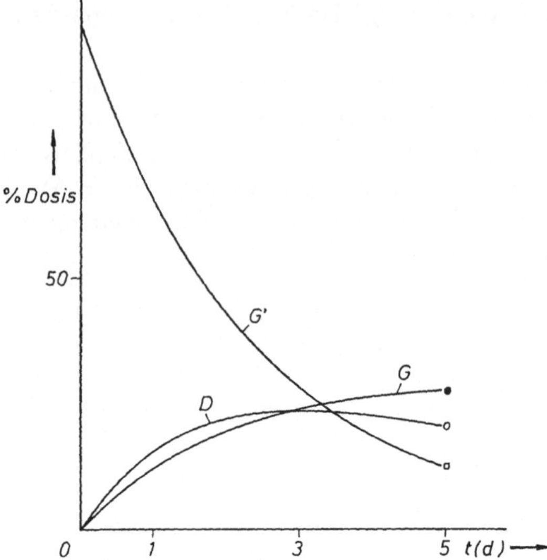

Abb. 188. Meßpunkte und simulierte Kurven zur Pharmakokinetik von Cyproteronacetat (Affe, 20 mg i.m.; das Tier wurde nach 5 Tagen getötet, G', G und D wurden analysiert).

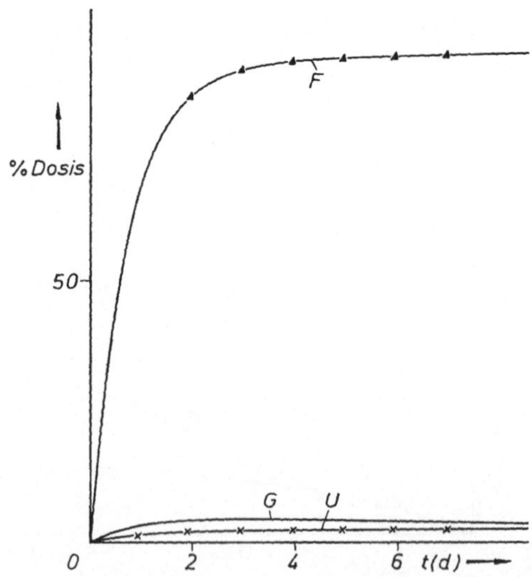

Abb. 189. Meßpunkte und simulierte Kurven zur Pharmakokinetik von Cyproteronacetat (Affe; 1 g i.d., absorbierter Anteil 16%; nichtabsorbierter 84%).

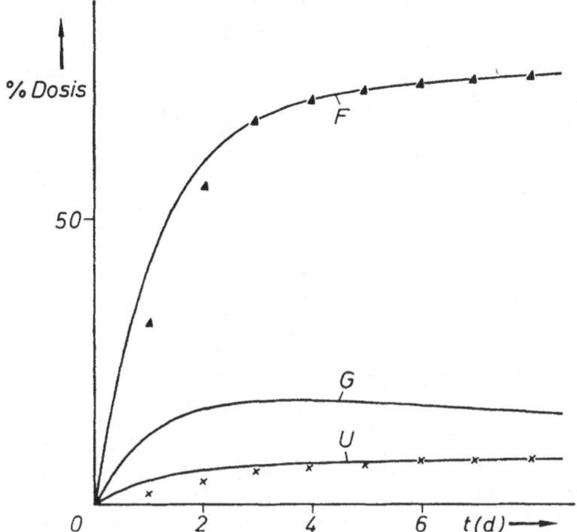

Abb. 190. Meßpunkte und simulierte Kurven zur Pharmakokinetik von Cyproteronacetat
(Affe; 51 mg p.o., absorbierter Anteil 57%; nichtabsorbierter 43%).

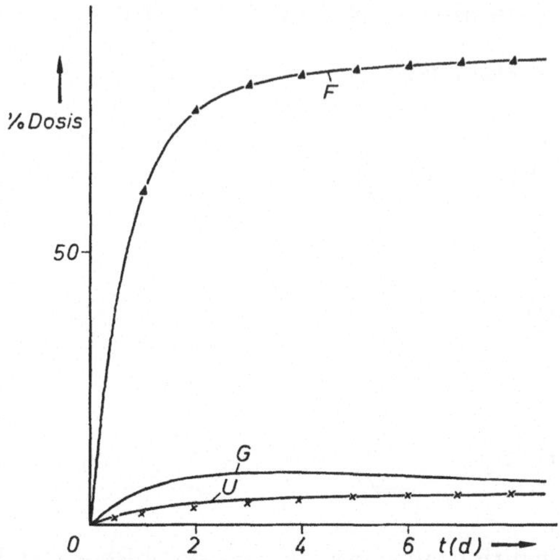

Abb. 191. Meßpunkte und simulierte Kurven zur Pharmakokinetik von Cyproteronacetat
(Mensch; 24,6 mg p.o., absorbierter Anteil 32%; nicht absorbierter 68%).

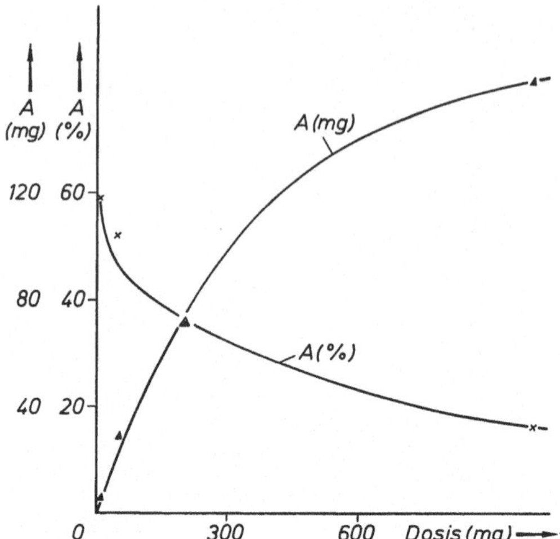

Abb. 192. Abhängigkeit zwischen der absorbierten Menge (A) von der Dosis (D) bei oraler Verabreichung von Cyproteronacetat an Affen.

5. Metabolisierung und Elimination von Glycodiazin

Das blutzuckersenkende Präparat Redul (Glycodiazin) wird in einer täglichen Dosis von 1 g oral appliziert. Da das Präparat meistens über sehr lange Zeiten verabreicht werden muß, ist seine Pharmakokinetik von großer praktischer Bedeutung. Die Verhältnisse sind hier jedoch besonders kompliziert, weil die Wirksubstanz Glycodiazin in zwei Stufen metabolisiert wird und alle drei Substanzen in allen Compartments nebeneinander auftreten. Somit haben wir es mit einem komplexen System zu tun, in dem die parallelen Transportvorgänge durch chemische Umsetzungen überlagert sind (s. Lit. 115).

Chemische Umsetzungen:

$$\text{Glycodiazin:} \quad \text{C}_6\text{H}_5{-}SO_2{-}NH{-}\text{(Pyrimidin)}{-}O{-}CH_2{-}CH_2{-}O{-}CH_3$$

$$\text{Metabolit I:} \quad \text{C}_6\text{H}_5{-}SO_2{-}NH{-}\text{(Pyrimidin)}{-}O{-}CH_2{-}CH_2OH$$

$$\text{Metabolit II:} \quad \text{C}_6\text{H}_5{-}SO_2{-}NH{-}\text{(Pyrimidin)}{-}O{-}CH_2{-}COOH$$

Aus diesen Reaktionsgleichungen und der bisherigen Kenntnis über die Elimination wurde folgendes, stark vereinfachtes Modell aufgestellt:

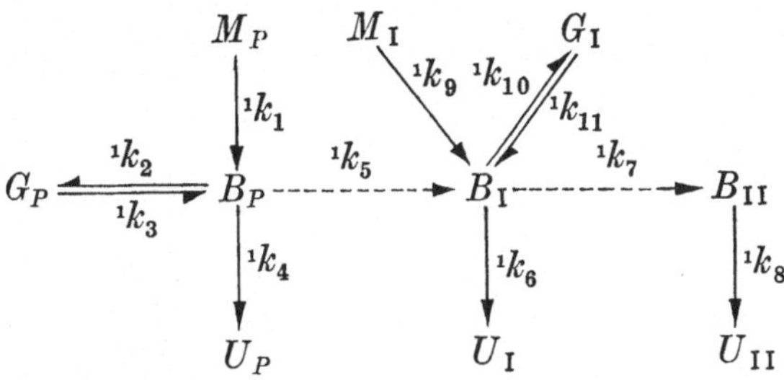

Hierin bedeuten:

M = Magen; G = Gewebe; B = Blut; U = Urin; die Indices P = Präparat Glycodiazin; I = Metabolit I; II = Metabolit II; $\longrightarrow$ $\triangleq$ Transportschritt; $----\!\!\blacktriangleright$ $\triangleq$ Metabolisierungsschritt (hierbei sei völlig dahingestellt, wo dieser Schritt tatsächlich erfolgt).

Mathematische Formulierungen:

$$\frac{\mathrm{d}M_\mathrm{P}}{\mathrm{d}t} = -{}^1k_1 M_\mathrm{P}; \quad \frac{\mathrm{d}B_\mathrm{P}}{\mathrm{d}t} = {}^1k_1 M_\mathrm{P} + {}^1k_3 G_\mathrm{P} - ({}^1k_2 + {}^1k_4 + {}^1k_5)\, B_\mathrm{P};$$

$$\frac{\mathrm{d}G_\mathrm{P}}{\mathrm{d}t} = {}^1k_2 B_\mathrm{P} - {}^1k_3 G_\mathrm{P}; \quad \frac{\mathrm{d}U_\mathrm{P}}{\mathrm{d}t} = {}^1k_4 B_\mathrm{P}; \quad \frac{\mathrm{d}M_\mathrm{I}}{\mathrm{d}t} = -{}^1k_9 M_\mathrm{I};$$

$$\frac{\mathrm{d}B_\mathrm{I}}{\mathrm{d}t} = {}^1k_9 M_\mathrm{I} + {}^1k_5 B_\mathrm{P} + {}^1k_{11} G_\mathrm{I} - ({}^1k_6 + {}^1k_7 + {}^1k_{10})\, B_\mathrm{I};$$

$$\frac{\mathrm{d}G_\mathrm{I}}{\mathrm{d}t} = {}^1k_{10} B_\mathrm{I} - {}^1k_{11} G_\mathrm{I}; \quad \frac{\mathrm{d}U_\mathrm{I}}{\mathrm{d}t} = {}^1k_6 B_\mathrm{I}; \quad \frac{\mathrm{d}B_\mathrm{II}}{\mathrm{d}t} = {}^1k_7 B_\mathrm{I} - {}^1k_8 B_\mathrm{II};$$

$$\frac{\mathrm{d}U_\mathrm{II}}{\mathrm{d}t} = {}^1k_8 B_\mathrm{II}\,.$$

Eine spezielle Normierung ist nicht notwendig, da alle Mengenangaben als %-Werte der applizierten Dosis angegeben und eingesetzt wurden (% Dosis).

Als Zeitfaktor wurde $\lambda = 3{,}15 \cdot 10^{-4}$ [sec^{-1}] gewählt. Nach Substitution der k-Werte durch $\alpha = k/\lambda$ und der Zeit t durch $\tau = \lambda t$ erhält man folgende Maschinengleichungen:

$$\frac{\mathrm{d}M_\mathrm{P}}{\mathrm{d}\tau} = -\alpha_1 M_\mathrm{P}; \quad \frac{\mathrm{d}B_\mathrm{P}}{\mathrm{d}\tau} = \alpha_1 M_\mathrm{P} + \alpha_3 G_\mathrm{P} - (\alpha_2 + \alpha_4 + \alpha_5)\, B_\mathrm{P};$$

$$\frac{\mathrm{d}G_\mathrm{P}}{\mathrm{d}\tau} = \alpha_2 B_\mathrm{P} - \alpha_3 G_\mathrm{P}; \quad \frac{\mathrm{d}U_\mathrm{P}}{\mathrm{d}\tau} = \alpha_4 B_\mathrm{P}; \quad \frac{\mathrm{d}M_\mathrm{I}}{\mathrm{d}\tau} = -\alpha_9 M_\mathrm{I};$$

$$\frac{\mathrm{d}B_\mathrm{I}}{\mathrm{d}\tau} = \alpha_9 M_\mathrm{I} + \alpha_5 B_\mathrm{P} + \alpha_{11} G_\mathrm{I} - (\alpha_6 + \alpha_7 + \alpha_{10})\, B_\mathrm{I};$$

$$\frac{\mathrm{d}G_\mathrm{I}}{\mathrm{d}\tau} = \alpha_{10} B_\mathrm{I} - \alpha_{11} G_\mathrm{I}; \quad \frac{\mathrm{d}U_\mathrm{I}}{\mathrm{d}\tau} = \alpha_6 B_\mathrm{I}; \quad \frac{\mathrm{d}B_\mathrm{II}}{\mathrm{d}\tau} = \alpha_7 B_\mathrm{I} - \alpha_8 B_\mathrm{II};$$

$$\frac{\mathrm{d}U_\mathrm{II}}{\mathrm{d}\tau} = \alpha_8 B_\mathrm{II}\,.$$

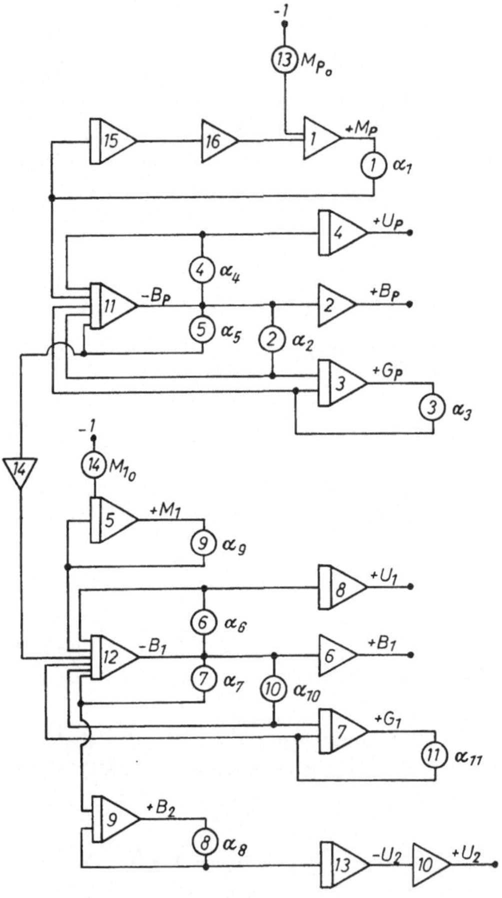

Abb. 193. Schaltbild zur Simulierung der Pharmakokinetik des Glycodiazins.

Tabelle 63. *Schaltliste zum Schaltbild in Abb. 193*

von	nach
I_3	P_3
I_5	P_9
I_7	P_{11}
I_9	P_8
I_{11}	P_2, P_4, P_5, S_2
I_{12}	P_6, P_7, P_{10}, S_6
I_{13}	S_{10}
I_{15}	S_{16}
P_1	I_{11}, I_{15}
P_2	I_3, I_{11}
P_3	I_3, I_{11}
P_4	I_4, I_{11}
P_5	I_{11}, S_{14}
P_6	I_8, I_{12}
P_7	I_9, I_{12}
P_8	I_9, I_{13}
P_9	I_5, I_{12}
P_{10}	I_7, I_{12}
P_{11}	I_7, I_{12}
P_{13}	S_1
P_{14}	$I_5(\text{IC})$
S_1	P_1
S_{14}	I_{12}
S_{16}	S_1
-1	P_{13}, P_{14}

Konst.	an Pot.
M_{G_0}	13
M_{I_0}	14
α_1	1
α_2	2
α_3	3
α_4	4
α_5	5
α_6	6
α_7	7
α_8	8
α_9	9
α_{10}	10
α_{11}	11

Variable	an
M_P	S_1
B_P	S_2
G_P	I_3
U_P	I_4
M_I	I_5
B_I	S_6
G_I	I_7
U_I	I_8
B_{II}	I_9
U_{II}	S_{10}

Ergebnisse:

Bei oraler Verabreichung von Glycodiazin wurden α_4, α_9, α_{10} und α_{11} gleich Null gesetzt, weil keine gleichzeitige Applikation des Metaboliten I erfolgte und die Urinwerte von Glycodiazin extrem niedrig lagen. Bei oraler Verabreichung von Metabolit I wurden alle α-Werte des Glycodiazins ($\alpha_1 - \alpha_5$) gleich Null gesetzt. Die entsprechenden Kurvenbilder für diese Versuche sind in Abb. 194 bis 197 dargestellt.

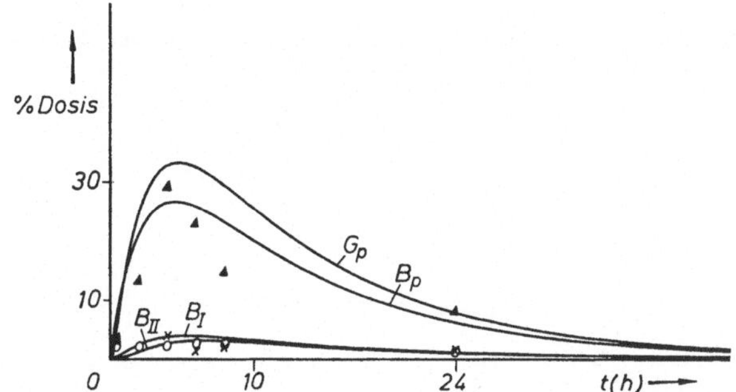

Abb. 194. Meßpunkte und simulierte Kurven für den Blut- und Gewebespiegel bei Verabreichung von Glycodiazin. (B_{P}: ▲; $B_{\mathrm{I}} = \bigcirc$; $B_{\mathrm{II}} = \times$).

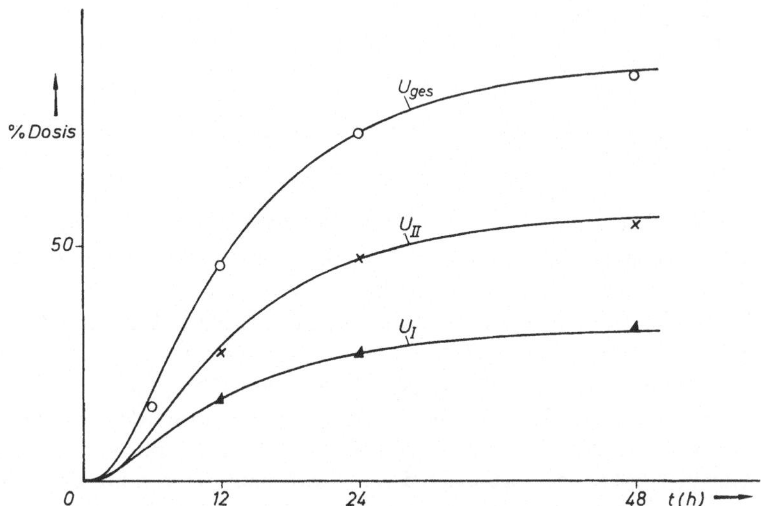

Abb. 195. Meßpunkte und simulierte Kurven für die Urinausscheidung bei Verabreichung von Glycodiazin.

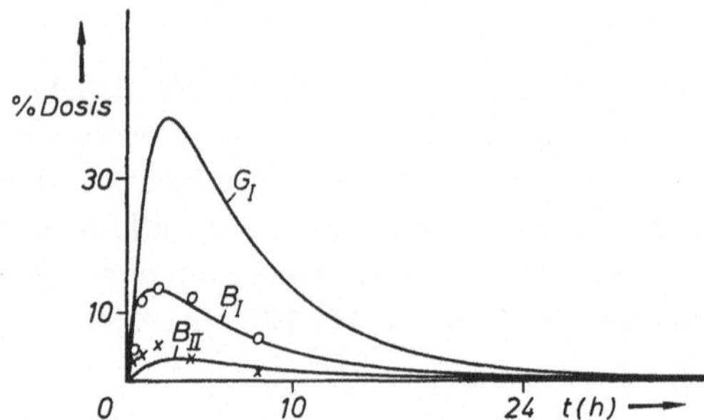

Abb. 196. Meßpunkte und simulierte Kurven für die Blut- und Gewebespiegel bei Verabreichung von Metabolit I. (B_I = $\circ$; B_{II} = $\times$).

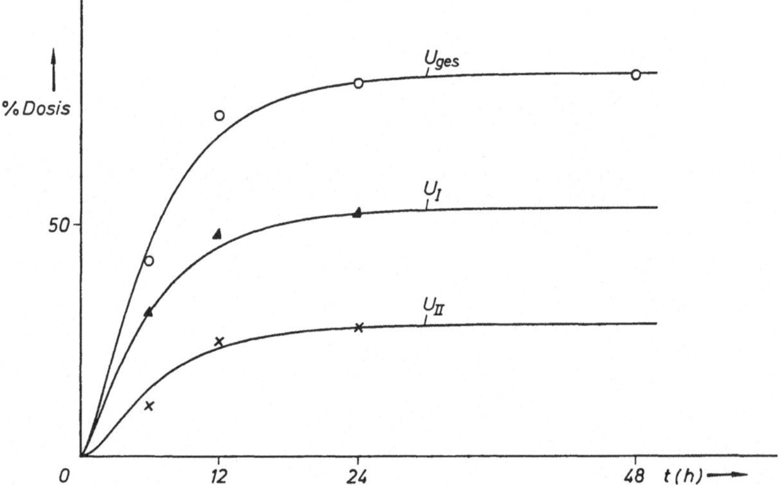

Abb. 197. Meßpunkte und simulierte Kurven für die Urinausscheidung bei Verabreichung von Metabolit I.

In der Tab. 64 sind die k-Werte zusammengestellt worden, die sich durch systematische Adaption an die experimentellen Daten und entsprechende Umrechnungen ergeben haben.

Ein Vergleich der Absorptionsgeschwindigkeitskonstanten von Glycodiazin ($^1k_1$) und Metabolit I ($^1k_9$) zeigt, daß der Metabolit I doppelt so schnell im Magen-Darmkanal absorbiert wird wie Glycodiazin. Bemerkenswert ist weiterhin, daß die Geschwindigkeitskonstante der Metabolisierung von Metabolit I nach II ($^1k_7$) bei der Verabreichung von Glycodiazin fast viermal so groß ist wie bei der Verabreichung von Metabolit I. Das bewirkt auch eine Umkehr des Ausscheidungsverhältnisses der Metaboliten I und II im Urin (vgl. Abb. 196 u. 197).

Tabelle 64. *Geschwindigkeitskonstanten für die Pharmakokinetik von Glycodiazin und seines Metaboliten* I

^1k_n [h^{-1}]	Verabreichung von	
	Glycodiazin	Metabolit I
$^1k_1$	0,45	—
$^1k_2$	5,66	—
$^1k_3$	4,53	—
$^1k_4$	—	—
$^1k_5$	0,20	—
$^1k_6$	0,51	0,49
$^1k_7$	0,91	0,26
$^1k_8$	1,14	1,08
$^1k_9$	—	0,91
$^1k_{10}$	—	5,66
$^1k_{11}$	—	1,62

Der Grund für diese Tatsache liegt sicherlich nicht im unterschiedlichen Mechanismus dieser Reaktion je nach der verabreichten Substanz, sondern ist eine Folge der Vereinfachung der Vorgänge durch das zugrunde gelegte Modell. Die Metabolisierung wurde ja lediglich als ein einziger Vorgang nach dem Zeitgesetz erster Ordnung aufgefaßt. In Wirklichkeit setzt sich dieser Schritt aber nicht nur aus der chemischen Umwandlung, sondern auch aus vielen Transporteinzelschritten für das Heranbringen der Substanz aus dem Blut an den Ort der chemischen Reaktion (R) und das Zurückfließen in das Blut zusammen. Es ist deshalb einleuchtend, wenn die Unterschiede in den Geschwindigkeiten der Metabolisierung aus Unterschieden in den Transportwegen resultieren.

Dies zeigt sich am erweiterten Schema, wenn man annimmt, daß sowohl die chemische Reaktion, Glycodiazin ⟶ Metabolit I, als auch die Weiterreaktion, Metabolit I ⟶ Metabolit II, am gleichen Ort (R) stattfinden. Im Prinzip kann man die Metabolisierungsschritte

$$B_P \dashrightarrow B_I \dashrightarrow B_{II}$$

aufspalten in:

$$B_P \longrightarrow \boxed{\begin{array}{c} R \\ \dashrightarrow \quad \dashrightarrow \end{array}} \longrightarrow B_{II}$$
$$\big\updownarrow k_T$$
$$B_I$$

Das von B_P kommende Glycodiazin wird am Ort R in Metabolit I und daraus sofort in Metabolit II weiter umgewandelt. Beide Metaboliten fließen von R ins Blut (B_I bzw. B_{II}) zurück. Ein Transport des Metaboliten I aus dem Blut nach R zur Weiterreaktion ist demzufolge nicht mehr notwendig. Wird dagegen Metabolit I verabreicht, muß dieser erst über einen Weg mit der Geschwindigkeitskonstanten k_T nach R wandern, ehe er umgewandelt werden kann. Dieser zusätzliche Transportweg für die Umwandlung zum Metaboliten II ist für die unterschiedlichen k-Werte und alle sich daraus ableitenden Konsequenzen bei der Verabreichung von Metabolit I verantwortlich.

Im Hinblick auf die tägliche Applikation des Präparates Redul ist die Frage nach einer eventuellen Kumulation des Präparates im Gewebe von besonderer Wichtigkeit. Deshalb wurde die Eingabe am Potentiometer 13 entsprechend unterteilt (vgl. S. 60 u. 121) und bei konstanten α-Werteinstellungen die Glycodiazinkurven im Blut und Gewebe simuliert (s. Abb. 198). Hierbei zeigt sich, daß es bereits nach 3—4 Tagen zu einer Gleichgewichtseinstellung und demzufolge nicht zu einer unerwünschten Ansammlung von Glycodiazin im Körper kommt.

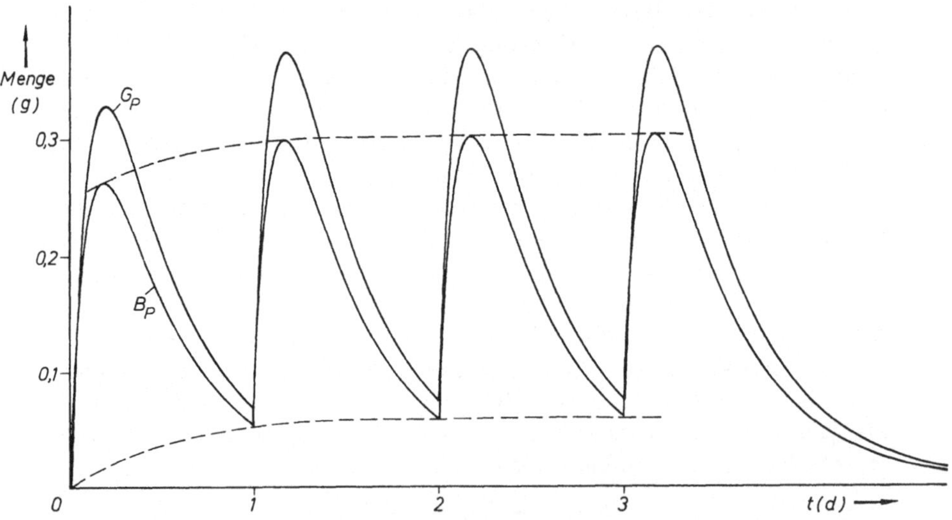

Abb. 198. Glycodiazin: Mengenverlauf in Blut und Gewebe bei täglicher Applikation von 1 g des Präparates.

Literaturverzeichnis

Grundsätzliche Arbeiten

a) Kinetik

1. TEORELL, T.: Kinetics of distribution of substances administered to the body. Arch. intern. Pharmacodyn. **57**, 205—240 (1937).
2. DOMINGUEZ, R.: Kinetics of elimination, absorption and volume of distribution in the organism. In O. GLASSER: Medical physics, Vol. II, Chicago: The Year Book Publishers 1950, pp. 476—489.
3. DOST, F. H.: Der Blutspiegel. Kinetik der Konzentrationsabläufe in der Kreislaufflüssigkeit, Leipzig: Thieme 1953.
4. BERMAN, M., and R. SCHOENFELD: Invariants in experimental data on linear kinetics and the formulation of models. J. Appl. Phys. **27**, 1361 (1956).
5. ALBERTY, R. A.: Enzyme kinetics. Advan. Enzymol. **17**, 1—64 (1956).
6. GARDNER, D. G., J. C. GARDNER, G. LAUSH, and W. W. MEINKE: Method for the analysis of multicomponent exponential decay curves. J. Chem. Phys. **31**, 978 (1959).
7. SKINNER, S. M., R. E. CLARK, N. BAKER, and R. A. SHIPLEY: Am. J. Physiol. **196**, 238 (1959).
8. KRÜGER-THIEMER, E.: Dosage schedule and pharmacokinetics in chemotherapy. J. Pharm. Sci. **49**, 311—313 (1960).
9. NELSON, E.: Kinetics of drug absorption, distribution, metabolism, and excretion. J. Pharm. Sci. **50**, 181—192 (1961).
10. HOMMES, F. A.: The integrated Michealis-Menten equation. Arch. Biochem. Biophys. **96**, 28—31 (1962).
11. ULLRICH, H., u. M. DIETZE: Zur Kinetik homogener chemischer Reaktionen. Chem. Ing. Techn. **36**, 717—729 (1964).
12. FROST, A. A., u. R. G. PEARSON: Kinetik und Mechanismen homogener chemischer Reaktionen, Weinheim: Verlag Chemie 1964.
13. KRÜGER-THIEMER, E.: Die Lösung chemotherapeutischer Probleme durch programmgesteuerte Ziffernrechenautomaten 5. Arzneimittelforschung **14**, 1334—1343 (1964).
14. BOGUTH, W., R. REPGES u. M. SERNETZ: Zur Bestimmung der Geschwindigkeitskonstanten bei konkurrierenden Folgereaktionen zweiter Ordnung. Ber. Bunsenges. phys. Chem. **69**, 402—408 (1965).
15. VAN ROSSUM, J. M.: Die Pharmakon-Rezeptor-Theorie als Grundlage der Wirkung von Arzneimitteln. Arzneimittelforschung **16**, 1412—1426 (1966).
16. KRÜGER-THIEMER, E.: Die Lösung pharmakologischer Probleme durch Rechenautomaten VI: Modelle für den Einfluß der Eiweißbindung auf die Clearance von Arzneimitteln. Arzneimittelforschung **16**, 1431—1442 (1966).
17. NIEBERGALL, P. J., and E. T. SUGITA: Mathematics of threephase in vitro absorption models. J. Pharm. Pharmac. **19**, 847—850 (1967).
18. DOST, F. H.: Was ist Pharmakokinetik. Dtsch. med. Wochenschr. **92**, 264—268 (1967).
18a. ARIËNS, E. J.: Physico-chemical aspects of drug action. Proc. Third Intern. Pharm. Meeting, July 1966, London/Oxford: Pergamon Press 1968.

b) Analogcomputer

19. HOVIOUS, R. L., C. D. MORRILL, and N. P. TOMLINSON: Industrial use of analog computers. Instruments and Automation **28**, 594 (1955).
20. MATHEWS, M. V., and W. W. SEIFERT: Transfer function synthesis with computer amplifiers and passive networks. Proc. 1955 Western Joint Computer Conf., March 1955, published by IRE, New York, 1955, pp. 7—12.
21. KORN, G. A., and T. M. KORN: Electronic analog computers. 2nd Ed., New York: McGraw-Hill 1956.
22. JOHNSON, C. L.: Analog computer techniques, New York: McGraw-Hill 1956.
23. BERKELEY, E. C., and L. WAINRIGHT: Computers, their operation and applications, New York: Reinhold 1956.
24. HEIZER, L. E., and S. J. ABRAHAM: Transfer function simulation by means of amplifiers and potentiometers. J. Assoc. Comp. Mach. 3 (3), July 1956, 186 (1956).
25. Heath Company. Electronic analog computer operational model (Heathkit) Daystrom, Benton Harbor, Michigan 1957.
26. KARPLUS, W. J.: Analog simulation, New York: McGraw-Hill 1958.
27. WALDO, W. H., and E. H. BARNETT: An electronic computer as a research assistant. Industrial and Engineering Chemistry **50**, 1641 (1958).
28. CHENG, D. K.: Analysis of linear systems, Reading, Massachusetts: Addison-Wesley 1959.
29. WARFIELD, J. N.: Introduction for electronic analog computers, New York: Prentice Hall 1959.
30. JACKSON, A. S.: Analog computation, New York: McGraw-Hill 1960.
31. ROGERS, A. E., and T. W. CONNOLLY: Analog computation in engineering design, New York: McGraw-Hill 1960.
32. FIFER, S.: Analogue computation, New York: McGraw-Hill 1961.
33. HOWE, R. M.: Design fundamentals of analog computer components, Princeton/New York: van Nostrand 1962.
34. JAMES, E. W.: Analog computer provide electrical model. Chem. Engng. **70**, 101—104 (29. 4. 1963).
35. MAC KAY, D. M., and M. E. FISHER: Analogue computing at ultrahigh speed, New York: John Wiley 1963.
36. ASHLEY, J. R.: Introduction to analog computation, New York: John Wiley 1963.
37. GILOI, W., u. R. LAUBER: Analogrechnen, Berlin/Göttingen/Heidelberg: Springer 1963.
38. MATTHEWS, T.: Learning computer language. Chem. Engng. **71**, 137—142 (6. 7. 1964).
39. CRANE, R.: Characteristics of special-purpose and general-purpose analog computers. Ann. N. Y. Acad. Sci. **115**, 600—608 (1964).
40. KORN, G. A., and T. M. KORN: Electronic analog and hybrid computers, New York: McGraw-Hill 1964.
41. MATTHEWS, T.: How to analyse the circuits and mathematics of analog simulators. Chem. Engng. **72**, 79—84 (1. 2. 1965).
42. MERTENS, H. H.: Der moderne Analogrechner. Elektronische Datenverarbeitung, **7**, 266—268 (1965).
43. Electronic Associates, Inc. EAI Handbook of analog computation (1965) (s. a. EAI Applications Reference Library).
44. KODALI, V. P.: A study of the application of analog computers. IEEE Trans. Industrial Electronics and Control Instrument. IECI-14, 1—7 (1967).

Anwendungen des Analogcomputers

c) Chemie und Biologie

45. CHANCE, B., D. S. GREENSTEIN, J. HIGGINS, and C. C. YANG: The mechanism of catalase action II. Electronic analog computer studies. Arch. Biochem. Biophys. **37**, 322—339 (1952).

46. CHANCE, B., and G. R. WILLIAMS: The respiratory chain and oxidative phosphorylation. Advan. Enzymol. **17**, 65—134 (1956).

47. WHEELER, R. C. H., and G. F. KINNEY: Programming chemical kinetics problems for electronic analog computers. IRE Transactions, PGIE, IE-3:70, March 1957.

48. CHANCE, B.: Analogue and digital representations of enzyme kinetics. J. Biol. Chem. **235**, 2440—2443 (1960).

49. CHANCE, B., J. J. HIGGINS, and D. GARFINKEL: Analog and digital computer representations of biochemical processes. Federation Proc. **21**, 75—86 (1962).

50. HOMMES, F. A.: Analog computer studies of a simple enzyme-catalyzed reaction. Arch. Biochem. Biophys. **96**, 32—36 (1962).

51. HOMMES, F. A.: Analog computer studies of the carboxy-peptidase A-catalyzed hydrolysis of chloroacetyl-L-phenylalanine. Arch. Biochem. Biophys. **96**, 37—40 (1962).

52. WAGNER, W. F.: Analog methods aid simulation of reaction kinetics. Chem. Engng. **70**, 104—108 (29. 4. 1963).

53. HILLYARD, W. F.: How to simulate large chemical processes. Chem. Engng. **70**, 118—122 (29. 4. 1963).

54. BUTTERFIELD, R. O., E. D. BITNER, C. R. SCHOLFIELD, and H. J. DUTTON: Analog computers and kinetics of hydrogenation. J. Am. Oil Chemist's Soc. **41**, 29—32 (January 1964).

55. ANDERSSON, C. R., and D. E. LAMB: Naphthalene via hydrodealkylation: comparison of pilot and commercial plant data with an analog computer model. I & EC Process Design & Development **3**, 177—182 (April 1964).

56. HIGGINS, J. J.: A hybrid computer for the investigation of chemical reactions. Ann. N. Y. Acad. Sci. **115**, 1025—1037 (1964).

57. HIGGINS, J. J.: A special purpose analog computer for biochemical research, in R. W. STACY and B. WAXMAN: Computer in biochemical research, Vol. II, New York: Acad. Press 1965, pp. 101—124.

58. CHANCE, E. M.: A computer simulation of oxidative phosphorylation. Computers and Biomedical Research 1, 251—264 (1967).

59. NESBIT, R. A., and R. D. ENGEL: An example program for the determination of chemical rate coefficients from experimental data. Simulation 8, 133—137 (March 1967).

60. HAN, C. D.: Determination of crystal growth rate by analog computer simulation. Chem. Engng. Sci. **22**, 611—618 (1967).

61. JAMES, G. E., and H. L. PARDUE: An analog computer for reaction-rate analysis. Anal. Chem. **40**, 796—802 (1968).

62. RIEMANN, J., H. RÖPKE, K. KIESLICH, H.-J. KOCH u. H. GIBIAN: Simulierung einer mikrobiologischen Hydroxylierung mit dem Analogcomputer. Europ. J. Biochem. **6**, 60—65 (1968).

d) Technische Chemie und Prozeßkontrolle

63. MORRIS, W. L., and F. W. BUBB: How analogical computing devices can serve process industries. Chem. Engng. **57**, 142 (1950).

64. BATKE, T. L., R. G. FRANKS, and E. W. JAMES: Analog simulation of a chemical reactor. Instrument Society of America J. 4, 14—18 (January 1957).

65. MUNSON, J. K.: Optimizing batch-continuous systems. Chem. Engng. **69**, 139—144 (9. 7. 1962).

66. PHILLIPS, J. C.: Basic roles for analog computers. Chem. Engng. **70**, 99—100 (29. 4. 1963).

67. FRANKS, R. G. E.: Apply analog techniques to equipment design. Chem. Engng. **70**, 108—111 (29. 4. 1963).

68. Electronic Associates, Inc.: Analog computer study of a semi-batch reactor. EAI-Bulletin Number ALAC 6317-1ab (1963).

69. GARNER, H. G.: Steady-state heat-and-material balances. Chem. Engng. **70**, 116—117 (29. 4. 1963).

70. WOMACK, J. W.: The analogue computer as a chemical engineering tool. Chem. & Process Engng. **45**, 72—74 (February 1964).

71. MATTHEWS, T.: Simulating continuous reaction processes. Chem. Engng. **71**, 93—96 (3. 8. 1964).

72. MATTHEWS, T.: Simulating dynamics of reactor systems. Chem. Engng. **71**, 77—79 (31. 8. 1964).

73. CARLSON, A.: Analog computer study of a semi-batch reactor. Instr. & Control Systems **38**, 147—150 (April 1965).

73a. BEKIAROGLOU, P.: Überprüfung eines reaktionskinetischen Modells mit dem Analogrechner. Chem. Ing. Techn., **40**, 811—816 (1968).

74. MORRIS, W. L.: Analogical computing devices in the petroleum industry. Instruments and Automation **22**, 497 (June 1949).

75. MORRIS, W. L.: Analogical computing devices in the petroleum industry. Transactions of the Institutions of Chemical Engineers (London) **33**, 195 (1955).

76. WILLIAMS, T. J., R. T. HARNETT, and A. ROSE: Automatic control in continuous destillation. Industrial and Engineering Chemistry **48**, 1008 (1956).

77. FRANKS, R. G., and N. G. O'BRIEN: Application of general purpose analog computer to unsteady state destillation calculations. American Institute of Chemical Engineers, Seattle, Meeting, June 1957.

78. WILLIAMS, T. J.: Analog computing in the chemical and petroleum industries, past and present. Industrial and Engineering Chemistry **50**, 1631 (1958).

79. RUSZKAY, R. J.: How to analyse control program for destillation column. Chem. Engng. **70**, 112—115 (29. 4. 1963).

80. GOLDSTEIN, W. A.: Automatic control of batch systems. Transactions of the Institute of Chemical Engineers **33**, No. 3 (1955).

81. BEKEY, G. A.: Analog computers in process control. Canadian Chemical Processing **41**, 90—92 (1957).

82. REIDER, J. E., and P. SPERGEL: Modern computer analysis for the design of steel mill control systems. Transaction of the American Institute of Electrical Engineers **76**, 105—109, discussion 109—110 (July 1957).

83. WOODS, F. A.: Simulation of process control with an analog computer. Industrial and Engineering Chemistry **50**, 1627 (1958).

84. TOLIN, E. D., and D. A. FLUEGEL: An analog computer for on-line reactor control. ISA Journal 6, 32—38 (1959).

85. FIELD, W. B.: Design of a pH control system by analog simulation. Instrument Society of America Journal **6**, No. 1, 42—50 (1959).

86. MAYER, F. X., and E. H. SPENCER: Analog simulation of a chemical reactor temperature control system. 1960 Proceedings of Instrument Society of America 15th Annual Instrument-Automation Conference and Exhibit, presented at New York, Sept. 26—30, 1960, Vol. 15, pt. II, preprint No. 72-NY60, 72-NY60-1-72-NY60-9.

87. Electronic Associates, Inc.: Combined feedforward feedback control of a chemical reactor. EAI Bulletin Number ALAC 64075 (1963).

88. DRAKEFORD, J.: The application of analogue computers to process control. Chem. & Process Engng. **45**, 77—79 (February 1964).

e) Pharmakokinetik

89. BROWNELL, G. L., R. V. CAVICCHI, and K. E. PERRY: An electrical analog for analysis of compartmental biological systems. Rev. Sci. Instr. **24**, 704—710 (1953).

90. MACDONALD, J. R.: New integrating circuit and electrical analog for transient diffusions and flow. Rev. Sci. Instr. **28**, 924—926 (1957).

91. MACDONALD, J. R., E. G. PERRY, L. L. MACHISON, and D. W. SELDEN: An electrical analogue for analysis of tracer distribution kinetics in biological systems. Radiation Research **6**, 585—601 (1957).

92. FISH, B. R.: Applications of an analog computer to analysis of distribution and excretion data. Health Phys. **1**, 276—281 (1958).

93. SOLOMON, A. K.: Compartmental methods of kinetics analysis, in C. L. COMAR and F. BRONNER: Mineral Metabolism, New York: Academic Press 1960.

94. GARRETT, E. R., R. C. THOMAS, D. P. WALLACH, and C. D. ALWAY: Psicofuranine, kinetics and mechanisms in vivo with the application of the analog computer. J. Pharmacol. Exp. Therap. **130**, 106—118 (1960).

95. SILVERMAN, M., and A. S. U. BURGEN: Application of analogue computer to measurement of intestinal absorption rates with tracers. J. Appl. Physiol. **16**, 911 (1961).

96. ROBERTSON, J. S.: Use of analogue computers in the kinetic analysis of compartmented systems. Trans. N. Y. Acad. Sci. Ser. II **23**, 506—512 (1961).

97. ROBERTSON, J. S.: Analogue computer methods in studies of the kinetics behavior of labeled substances. In L. E. FARR, H. W. KNIPPING, and W. H. LEWIS (Eds.): Clinical Aspects of Nuclear Medicine, Köln und Opladen: Westdeutscher Verlag 1961, pp. 160—163.

98. TAYLOR, J. E., and R. G. WIEGAND: The analog computer and plasma drug kinetics. Clin. Pharmacol. Therap. **3**, 464 (1962).

99. GARRETT, E. R., R. L. JOHNSTON, and E. J. COLLINS: Kinetics of steroid effects on Ca^{47} dynamics in dogs with the analog computer I. J. Pharm. Sci. **51**, 1050—1057 (1962).

100. GARRETT, E. R., R. L. JOHNSTON, and E. J. COLLINS: Kinetics of steroid effects on Ca^{47} dynamics in dogs with the analog computer II. J. Pharm. Sci. **52**, 668—678 (1963).

101. GREGG, E. C.: An analog computer for the generalized multi-compartment modell of transport in biological systems. Ann. New York Acad. Sci. **108**, 128—146 (1963).

102. GARRETT, E. R., and C. D. ALWAY: Drug distribution and dosage: Complex pharmacokinetic models and the analog computer. Proceedings of the International Society of Chemotherapy, 3rd. International Congress of Chemotherapy, Stuttgart: Thieme 1964, pp. 1666—1686.

103. ROBERTSON, J. S., and S. H. COHN: Use of an analogue computer in studies of strontium and calcium metabolism in man. Ann. New York Acad. Sci. **108**, 122—127 (1963).

104. GARRETT, E. R.: The application of analog computers to problems of pharmacokinetics and drug dosage. Antibiotica et Chemotherapia, Advances **12**, 222—242 (1964).

105. STELMACH, H., J. R. ROBINSON, and S. P. ERIKSEN: Release of a drug from dosage form. J. Pharm. Sci. **54**, 10, 1453 (1965).

106. ROBINSON, J. R., and S. P. ERIKSEN: Theoretical formulation of sustained-release dosage forms. J. Pharm. Sci. 55, 1254 (1966).

107. GARRETT, E. R., and H. J. LAMBERT: Analog computer in drug dosage and formulation design. J. Pharm. Sci. 55, 626—634 (1966).

108. BALLARD, B. E., and J. E. GOYAN: Application of analog computer techniques to in vivo drug kinetic studies. Med. & Biol. Engng. 4, 483—490 (1966).

109. WAGNER, J. G.: Use of computers in pharmacokinetics. Clin. Pharm. Therap. 8, 201—218 (1967).

110. OSBURN, J. O.: Inverse simulation. Instruments & Control Systems 40, 131—133 (1967).

112. GARRETT, E. R., A. J. ÅGREN, and H. J. LAMBERT: Pharmacokinetics analysis of reception site models in multicompartmental systems. Int. J. Clin. Pharm. 1, 1—14 (1967).

112a. YATES, F. E., and R. D. BRENNAN: Study of the mammalian adrenal glucocorticoid system by computer simulation. IBM Data Processing Division, Palo Alto Scientific Center, Technical Report No. 320—3228 (December 1967).

113. DOST, F. H., and R. REPGES: Zur Beschreibung der Pharmakokinetik der Bromsulphalein-Ausscheidung unter Verwendung des Analog-Computers. Pharmacol. Clin. 1, 1—7 (1968).

114. KOLB, K. H., u. H. RÖPKE: Die Pharmakokinetik von Cyproteronacetat. Eine vergleichende Untersuchung bei Mensch und Pavian. Int. J. clin. Pharmacol. 1, 3, 184—190 (1968).

114a. RÖPKE, H.: Simulierung der Pharmakokinetik des Cyproteronacetates mit dem Analogcomputer. Advances in Endocrinology (im Druck).

115. RIEMANN, J., H. RÖPKE, E. GERHARDS, K. H. KOLB u. H. GIBIAN: Simulierung der Biodynamik von Glycodiazin mit dem Analogcomputer. Arzneimittelforschung (im Druck).

f) Medizin und Biologie

116. GOLD, A. J.: Possibilities for simulation of dynamic physiology. ASME Paper 60-AV-35, Dallas, Texas.

117. STACY, R. W.: Computers: Analog. In O. GLASSER (Ed.): Medical physics, Vol. 3, Chicago: The Year Book Publishers 1960, pp. 193—201.

118. RANDALL, J. E.: Analog computer in physiology laboratory. Archives Environmental Health 7, 313—319 (1963).

119. RANDALL, J. E.: The analog computer in the biological laboratory. In R. W. STACY and B. WAXMAN: Computers in biomedical research, Vol. I, New York: Acad. Press 1965, pp. 65—86.

120. Analog computers in medicine biology. Instr. & Control Systems 38, 127—129 (1965).

121. BUB, W.: Der Analogrechner in Biologie und Medizin. Elektronische Datenverarbeitung 7, 245—255 (1965).

122. GUYTON, A. C., H. T. MILHORN, and T. G. COLEMAN: Simulation of physiological mechanisms. Simulation 9, 15—20 (July 1967), 73—79 (August 1967).

123. GOLDMAN, D. E.: Analog computer solutions of ion flux equations. In QUASTLER and MOROWITZ (Eds.): Proceedings of the First National Biophysics Conference, Yale Univ. Press 1959.

124. PACE, W. H.: An analog computer model for the study of water and electrolyte flows in the extracellular and intercellular fluids. IRE Transaction on Bio-Medical Electronics. BME-8, 29—33 (1961).

125. PERKINS, W. J., and E. A. PIPER: Analogue computer for protein metabolism analysis. In CHARLES C. THOMAS: Medical Electronics, Springfield 1960, pp. 434—436.

126. WAMER, H. R.: A study of the mechanism of pressure wave distortion by arterial walls using an electrical analog. Circulation Research 5, 229 (1957).
127. SKINNER, R. L., and D. K. GEHMLICH: Analog computer aids heart ailment diagnosis. Electronics 32, 56—59 (1959).
128. STACY, R. W., and F. M. GILES: Computer analysis of arterial properties. Circulation Research 7, 1031—1038 (1959).
129. HARA, H. H.: Analog simulation of human blood circulation. Instr. & Control Systems 35, 127 (December 1962).
130. DELAND, E. C.: Simulation of the respiratory function of blood. IRE Trans. Electron. Computers EC-11, 17 (1962).
131. NEWGARD, P. M.: Design of a mechanical cardiovascular simulator. IEEE Trans. Bio-Medical Electronics, BME-10, 153—162 (1963).
132. McLEOD, J., and J. G. DEFARES: Analog computer simulation of heart action. Communication & Electronics, No. 64, 419—426 (1963).
133. BENEKEN, J. E. W.: Electronic analog computer model of the human blood circulation, in Pulsatile Blood Flow, New York: McGraw-Hill 1964.
134. HARA, H. H.: Simulating ventricular pumps action. Instr. & Control Systems 37, 158—159 (1964).
135. ATTINGER, E. O., and A. ANNÉ: Simulation of the cardiovascular system. Ann. N. Y. Acad. Sci. 128, 810—829 (1966).
136. ULLRICK, W. C.: Analog computer simulation of cardiac muscle contraction. Life Sciences 5, 343 (1966).
137. TOPHAM, W. S.: An analog model of the control of cardiac output. Simulation 8, 49—53 (January 1967).
138. MURPHY, T. W., and R. CRANE: Analog computation of respiratory response curve. Review of Scientific Instruments, 33, 533—534 (1962).
139. HORGAN, J. D., and D. L. LANGE: Analog computer studies of periodic breathing, IRE Trans. Bio-Medical Electronics BME-9, 221—228 (1962).
140. MOSER, G., and P. J. HOLSBERG: CO_2 rebreathing study. Instr. & Control Systems 37, 122—124 (December 1964).
141. LEWIS, B. M.: An "electronic lung" in the study of pulmonary function. Simulation 7, 311—316 (December 1966).
142. FITZHUGH, R., and H. A. ANTOSIEWICZ: Automatic computation of nerve excitation. J. Society for Industrial and Applied Math. 7, 447—458 (1959).
143. HILTZ, F. F.: (Analog of a neural element as a component in a neural network). IRE Trans. Bio-Medical Electronics BME-9, 12 (1962).
144. LEWIS, E. R.: The locus concept and its application to neural analogs IEEE Trans. Bio-Medical Electronics BME-10, 130—137 (1963).
145. MARTINEZ, H. M., and H. D. LANDAHL: An analogue computer mechanization of the Hodgkin-Huxley equation. AD-608156, 1. Oct. 1964.
146. GRODINS, F. S.: Computer simulation of cybernetic systems. In R. W. STACY and B. WAXMAN: Computer in biomedical research, Vol. I, New York: Acad. Press 1965, pp. 135—165.
147. JONES, R. W., D. G. GREEN, and R. B. PINTER: Mathematical simulation of certain receptor and effector organs. Federation Proc. 21, 97—102 (1962).
148. BEDDOES, M. P., D. J. CONNOR, and Z. A. MELZAK: Simulation of a visual receptor network. IEEE Trans. Bio-Medical Electronics, BME-12, 136—138 (1965).
149. VEITINSKII, E. Y., and V. A. PRYANISHNIKOV: Analog computer for analyzing electroencephalograms. AD-642270, 2. Sept. 66, 9p. Translation of Fiziologicheskii Zhurnal SSSR 52, 777—781 (1966).
150. STRONG, C. L.: A simple analogue computer that simulates Pavlov's dogs. Sci. Am. 208, 6, 159—166 (1963).

151. Grodins, F. S., J. S. Gray, K. R. Schroeder, A. L. Norins, and R. W. Jones: (Cardiovascular and respiratory regulators.) J. Appl. Physiol. 7, 283 (1954).
152. Warner, H. R., and A. Cox: A mathematical model of heart rate control by sympathetic and vagus efferent information. J. Appl. Physiol. 17, 349 (1962).
153. Warner, H. R.: Use of analogue computers of the study of control mechanisms in the circulation. Federation Proc. 21, 87—91 (1962).
154. Gatewood, L. C., E. Ackermann, and J. W. Rosevear: Analog studies of the human blood-glucose regulatory system. Proceedings of the 18th Annual Conference on Engineering in Medicine and Biology, Philadelphia, Pa. 7, 194 (1965).
155. Crosbie, R. J., J. E. Hard, and E. Fessenden: Simulation of temperatur regulation in man. IRE Trans. Bio-Medical Electronics BME-8, 245 (1961).
156. Brown, A. C.: Analog computer simulation of temperatur regulation in man. AD-428144, Dec. 1963, 108 (1963).
157. Brown, A. C.: Further development of the biothermal analog computer. AD-650729, Dec. 1966, 67 (1966).
158. Neel, R. B., and J. S. Olson: Use of analog computers for simulating the movement of isotopes in ecological systems, 16th Ed. Oak Ridge Natl. Lab. Rept. ORNL-3172, UC-48 & TID-4500 (1962).
159. Electronic Associates, Inc.: A host-parasite problem. EAI Bulletin No. ALAC 64066 (1964).
160. Garfinkel, D., R. H. MacArthur, and R. Sack: Computer simulation and analysis of simple ecological systems. Ann. N. Y. Acad. Sci. 115, 943—951 (1964).
161. Garfinkel, D.: Simulation of ecological systems. In R. W. Stacy and B. Waxman: Computers in biomedical research, Vol. II, New York: Acad. Press, pp. 205—216.

Sonstiges

162. Gerhards, E., H. Gibian u. K. H. Kolb: 2-Benzolsulfonamido-5(β-methoxy-äthoxy)-pyrimidin (Glycodiazin), eine neue blutzuckersenkende Substanz. I. Der Stoffwechsel von Glycodiazin beim Menschen. Arzneimittelforschung 14, 394—402 (1964).
163. Gerhards, E., u. K. H. Kolb: 2-Benzolsulfonamido-5(β-methoxy-äthoxy)-pyrimidin (Glycodiazin). II. Der Stoffwechsel von 2-Benzolsulfonamido-5(β-hydroxy-äthoxy)-pyrimidin, einem blutzuckersenkenden Metaboliten des Glycodiazin, beim Menschen. Arzneimittelforschung 15, 1375—1379 (1965).
164. Milhorn, H. T.: The application of control theory to physiological systems. Philadelphia: Sauders 1966.
165. Sauer, J.: Diels-Alder-Reaktion: Zum Reaktionsmechanismus. Ang. Chem. 79, 76—94 (1967).
166. Hartmann, E., u. H. Röpke: Methoden zur Reinheitsprüfung von jodhaltigen Röntgenkontrastmitteln der Aminobenzoesäurereihe. Z. anal. Chem. 232, 268—274 (1967).
167. Bean, H. S., A. H. Beckett, and J. E. Carless: Advances in pharmaceutical sciences, Vol. I and II, New York: Acad. Press 1967.
168. Lai, C.-L., and J. A. Roth: Dynamic simulation of gas chromatographic column. Chem. Engng. Science 22, 1299—1304 (1967).

Sachverzeichnis

Absorption von Pharmaka, unvollstän-
dige 132, 164
Analogcomputer 2, 4
—, Anwendungsgebiete 5
—, Ein- und Ausgabevorrichtungen 43
—, Elemente 38, 44
—, praktische Anwendungsbeispiele 146
—, Programmierung 3, 45

Begrenzungsschaltung 62
Bezugsspannung 47
Biologie, Anwendungen 13, 16, 64, 65,
146

Chemie, Anwendungen 5, 64, 65, 146

deep compartment 14
Diagnostik 20
Digitalcomputer 2, 4
Dioden 42
Divisionsschaltung 61
Dosierung von Pharmaka 15
—, unterteilte 60, 119, 174

Eingangsbewertung 39, 49
Eliminationskonstante (k_e) 29, 117

feed back technique 11
Folgereaktionen 36, 58, 64, 75, 142
—, konkurrierende 36, 88
Funktionsgenerator 42

Grenzen der Simulationstechnik 1, 109,
144
Grenzmaximum 121

Halbwertszeit 29, 119
Hybridcomputer 4

Integrierer 40

Katalyse 8, 102, 103
k_e-Wert 29, 117
Koeffizienten 49

Komparator 43
Kumulation von Pharmaka 14, 121, 174

Literaturverzeichnis 175

Maschineneinheit (ME) 47
Metabolisierung 136, 168
Modellbeispiele 64
—, Mehrdeutigkeit 109, 144
—, Übersichten 64, 65, 146
Multiplizierer 41

Normierungen 47, 48, 58

Ökologische Systeme 17, 140
Organfunktionen 18

Parallelreaktionen 34, 64, 74
—, konkurrierende 35, 86
Pharmakokinetik 13, 29, 65, 162, 168
pilot plant 10
Potentiometer 40
Programmierung 45
—, Schwingungsgleichung 59
—, Vorgang nullter Ordnung 53
—, Vorgang erster Ordnung 45
—, Vorgang zweiter Ordnung 51
—, zusammengesetzter Vorgang 55
—, Zeitfunktion 60
— für spezielle Zwecke 58
Prozeßsimulierung 9, 152
Pseudoordnung einer Reaktion 26

Quasistationärer Zustand 38

Reaktion nullter Ordnung 26, 30, 53, 70
— erster Ordnung 23, 30, 45, 68
— zweiter Ordnung 24, 31, 51, 69
— höherer Ordnung 26
—, Pseudoordnung 26
—, adiabatische 152
—, autokatalytische 102
—, enzymatische 105, 109, 111, 158
—, Sonderfälle 37

Reaktion, umkehrbare 33, 64, 71, 72
—, zusammengesetzte 55, 99
Reaktionsgeschwindigkeit 22
Reaktionsgeschwindigkeitskonstante 28
Reaktionskinetik 6, 21
Reaktionsoptimierung 6, 8
Reaktionsordnung 22, 27
Reaktionstypen 32
Recheneinheiten 47
Rechenverstärker 38
Regelkreise, biologische 18, 137

Schaltliste 66
Schwingungsgleichung 59
Signumfunktionen 62
Spektrographie, Anwendung 142

Stabilitätsprüfungen 9, 148
steady state 19, 118
Summierer 39

Tote Zone 63
trial and error method 1

Umkehrbare Reaktionen 33, 64, 71, 72
Umkehrverstärker 39

Ventilschaltung 62

Zeitdehnung und -raffung 47, 48
Zeitfaktor 48
Zwischenzeitliche Eingabe von Werten
60, 119, 174